# Medizinische Informatik und Statistik


Band 1: Medizinische Informatik 1975. Frühjahrstagung des Fachbereiches Informatik der GMDS. Herausgegeben von P. L. Reichertz. VII, 277 Seiten. 1976.

Band 2: Alternativen medizinischer Datenverarbeitung. Fachtagung München-Großhadern 1976. Herausgegeben von H. K. Selbmann, K. Überla und R. Greiller. VI, 175 Seiten. 1976.

Band 3: Informatics and Medecine. An Advanced Course. Edited by P. L. Reichertz and G. Goos. VIII, 712 pages. 1977.

Band 4: Klartextverarbeitung. Frühjahrstagung, Gießen, 1977. Herausgegeben von F. Wingert. V, 161 Seiten. 1978.

Band 5: N. Wermuth, Zusammenhangsanalysen Medizinischer Daten. XII, 115 Seiten. 1978.

Band 6: U. Ranft, Zur Mechanik und Regelung des Herzkreislaufsystems. Ein digitales Simulationsmodell. XV, 192 Seiten. 1978.

Band 7: Langzeitstudien über Nebenwirkungen Kontrazeption – Stand und Planung. Symposium der Studiengruppe „Nebenwirkungen oraler Kontrazeptiva – Entwicklungsphase", München 1977. Herausgegeben von U. Kellhammer. VI, 254 Seiten. 1978.

Band 8: Simulationsmethoden in der Medizin und Biologie. Workshop, Hannover, 1977. Herausgegeben von B. Schneider und U. Ranft. XI, 496 Seiten. 1978.

Band 9: 15 Jahre Medizinische Statistik und Dokumentation. Herausgegeben von H.-J. Lange, J. Michaelis und K. Überla. VI, 205 Seiten. 1978.

Band 10: Perspektiven der Gesundheitssystemforschung. Frühjahrstagung, Wuppertal, 1978. Herausgegeben von W. van Eimeren. V, 171 Seiten. 1978.

Band 11: U. Feldmann, Wachstumskinetik. Mathematische Modelle und Methoden zur Analyse altersabhängiger populationskinetischer Prozesse. VIII, 137 Seiten. 1979.

Band 12: Juristische Probleme der Datenverarbeitung in der Medizin. GMDS/GRVI Datenschutz-Workshop 1979. Herausgegeben von W. Kilian und A. J. Porth. VIII, 167 Seiten. 1979.

Band 13: S. Biefang, W. Köpcke und M. A. Schreiber, Manual für die Planung und Durchführung von Therapiestudien. IV, 92 Seiten. 1979.

Band 14: Datenpräsentation. Frühjahrstagung, Heidelberg 1979. Herausgegeben von J. R. Möhr und C. O. Köhler. XVI, 318 Seiten. 1979.

Band 15: Probleme einer systematischen Früherkennung. 6. Frühjahrstagung, Heidelberg 1979. Herausgegeben von W. van Eimeren und A. Neiß. VI, 176 Seiten, 1979.

Band 16: Informationsverarbeitung in der Medizin -Wege und Irrwege-. Herausgegeben von C. Th. Ehlers und R. Klar. XI, 796 Seiten. 1979.

Band 17: Biometrie – heute und morgen. Interregionales Biometrisches Kolloquium 1980. Herausgegeben von W. Köpcke und K. Überla. X, 369 Seiten. 1980.

Band 18: R.-J. Fischer, Automatische Schreibfehlerkorrektur in Texten. Anwendung auf ein medizinisches Lexikon. X, 89 Seiten. 1980.

Band 19: H. J. Rath, Peristaltische Strömungen. VIII, 119 Seiten. 1980.

Band 20: Robuste Verfahren. 25. Biometrisches Kolloquium der Deutschen Region der Internationalen Biometrischen Gesellschaft, Bad Nauheim, März 1979. Herausgegeben von H. Nowak und R. Zentgraf. V, 121 Seiten. 1980.

Band 21: Betriebsärztliche Informationssysteme. Frühjahrstagung, München, 1980. Herausgegeben von J. R. Möhr und C. O. Köhler. (vergriffen)

Band 22: Modelle in der Medizin. Theorie und Praxis. Herausgegeben von H. J. Jesdinsky und V. Weidtman. XIX, 786 Seiten. 1980.

Band 23: Th. Kriedel, Effizienzanalysen von Gesundheitsprojekten. Diskussion und Anwendung auf Epilepsieambulanzen. XI, 287 Seiten. 1980.

Band 24: G. K. Wolf, Klinische Forschung mittels verteilungsunabhängiger Methoden. X, 141 Seiten. 1980.

Band 25: Ausbildung in Medizinischer Dokumentation, Statistik und Datenverarbeitung. Herausgegeben von W. Gaus. X, 122 Seiten. 1981.

Band 26: Explorative Datenanalyse. Frühjahrstagung, München, 1980. Herausgegeben von N. Victor, W. Lehmacher und W. van Eimeren. V, 211 Seiten. 1980.

Band 27: Systeme und Signalverarbeitung in der Nuklearmedizin. Frühjahrstagung, München, März 1980. Proceedings. Herausgegeben von S. J. Pöppl und D. P. Pretschner. IX, 317 Seiten. 1981.

Band 28: Nachsorge und Krankheitsverlaufsanalyse. 25. Jahrestagung der GMDS, Erlangen, September 1980. Herausgegeben von L. Horbach und C. Duhme. XII, 697 Seiten. 1981.

Band 29: Datenquellen für Sozialmedizin und Epidemiologie. Herausgegeben von R. Brennecke, E. Greiser, H. A. Paul und E. Schach. VIII, 277 Seiten. 1981.

Band 30: D. Möller, Ein geschlossenes nichtlineares Modell zur Simulation des Kurzzeitverhaltens des Kreislaufsystems und seine Anwendung zur Identifikation. XV, 225 Seiten. 1981.

Band 31: Qualitätssicherung in der Medizin. Probleme und Lösungsansätze. GMDS-Frühjahrstagung, Tübingen, 1981. Herausgegeben von H. K. Selbmann, F. W. Schwartz und W. van Eimeren. VII, 199 Seiten. 1981.

Band 32: Otto Richter, Mathematische Modelle für die klinische Forschung: enzymatische und pharmakokinetische Prozesse. IX, 196 Seiten, 1981.

Band 33: Therapiestudien. 26. Jahrestagung der GMDS, Gießen, September 1981. Herausgegeben von N. Victor, J. Dudeck und E. P. Broszio. VII, 600 Seiten. 1981.

# Medizinische Informatik und Statistik

Herausgeber: S. Koller, P. L. Reichertz und K. Überla

54

## Werner Grothe

# Ein Informationssystem für die Geburtshilfe

Springer-Verlag
Berlin Heidelberg New York Tokyo 1984

**Reihenherausgeber**
S. Koller  P. L. Reichertz  K. Überla

**Mitherausgeber**
J. Anderson  G. Goos  F. Gremy  H.-J. Jesdinsky  H.-J. Lange
B. Schneider  G. Segmüller  G. Wagner

**Autor**
Werner Grothe
Universitäts-Frauenklinik
Voßstraße 9, 6900 Heidelberg

ISBN-13:978-3-540-13381-0      e-ISBN-13:978-3-642-82268-1
DOI: 10.1007/978-3-642-82268-1

CIP-Kurztitelaufnahme der Deutschen Bibliothek.
Grothe, Werner: Ein Informationssystem für die Geburtshilfe. – Berlin; Heidelberg; New York; Tokyo:
Springer, 1984. – 244 S.
(Medizinische Informatik und Statistik: 54)
ISBN-13:978-3-540-13381-0

NE: GT



2145/3140 – 5 4 3 2 1 0

## Vorwort

Das beschriebene System entstand auf der Basis der vorhandenen Hardware.
Bei der Systemanalyse ergab sich, daß die zu lösenden Aufgaben mit den
uns damals zugänglichen ICU-Systemen nicht zu erfüllen waren. Dies machte
eine Neuentwicklung bis auf die Systemebene hinunter notwendig.

Das Ziel des Buches ist es, die entwickelten Strukturen und Algorithmen
offenzulegen. Entsprechend richtet sich die Arbeit an den praxisorien-
tierten Medizinischen Informatiker und an die Forscher und Praktiker
unter den Geburtshelfern und Perinatologen.
Da das System auf einem 64 K-Byte Mikrocomputer mit 5 M-Byte Plattenlauf-
werk realisiert ist, sollten die Algorithmen auch auf einem der heute
angebotenen Personal Computer implementiert werden können.

Auf eine Einleitung allgemeiner und geburtshilflicher Art folgt ein kur-
zes Kapitel, in dem die verwendeten Geräte erläutert werden.
Da ein großer Teil der Betriebssystemsoftware selbst erstellt werden
mußte, werden diese Strukturen in Kapitel 3 bis Kapitel 5 beschrieben :
in Kapitel 3 die Multi-Bett-Struktur,
in Kapitel 4 die Erfassung und die Verwaltung der durch Dialoge erhobenen Befunddaten und
in Kapitel 5 die Erfassung und die Verwaltung der vom Rechner automatisch
aufgenommenen Biosignale fetale Herzfrequenz und mütterlicher Wehendruck.
Das Kapitel 6 enthält einen zentralen Punkt der Arbeit, die Verarbeitung
der Biosignale, d.h. die Reduzierung der analogen Kurven auf Folgen von
diskreten Ereignissen durch ein Rechnerprogramm.
In Kapitel 7 wird die Datenwiedergabe behandelt. Dies beinhaltet die Erstellung von Arztbrief, Krankenblatt und Verlaufsblättern, sowie die
Langzeitarchivierung der aufgenommenen Datensätze.
Organisation und Struktur der dadurch entstehenden Dateien werden in Kapitel 8 beschrieben.
Das Kapitel 9 enthält einen Ergebnisteil in der Hinsicht, daß die Akzeptanz des Systems untersucht wird. Dies geschieht durch Vergleich von herkömmlicher und Computer Dokumentation.
Die Diskussion in Kapitel lo beschreibt Entstehungsgeschichte, Funktion
und Nutzen des entwickelten Systems.
Auf die Zusammenfassung in Kapitel 11 folgen im Anhang eine Auflistung
aller möglichen Bildschirminhalte, aller Befundparameter und der Pro-
grammstrukturen.

Der Weitsicht von Herrn Prof.Dr. F. Kubli und Herrn Prof.Dr. H. Rüttgers
ist es zu verdanken, daß bereits 1972 die Installation einer Computeran-
lage im neuen Kreißsaaltrakt eingeplant wurde.
Den Herren Prof.Dr. H. Rüttgers und Dr. H. Biesel, die mir den Einstieg
in die damals für mich neuen Arbeitsgebiete Geburtshilfe und Informatik
wesentlich erleichterten, möchte ich für den fachlichen Rat bei der Struk-
turierung des Systems danken.
Danken möchte ich außerdem dem Personal des Kreißsaals der Universitäts-
frauenklinik in Heidelberg, vor allem den Hebammen, die das neue System
bereitwillig annahmen und seit nun über 7 Jahren in der Routine anwenden.

Heidelberg, Juli 1984                         Werner Grothe

Inhaltsverzeichnis                              Seite

Anhang

1.      Einleitung
1.1.    Zielsetzung

Innerhalb der Geburtshilfe müssen heute Möglichkeiten geschaffen
werden, um die immer größer werdende Menge von Patientendaten
zu bewältigen. Wegen dieser ständig größer werdenden Menge von
Informationen über eine Patientin wird eine Analyse der Beziehungen der Daten untereinander dringend notwendig. Dazu benötigt
man Algorithmen zur automatischen Informationsverarbeitung.
Dies ist sowohl notwendig für eine vergleichende Bewertung
medizinischer Leistung als auch für den Vergleich von Patientenbeschreibungen. (9, 5o, 74)
Diesem Zweck dient das hier vorgestellte geburtshilfliche
Informationssystem mit 'Echt-Zeit'-Datenverarbeitung durch
einen Prozeßrechner. Erfaßt werden damit alle statischen
Daten (Anamnese, Schwangerschaftsverlauf bis Kreißsaaleintritt),
sowie alle dynamischen Daten (Untersuchungsbefunde, Biosignale),
die im Kreißsaal während der Geburt anfallen.
Das System ermöglicht zudem allen befugten Benutzern einen
schnellen, direkten und gezielten Zugriff auf alle gespeicherten
Patientenbeschreibungen.
Untersuchungsergebnisse zur Aktualisierung des Patientenstatus
werden
- am Ort der Untersuchung,
- zum Zeitpunkt der Untersuchung (sofort), sowie
- vom Untersucher selbst eingegeben.
Die chronologische Einordnung der Daten erfolgt durch den
Computer.
Die von Mutter und Kind abgeleiteten Biosignale (CTG) werden
automatisch aufgenommen und verarbeitet. (32)
Dadurch, daß das System die Uhrzeit selbst verwaltet, bleiben
die Zeitbezüge auch bei verschiedenen Untersuchern gewahrt.
Das ist besonders wichtig in Hinblick auf eine Untersuchung
der Beziehungen zwischen den automatisch aufgenommenen Biosignalen und den manuell eingetippten Untersuchungsergebnissen.

Aus den gespeicherten Daten muß der zeitliche Verlauf und
der Zusammenhang von klinischen Symptomen, Diagnose,
Überwachung und Therapie jederzeit rekonstruierbar sein.
Deshalb ist eine 'on-line' und 'real-time' Datenerfassung
und -verarbeitung notwendig.
Bei 'real-time' Datenaufnahme werden die Daten zum Zeitpunkt der Untersuchung eingegeben.
Die Daten werden durch Dialoge zwischen dem Benutzer und
dem System präzisiert. Dazu mußten  die entsprechenden Fragen
standardisiert werden, was durch eine systematische und
funktionelle Gliederung des geburtshilflichen Stoffes erreicht
wurde. (44)
Die Eingabe von verlaufsbeschreibenden Daten ist ereignisabhängig.
Aus den eingegebenen Daten werden automatisch der Arztbrief
und das Krankenblatt erstellt, fehlende Grunddaten werden
automatisch vom System angefordert.
Trendverläufe sind jederzeit abrufbar und stehen dem Benutzer
als Entscheidungshilfe zur Verfügung.
Auf lange Sicht soll mit Hilfe dieser Datei überprüft werden,
welche Wertigkeit die einzelnen Daten hinsichtlich einer
optimalen Betreuung von Mutter und Kind während der Geburt
haben. (69, 7o, 71)
Abgesehen von der schnellen Verfügbarkeit von Statistiken
(Forschung) ermöglicht das Archiv ein schnelles Wiederfinden
aller gespeicherten Krankenblätter. Dies ist auch dann
möglich, wenn der Name der Patientin nicht mehr bekannt ist.
Dieses Kreißsaal-Informationssystem betreibt die Universitäts-
Frauenklinik Heidelberg seit Januar 1977. (14, 58)

1.2.    Datenverarbeitung in der Geburtshilfe

1.2.1.  Informationssystem

Der Zweck des Informationssystems ist es, einen 'unbekannten'
Benutzer möglichst umfassend über den momentanen Zustand einer
Patientin zu informieren. Dazu muß vorher Information gesammelt
und verarbeitet werden. Die gewünschte Information ist das
Bild, das der Untersucher vom Zustand der Patientin hat.
Dieses Bild erhält der Untersucher, indem er die Patientin
auf bestimmte Fragestellungen hin untersucht und die gefundenen Ergebnisse im Zusammenhang mit den schon bekannten
verarbeitet. (75)
Der Benutzer des Informationssystems hat nicht notwendig Kontakt
mit dem Untersucher, andererseits können Untersucher und Benutzer
diesselbe Person sein.
Deshalb hat das Informationssystem als Vermittler zwischen
Untersucher und Benutzer die Aufgabe, die Information
des Untersuchers zu erfassen, indem es dem Untersucher fest
vorgegebene Fragen stellt. Durch Zusammenfassung der Antworten
(Einzeldaten) zu Meldungen  erhält man dann eine objektivierte
Darstellung der Information, die der Untersucher besitzt.
Der Benutzer des Informationssystems soll selektiven Zugriff
auf alle gespeicherten Meldungen  haben und auf Wunsch auch
Zusammenstellungen der gesammelten Meldungen   (Befunde)
anforden können.

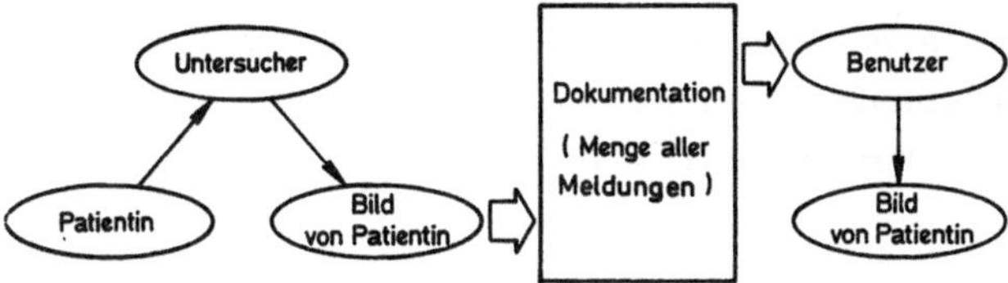


Abb. 1. Arbeitsweise eines Informationssystems.

## 1.2.2.  Dokumentation

Die Menge der Meldungen, die bis zu einem bestimmten Zeitpunkt über eine Patientin gesammelt wurden, ist die Dokumentation
über diese Patientin. Diese Meldungen kann der Benutzer nur
dann richtig beurteilen, wenn er die Menge aller möglichen
Meldungen (Befunde) kennt. Dies erreicht man dadurch,
daß man dem Untersucher zur Beantwortung einer Frage nur
eine fest vorgegebene Auswahl von Antworten zur Verfügung
stellt.
Zur Dokumentation gehören Patientenidentifikation, die allgemeine und die geburtshilfliche Anamnese, sowie die Beschreibung des bisherigen Kreißsaalaufenthaltes.

## 1.2.3.  Meldungen

Meldungen sind i.a. zeitbezogen, d.h. eine spezielle Meldung
ist nur dann vollständig, wenn bekannt ist, zu welchem Zeitpunkt ein Zustand beschrieben wird. Am deutlichsten ist
dieser Zeitbezug bei den kontinuierlich veränderlichen
Biosignalen, die erst in ihrem zeitlichen Verlauf aussagekräftig werden.
Eine Meldung besteht dann aus mehreren Datenwerten, die
zur gleichen Zeit erhoben werden und deswegen zusammenge-
hören. Erhoben werden können diese Meldungen von Arzt oder
Hebamme, wie bei der vaginalen Untersuchung oder von einem
Gerät, wie dem Kardiotokographen, der kontinuierlich Meldungen produziert.
Der Zeitpunkt der Meldung, d.h. der Zeitpunkt, zu dem ein
Sachverhalt beschrieben wird, ist ein Bestandteil der Meldung.
Da in der klinischen Routine dem Untersucher bei der Beschrei-
bung ein Ermessensspielraum bleibt, gehört die Kennzeichnung
des Untersuchers ebenfalls zur Meldung.

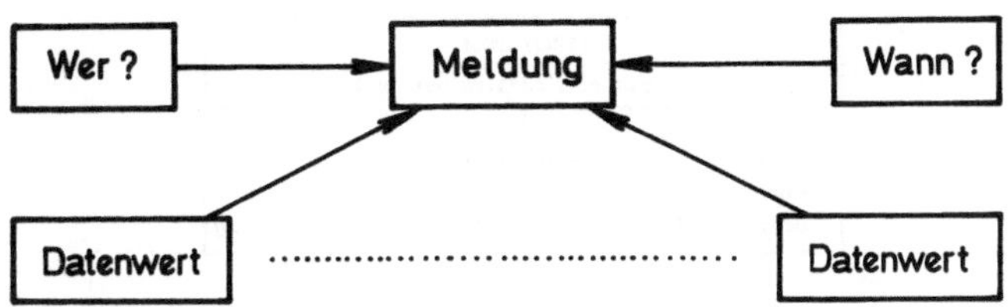



Abb. 2. Bestandteile einer Meldung : Informant,Zeitpunkt, Sachverhalt
(beschrieben durch Einzeldaten). Eine am Patienten erkannte Zustandsänder-
ung macht eine Meldung notwendig.


## 1.2.4.  Datenwerte

Um die Aussage der Meldung  zu objektivieren, ergibt sich
aus dem letzten Punkt die Notwendigkeit von vorgegebenen
Beschreibungskatalogen für nicht meßbare Einzeldaten.
Die einzelnen Möglichkeiten dieser Antwortkataloge sollen
verschiedene Zustände beschreiben und als Gesamtheit alle
möglichen Zustände abdecken.
Als Antwort auf einen solchen Katalog kann dann genau eine
der vorgegebenen Möglichkeiten zulässig sein (z.B. 'Lage des
Feten') oder mehrere (z.B. 'Besonderheiten an der Placenta').
Datenwerte, die 'Ja/Nein'-Entscheidungen beschreiben, werden
mit Hilfe eines speziellen Kataloges kodiert : Dieser Katalog
enthält die 3 Möglichkeiten 'unbekannt', 'nein', 'ja'. Nur
eine dieser 3 Möglichkeiten ist als Antwort zulässig.
Meßbare Größen werden über den Zahlwert der gemessenen Größe
in Datenwerte kodiert.

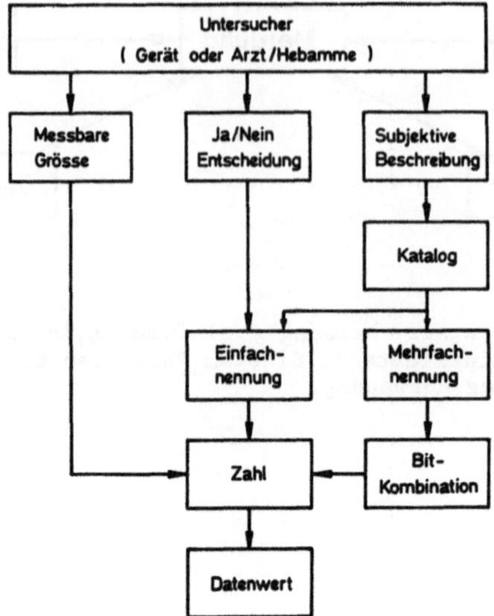


Abb. 3. Beschreibung (Kodierung) eines Sachverhalts : Für nicht meßbare
Beschreibungen werden Antwortkataloge angeboten. Als aktuelle Antwort
des Benutzers kann genau eine der möglichen Antworten zulässig sein oder
mehrere.

## 1.2.5.  Überwachung (Verarbeitung von Meldungen)

Die klinische Beurteilung der Meldungen   kann erfolgen
durch:
- Beurteilung einer Meldung   allein (z.B.: 'Medikamentengabe')
- Beurteilung mehrerer Meldungen   im Zusammenhang
- Beurteilung des zeitlichen Verlaufs eines Typs von Mel-
    dung  : Zustandsänderungen (z.B.: 'vaginale Untersuchungen'
    oder 'Kardiotokogramm')
- Beurteilung mehrerer Meldungen   sowohl in ihrem Zusammen-
    hang als auch bezüglich ihres zeitlichen Verlaufs.
Üblicherweise erfolgt die Entscheidungsfindung, d.h. die kli-
nische Wertung der Meldungen   wie im letzten Punkt oben
beschrieben.

Überwachung  besteht dann in der selbständigen Aufnahme und
Beurteilung von Meldungen.   Deshalb ist es die Aufgabe eines
Überwachungssystems, selbständig Meldungen  zu erfassen und
nach Vorschrift zu verarbeiten. Diese abgeleiteten Beschreibungen werden dann dem Benutzer (automatisch) als Entscheidungshilfe zur Verfügung gestellt.
Dies entspricht der Diagnosevorbereitung.
Der nächste Schritt auf dem Weg hin zun klinischen Prozeßrechner ist dann die Beurteilung der abgeleiteten Beschreibungen
im Zusammenhang mit anderen Meldungen   d.h. die Beurteilung
des momentanen Zustands, die Diagnose. (67)
Darauf aufbauend wäre die nächste Aufgabe des Prozeßrechners
die Ausarbeitung von Therapievorschlägen für den Benutzer.
Der letzte und größte Schritt hin zum vollständigen Prozeßrechner ist dessen direkte Einwirkung auf die Patientin :
die vom Rechner gesteuerte Ausführung und Überwachung der
Therapie.
Dies setzt jedoch voraus, daß in der ganzen Kette von Signalaufnahme bis zur Therapieausführung und -überwachung kein
Fehler auftreten kann.  (17)

Folgende Punkte müssen also gewährleistet sein :

a. einwandfreier Empfang der Eingangssignale, bzw. Erkennen von Störungen;

b. vollständiger und richtiger Algorithmus für die Verarbeitung der Signale in Meldungen;

c. erkennen von fehlenden Meldungen;

d. erkennen von falschen Meldungen;

e. vollständiger und richtiger Algorithmus zur Ableitung der Diagnose aus den Meldungen;

f. vollständiger und richtiger Algorithmus zur Ableitung der Therapie aus den Meldungen   (abhängig von der Diagnose);

g. Existenz eines vom Rechner steuerbaren Gerätes zur Ausführung der Therapie;

h. Fähigkeit zur Überwachung der Therapieausführung und deren Auswirkung (entsprechend a. bis e.).

Da diese Bedingungen nur teilweise erfüllt werden können, ist ein Prozeßrechner in der Patientenversorgung auch nur teilweise zu verwirklichen (unabhängig davon, ob solch ein Einsatz positiv zu bewerten wäre und ob überhaupt ein Wunsch danach besteht).

Wir verwenden deswegen das Informationssystem fast ausschließlich zur Beschreibung von Zuständen und nicht für deren Bewertung (Diagnose).

Eine teilweise Verwirklichung eines speziellen klinischen Prozeßrechners wäre zum Beispiel bei einer Infusionspumpe die Steuerung der Oxytocinmenge durch einen Prozessor, abhängig von der Wehenstärke und der Reaktion des Feten auf die Wehen.

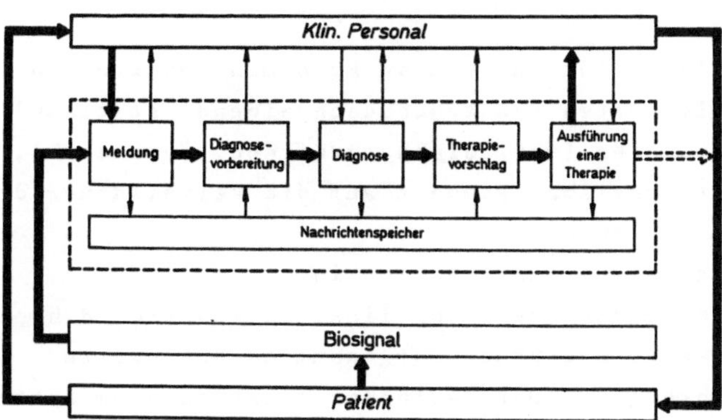


Abb. 4. Modell eines klinischen Prozeßrechners : Am Patienten und an den von ihm abgeleiteten Biosignalen können Veränderungen beobachtet werden. Das klinische Personal und das Überwachungssystem teilen sich dann die Aufgaben der Dokumentation und Verarbeitung der am Patienten erkannten Veränderungen : Erfassung und Speicherung, Zusammenstellung, Beurteilung und daraus abgeleitete Reaktionen des Beobachters (Therapie) auf die Veränderungen sowie deren Ausführung.

## 1.3.    Definition des Systems

### 1.3.1.  Charakterisierung der zu sammelnden Daten

Die zu sammelnden Patientendaten kann man unterteilen in
zeitunabhängige Daten (zustandsbeschreibend, statisch) und in
zeitabhängige Daten (verlaufsbeschreibend, dynamisch), wobei
sich die zeitliche Abhängigkeit auf die Verweildauer der
Patientin im System bezieht.

Diese kann man wieder unterteilen in

- automatisch aufgenommene (on-line) Datenwerte, d.h. in diesem
  Fall mit fester Datenrate aufgenommene Datenwerte
  (die Ausführung der Datenaufnahme liegt dann am System
  und nur die Kontrolle (an / aus) darüber beim Benutzer), und in
- manuell eingetippte Datenwerte (off-line). Die Dateneingabe
  ist in diesem Fall ereignisabhängig und wird vom Benutzer
  bestimmt.

In unserem Fall interessieren die folgenden 3 Arten :

1. zustandsbeschreibende Daten, die manuell eingetippt
   werden. Das sind z.B. die bei der Patientenaufnahme
   anfallenden Daten und sämtliche anamnestischen Daten.

2. verlaufsbeschreibende Daten, die manuell eingetippt
   werden. Das sind in unserem Fall sämtliche während der
   Entbindung anfallenden Daten, die einerseits zeitbezogen
   sind und andererseits eine Bewertung durch einen Untersucher
   voraussetzen.

3. verlaufsbeschreibende Daten, die automatisch aufgenommen
   werden. Das sind in unserem Fall die fetale Herzfrequenz
   und der mütterliche Wehendruck, sowie mit langsamerer
   Datenrate aufgenommene mütterliche und fetale Biosignale.


### 1.3.2.  Zustandsbeschreibende Daten

Bei der Aufnahme der Patientin in den Kreißsaal (System)
sollen Personaldaten und anamnestische Daten durch Beantwortung von vorgegebenen Fragenkatalogen in das System
eingegeben werden. Diese Daten sollen vom System verwaltet
werden und auf Wunsch dem Benutzer selektiv und zusammen-

fassend zur Verfügung gestellt werden. Die Daten umfassen dabei folgende Bereiche :    (26, 66)

Basisdaten
- Patientenidentifikation
- allgemeinmedizinische Daten
- geburtshilfliche Basisdaten

allgemeinmedizinische Anamnese
- Sozialanamnese
- Familienanamnese
- Eigenanamnese

geburtshilfliche Anamnese
- Verlauf früherer Schwangerschaften
- Verlauf früherer Entbindungen

Verlauf der jetzigen Schwangerschaft
- klinische Untersuchungen
- geburtshilfliche Untersuchungen
- paraklinische Untersuchungen
- Diagnosen (als Ergebnis von obigen Untersuchungen)
- Therapie (auch stationäre Aufnahme).

## 1.3.3. Verlaufsbeschreibende Daten

Der Kreißsaalaufenthalt der Patientin soll vom System
registriert und dokumentiert werden. Dazu muß der Untersucher das Auftreten eines geburtsverlaufsbeschreibenden
Ereignisses dem System mitteilen. Dies soll ebenfalls durch
vorgegebene Fragenkataloge geschehen. Auch diese Daten
sollen einem Benutzer sowohl selektiv als auch zusammenfassend
zugänglich sein. (59)
Diese zeitbezogenen Daten entstammen dabei folgenden Bereichen :

- klinische Untersuchungen
- vaginale Untersuchungen
- Vitalparameter der Mutter
- Varia Mutter (Lage, Bewegung, Operationsvorbereitung,...)
- Medikation und Anaesthesie
- Säure-Basen-Haushalt des Feten
- Entbindungsdaten
- Neugeborenendaten
- Kardiotokogramm

## 1.3.4. Biosignaldaten

Fetale Herzfrequenz und mütterlicher Wehendruck sollen
während des Kreißsaalaufenthaltes kontinuierlich gespeichert
werden und zwar ohne Informationsverlust (Kurzzeitfluktuation).
Diese Datenwerte sollen dann automatisch von einem Rechnerprogramm auf definierte Ereignisse hin untersucht werden.
Die von diesem Programm gefundenen Ergebnisse sollen dem
Benutzer zugänglich gemacht werden; sowohl als Kurzzeit-
information als auch für dokumentarische und statistische
Zwecke. (6, 13, 22, 23, 3o, 38)
Von der kombinierten Herzfrequenz- und Wehendruckkurve
interessieren :
- der langfristige Mittelwert der Herzfrequenz - die Basislinie -
- die langfristigen Abweichungen der Herzfrequenzkurve von
  dieser Basislinie (in Abhängigkeit von der registrierten

Wehendruckkurve); sind eine Reaktion des Feten auf den
durch die Wehe erzeugten Stress. (2o, 39)
Diese Deviationen bestehen in einem ca 2o bis 3oo sec
andauerndem Abfall bzw. Anstieg der Herzfrequenz um mindestens
15 Schläge pro Minute mit nachfolgender Rückkehr zum
vorherigen Zustand.
An beschreibenden Parametern dieser Ereignisse interessieren :
- die Verzögerungszeit der Reaktion des Feten auf die Wehe,
  das ist die Zeitdauer von Beginn der Wehe bis zum Beginn
  der Deviation (i.a. lo bis 4o sec).
- die Geschwindigkeit des Abfalls bzw. Anstiegs am Beginn
  und am Ende der Deviation (ist ein Ausdruck der Kompromit-
  tierbarkeit bzw. Erholungsfähigkeit des Feten). (47)
- die Dauer der Abweichung.
- die Amplitude und die Fläche (d.h. die Form). (56)
- Weiter interessieren die kurzfristigen Schwankungen der
  Herzfrequenz über dem langfristigen Mittelwert. (27)
  Diese Fluktuation oder Irregularität ist ebenfalls Ausdruck
  der Regulationsfähigkeit des fetalen Kreislaufs. (4, 8)
  Die Bedeutung dieses Parameters ist noch nicht voll geklärt,
  jedoch scheint die Irregularität ein brauchbarer Parameter
  für die frühzeitige Erkennung von fetalen Zustandsänderungen
  zu sein. (42, 46, 53)
Je nach Größe dieser Parameter wird auf eine mehr oder
minder starke Kompromittierung des Feten rückgeschlossen. (28)

1.3.5.  Datenerfassung

Für ein Dokumentationssystem (für Archiv- und statistische Zwecke),
das retrospektiv eine Geburt dokumentieren soll, ist der
Zeitpunkt der Datenaufnahme und - Verarbeitung zweitrangig.
Jedoch ist es mit einem solchen System schwierig, zeitliche
Verläufe einander gegenüberzustellen.
Da die Patientin mit einem gegebenen Anfangszustand die
Geburt beginnt und daraus nicht notwendig deren weiterer
Verlauf vorhersagbar ist, interessieren aber gerade wesentlich

die Änderungen an diesem Anfangszustand im  Lauf der Zeit.
Denn erst die Zustandsänderungen ergeben das Bild der Patientin.
Der Zustand wird durch mehrere Parameter beschrieben, die sich
zu beliebigen Zeitpunkten ändern können. Sowohl für die klinische
Routine als auch für die Forschung muß der zeitliche Zusammen-
hang dieser Parameteränderungen untersucht werden. (72)
Also müssen die verlaufsbeschreibenden Parameter zum Zeitpunkt
ihrer Änderung erfaßt werden.
Das Dokumentationssystem muß somit in der Lage sein, sowohl
den Zeitpunkt eines Ereignisses, als auch dessen Beschreibung
zu registrieren und zu verwalten.
Dazu eignet sich ein jederzeit ansprechbares 'Echt-Zeit'-
Dialogsystem.
'Echt-Zeit'-Datenaufnahme bedeutet : die ereignisbeschreibenden
Daten werden zu dem Zeitpunkt erhoben, an dem das Ereignis
stattfindet. Das System liest dann selbst die momentane
Uhrzeit ab. Dadurch bleiben Zeitbezüge auch bei verschiedenen
Untersuchern gewahrt.
Dialogsystem bedeutet : die Aussage des Untersuchers wird durch
einen Dialog mit dem System so lange präzisiert, bis die
ereignisbeschreibende Nachricht vollständig ist.
Die Verwendung des Diälogs setzt eine Einigung auf vordefinierte Frage- und Antwortformen voraus.
Diese Frageformen müssen dabei
- übersichtlich dargestellt sein,
- in einer Reihenfolge präsentiert werden, die der klinischen
  Routine entspricht,
- eindeutig formuliert sein,
- insgesamt und speziell alle Möglichkeiten erfassen,
- ohne daß sich die Einzelpunkte überschneiden oder wider-
  sprechen.
Diese Fragen müssen dann vom Benutzer des Dialogsystems
(Untersucher) legal, präzise und vollständig beantwortet werden.
legal : nur die angebotenen Möglichkeiten dürfen zur Beschreibung
        verwendet werden.
präzise : Entscheidung für eine (oder falls angeboten für
          mehrere) der angebotenen Möglichkeiten.
vollständig : alle Fragen, die zu einer Nachricht gehören,
              müssen beantwortet werden.

2.       Geräteausstattung

2.1.     Computerinstallation

Um ein System zu schaffen, das den oben genannten Forderungen
genügt, wurde im Neubautrakt der Universitätsfrauenklinik
Heidelberg folgende Hardware installiert.


2.1.1.   Zentrale

Die zentrale Überwachungsstation besteht aus einem 64 K B-Rechner
mit Magnetplattenspeicher und vorgeschaltetem Analog-Digital-
Konverter. Diese Anlage übernimmt den Routinebetrieb im Kreiß-
saal.    Räumlich getrennt davon ist ein weiterer 64 KB-
Rechner mit Magnetbandmaschine und großem Magnetplattenspeicher
installiert, der mit dem klinischen Rechner über eine Daten-
übertragungsleitung verbunden ist. Dieses Entwicklungs- und
Forschungssystem wird hauptsächlich für die folgenden
Aufgaben eingesetzt :
- Archivierung der im Informationssystem gesammelten Patientendaten,
- Statistik über diese Patientendaten und
- Erstellung und Erprobung von neuen Programmen für beide Systeme.
Der Magnetplattenspeicher im Informationssystem besteht aus
einer fest installierten sowie einer auswechselbaren Platte
von jeweils 2.5 MioByte Speicherkapazität. (max.Zugriffszeit
8o milisec).
Der Analog-Digital-Konverter dient der rechnerkontrollierten
Erfassung von Analogdaten (in Form von Spannungen zwischen
-1o Volt und +1o Volt) und deren Umwandlung in vom Rechner
verwertbare (12 bit) Digitalwerte.
Der Analog-Digital-Konverter hat in unserem Fall 8o Eingänge,
die vom Rechner einzeln und in Gruppen von benachbarten
Kanälen ansprechbar sind. Die Konversionszeit für die Verwandlung
einer angelegten Spannung in ein 12-bit-Wort liegt bei o.o25 milisec
und demzufolge die maximale (theoretische) Konversionsrate
bei 45 kHz.
Im Analog-Digital-Konverter ist ein programmierbarer Schritt-
macher (pacer) installiert. Damit besteht die Möglichkeit,
eine Gruppe von Eingangskanälen mit einer programmierbaren

Datenaufnahmerate nacheinander zu digitalisieren und ohne
zusätzliche Rechneraktion im cpu-Speicher abzulegen (mit Hilfe
des direkten Speicherzugriffs (DMA)). Mit einem zusätzlich
installierten 'last-address-detector' kann man vom Programm
aus einen Kanal als letzten zu digitalisierenden Kanal defi-
nieren und damit eine benachbarte Gruppe von Kanälen wiederholt nacheinander digitalisieren ohne Zwischenaktion vom
Rechner.
In der Zentrale des Informationssystems sind folgende Ein-
Ausgabegeräte installiert :
- 2 FS-Monitore für die Ausgabe von Systemmeldungen wie :
  die Bettenbelegung oder Ausgaben, die die Aufnahme der Biosignaldaten betreffen (Z.B. gestörte Signalaufnahme).
Jeder Fernseh-Monitor  ist mit dem Rechner verbunden durch
eine Schieberegister-Schnittstellenkarte. Diese Karte enthält 64
MOS-Schieberegister von je 1o24 bit, in denen der Bildschirminhalt gespeichert wird. Dazu wird der Bildschirm in ein
256 mal 256 Raster von adressierbaren Punkten unterteilt.
Je nachdem, ob ein Rasterpunkt gesetzt werden soll, oder
nicht, ist das entsprechende 'bit' auf der Karte gesetzt.
Beschrieben vom Rechner wird nur der Speicher der Schnitt-
stellenkarte, die das entsprechende Fernsehsignal erzeugt
und das Videoraster kontinuierlich erneuert ohne Zwischen-
handlung des Rechners.(Das Setzen eines Punktes  auf der Karte
kann bis zu 2 milisec dauern !)
Weiter sind in der Zentrale installiert :
- 4 Fernsehmonitore mit zugehörigen 4 Tastenfeldern (Dialoggeräte), über die der Benutzer Dialoge mit dem System führen
  kann.
Das Tastenfeld enthält eine 'BEGIN'-Taste, eine 'GO'-Taste,
die Ziffern von o bis 9, Minuszeichen und Dezimalpunkt, das
Semikolon als Trennzeichen von Zahlen, sowie eine Rückwärts-
taste, die zur Korrektur der Eingabe verwendet werden soll.
Die FS-Monitore sind durch die oben  erklärte Schnittstellen-
karte mit dem Rechner verbunden.
Bis zu 4 Tastenfelder sind an  ein Datenkontrollgerät angeschlossen, das periodisch (1o mal pro Sekunde) diese 4 Tastenfelder nach einer Eingabe absucht. Von hier an kann man dieses

Datenkontrollgerät wie einen Fernschreiber betrachten. Das Gerät ist auch durch eine Standard-Ein/Ausgabe-Schnittstellen-
karte mit dem Rechner verbunden; d.h. durch eine gepufferte
16-bit-Schnittstellenkarte mit bit-serieller Datenübertragung
zwische Terminal und Karte. Die Hauptaufgabe des Datenkontroll-
gerätes ist die Verwandlung der vom Tastenfeld parallel ein-
treffenden 6-bit Daten in serielle Daten (12 bit), die von
der Interfacekarte akzeptiert werden.
Weiter sind als hardcopy-Geräte an  den Rechner angeschlossen :
- ein Zeilendrucker und
- ein Digital-Plotter (Zeichengerät) für die Ausgabe von
  Arztbriefen, Krankenblättern und Diagrammen.
Das Informationssystem ist mit dem Archivsystem verbunden
über eine serielle Datenübertragungsschnittstelle; max.
Übertragungsrate ist 1.25 Miobit pro sec.

## 2.1.2.  Kreißsäle

In jedem der 8 Kreißsäle ist ein Dialoggerät (Tastenfeld und
FS-Monitor) wie in der Zentrale installiert. Damit sollen
die Patientendaten eingegeben werden. Außerdem sind Überwachungs-
einheiten für den Feten und die Mutter eingebaut; darunter
ein Kardiotokograph.
Dieser ermittelt die momentanen Werte der fetalen Herzfrequenz
und des mütterlichen Wehendrucks. Diese Werte lassen sich
am Geräteausgang in Form von kontinuierlich veränderlichen
Spannungen abgreifen ( o.5 bis 2.5 V für 5o bis 25o Schläge/min und
neg. Spannung für unbekannt') und werden zum einen über zwei
Meßwertkanäle zum Analog-Digital-Konverter geführt.
Zum anderen  werden diese Spannungen an die Eingänge eines
Kontrollgerätes für zwei Bildschirme gelegt. Jeder der zwei
Bildschirme ist geviertelt und wird über das entsprechende
Kontroll- und Speichergerät unabhängig vom Rechner gesteuert.
Die jeweils letzten 9 Minuten CTG-Kurve aus einem Kreißsaal
sollen in dem entsprechenden Quadranten abgebildet werden.
Mit diesen in der Zentrale installierten  2 Displays wird
die Information über die Kardiotokogramme aus allen 8 Kreiß-
sälen an einem Ort zugänglich gemacht.

## 2.1.3. Patientenaufnahme

In einem für eine erste Untersuchung ausgestattetem Raum ist
ein Bildschirmsichtgerät installiert (24oo Baud).
Dies ist das einzige Dialoggerät im Informationssystem, mit
dem alphabetische Zeichen eigegeben werden können.
Damit soll die Eingabe der Patientenidentifikationsdaten,
Adresse, einweisende Ärzte, sowie von Klartext (Bemerkungen)
erfolgen.


## 2.2. Räumlichkeiten und Verkabelung

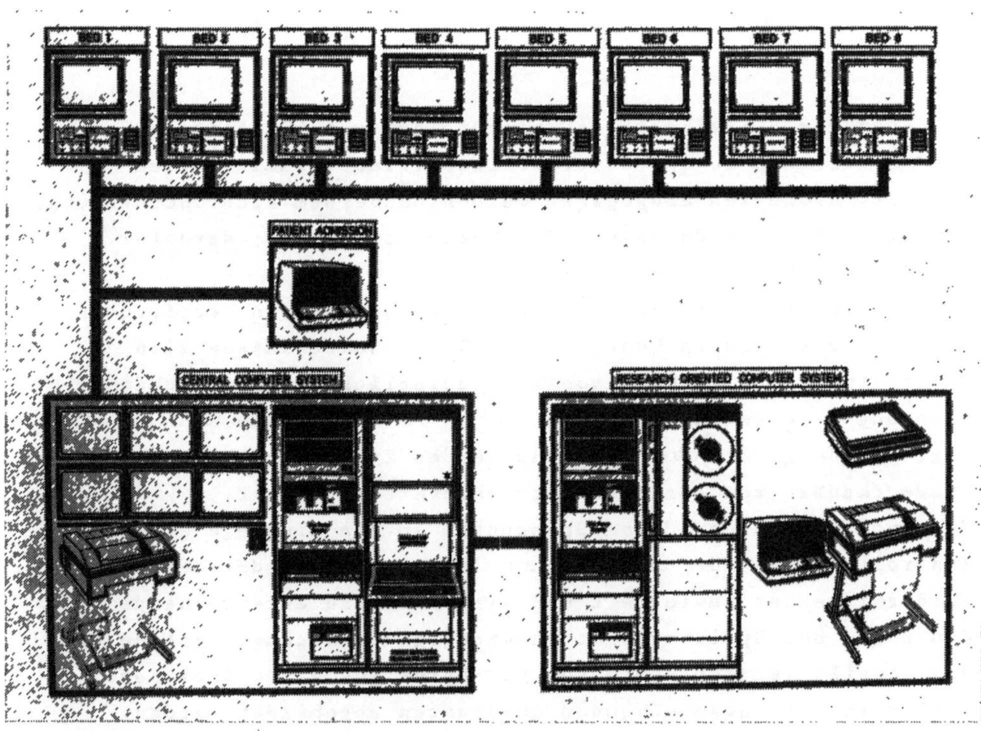


Abb. 5. Im Kreißsaal der Universitäts-Frauenklinik Heidelberg an den
Computer angeschlossene Geräte : Zentralstation mit Aufnahme und 8 Kreißsälen. In jedem Kreißsaal befindet sich ein Dialoggerät (TV-Monitor und
numerisches Tastenfeld) sowie ein Kardiotokograph für die kontinuierliche
Überwachung der Bioparameter. Räumlich getrennt davon ist ein Forschungs-
und Archivsystem installiert, das über eine Datenübertragungsleitung mit
dem Kreißsaalsystem verbunden ist.

3.        Betriebssystem
3.1.      RTE-System (hp) und Speicheraufteilung


Als Grundlage wurde das von der Herstellerfirma mitgeliefer-
te Real-Time-Executive Betriebssystem übernommen. (24)
Dieses gibt die folgenden Möglichkeiten, ein Programm zur
Ausführung aufzurufen :
- durch Festlegung einer absoluten oder einer relativen
  (Zeitintervall) Startzeit,
- durch ein Signal von einem externen Gerät,
- von einem anderen Programm, oder
- von der Operatorkonsole aus.
Ein Planungsmodul des Betriebssystems entscheidet dann aufgrund
von Programmprioritäten über die Reihenfolge der Ausführung.
Der vom Betriebssystem nicht belegte Teil des CPU-Speichers
ist in folgende 4 Laufbereiche für Programme zerlegt :
- je ein Laufbereich für CPU-Speicher-residente und für
  Plattenspeicher-residente Vordergrund-Programme,
- je ein Laufbereich für CPU-Speicher-residente und für
  Plattenspeicher-residente Hintergrund-Programme.
Die Laufbereiche für die Plattenspeicher-residenten Programme
sind mehrfach belegbar, denn :
- ein Programm wird während der zeitintensiven Ein- Ausgabe
  suspendiert und
- das suspendierte Programm kann im momentanen Zustand auf
  die Platte gerettet werden.
- In dem freigegebenen Laufbereich kann währenddessen ein anderes
  (oder mehrere) Programm ausgeführt werden.
Zu den CPU-Speicher-residenten Programmen zählen besonders
wichtige Programme, die möglichst schnell nach Eintreten der
Startbedingungen ausgeführt werden sollen. Da die Plattenresiden-
ten Programme vor ihrer Ausführung erst in den betreffenden
Laufbereich eingelesen werden müssen (o.2 bis 1 sec), haben
sie somit eine längere Antwort-Zeit als die CPU-Speicher-
residenten Programme.
Hinzugefügt werden zu dem Betriebssystem mußte eine Mehrbenutzerstruktur mit möglichst geringen Zeit- und Speicherbe-
darf. Außerdem sollten alle (14) Dialoggeräte gleichbehandelt
werden und eine nicht erkennbare Reaktionszeit besitzen.

Deshalb wurde ein spezieller Driver für das Tastenfeld entwickelt, der folgende Aufgaben erfüllt :
- wartet permanent auf Tastendruck,
- schreibt die eingetippten Tastensymbole auf den zugeordneten FS-Monitor (über den Driver für den FS-Monitor),
- meldet eine durch 'GO' abgeschlossene Eingabe weiter und reaktiviert dieses Tastenfeld erst wieder, nachdem diese Eingabe abgearbeitet wurde.

Dadurch erscheint das Tastenfeld mit dem zugehöreigen FS-Monitor wie ein Bildschirmsichtgerät.

Der FS-Monitor kann als Textgerät mit 24 Zeilen von je 42 Zeichen angesprochen werden oder als Zeichengerät mit einem 256 mal 256 Punkte Raster.

Auszugebende Zeichen werden außerhalb des FS-Monitor-Drivers in einem Microprogramm bearbeitet, das selbständig die 5x7 Punkte-Matrix des Zeichens ausgibt.

Der Tastenfeld-Driver rettet das eingegebene Zeichen in einen CPU-Speicher-residenten Gerätepuffer, schreibt das Zeichen auf den zugeordneten FS-Monitor in die nächste freie Position und sperrt das Gerät, wenn die Eingabe abgeschlossen ist. Das eingegebene Zeichen wird ignoriert, wenn die Zeile voll ist (max. Länge einer Eingabe : 42 Zeichen).


Tab. 1. Aufteilung des Rechnerspeichers : cpu-Speicher

32 k-Worte (16 bit Worte)

| | |
|---|---|
| Dokumentation (Krankenblatt) | 5.5 k-Worte (plattenresidente Prog.) |
| Dialog und Überwachung | 8 k-Worte (plattenresidente Prog.) |
| Steuerung von Dialog und Datenaufnahme | 2 k-Worte (CPU-Speicher-resident) |
| Puffer für Geräte, Daten und Zeiger | 2 k-Worte (CPU-Speicher-resident) |
| RTE (hp) Betriebssystem | 14.5 k-Worte |

Tab. 2. Aufteilung des Rechnerspeichers : Plattenspeicher (2.5 M-Worte)

| feste Platte<br>1.25 M-Worte | Plattenresidente<br>Programme | Patientenfiles (max 16) |
|---|---|---|
| Wechselplatte<br>1.25 M-Worte | Biosignal-Rohdaten | |


## 3.2.    Permanente Puffer im CPU-Speicher
### 3.2.1.  Dialogbezogene Puffer und Zeiger


Für jedes der 14 Dialoggeräte (8 in den Kreißsälen und 6 in
der Zentrale) wurde ein 46 Worte langer Puffer im CPU-Speicher
eingerichtet, der folgende Information enthält und verwaltet :
- den momentanen Status des Dialogs :
   o : Dialoggerät ist frei
   1 : momentan findet Eingabe statt
   2 : Eingabe ist abgeschlossen und soll bearbeitet werden
   3 : Eingabe wird momentan bearbeitet (Ausgabe findet statt).
- die Kennzeichnung des zugehörigen FS-Monitors
- Ein-/Ausgabe -Puffer, in den auch Programmvariable gerettet
  werden
- den Namen sowie die Einsprungadresse für das Dialogprogramm,
  das die nächste Benutzereingabe bearbeiten soll; d.h. die
  Verzweigungsinformation im Dialogbaum. Die Kontrolle dieser
  Verzweigungen (innerhalb des Dialogs) liegt allein bei den
  Dialogprogrammen (Anwenderprogramme).
- den Parameterpuffer, in den bei Unterbrechung eines Dialogprogrammes (für Ein-/Ausgabe) Programmvariable gerettet werden können. (hat eine dynamische Grenze mit obigem  Ein-/
  Ausgabepuffer).
- die Kennzeichnung dieses Tastenfeldes, sowie einen Auszeit-
  Zähler für das Tastenfeld: bei Beginn einer Eingabe wird dieser
  Zähler auf o gesetzt. Falls 3 Minuten danach diese Eingabe
  noch nicht beendet ist (mit 'GO' abgeschlossen), wird der momentane Dialog abgebrochen und wieder auf den Ursprung des
  Dialogbaumes gesetzt.

Tab. 3. Ein-/Ausgabe Puffer für jedes Dialoggerät im cpu-Speicher
        (14 Exemplare)

| Status | Nr. Tastenfeld | Nr. FS-Monitor |
|---|---|---|
| - Anz. gespeicherte Zeichen (Ein-/Ausgabe) | | |
| Zeichen Nr. 1 | Zeichen Nr. 2 | |
| Zeichen Nr. 3 | Zeichen Nr. 4 | |
| . . . | | |
| gerettete Programmvariable Nr.   2 | | |
| gerettete Programmvariable Nr.   1 | | |
| Anzahl gerettete Programmvariable | | |
| Einsprungadresse in Dialogprogramm (momentan) | | |
| Kennzeichnung des momentanen Dialogprogramms | | |
| Systemkennzeichnung dieses Tastenfeldes | | |
| Auszeitzähler für dieses Tastenfeld | | |

dynamische Grenze
zwischen Ein-/Aus-
gabe-Puffer und
Parameterpuffer

Weiter gibt es für jedes Dialoggerät einen Zeiger für die Verwaltung der automatischen (ereignisabhängigen) Ausgabe von
Ergebnissen der Biosignalauswertung (Kardiotokogramm) :
- man kann sich die Ergebnisse der automatischen (on-line)
Kardiotokogrammauswertung auf einen beliebigen FS-Monitor
ausgeben lassen. Diese Ausgabe findet dann automatisch zu
dem Zeitpunkt statt, an dem ein Ereignis festgestellt wurde.
Dieser Zeiger enthält dann die Nummer des Bettes, von dem
zukünftig ermittelte Ergebnisse ausgegeben werden sollen, sowie
die Nummer der nächsten freien  Zeile auf dem FS-Monitor.

Der Zeiger wird auf o gestzt, falls an diesem Dialoggerät
keine automatische Ausgabe gewünscht wurde.

Tab. 4. Zeiger für automatische Berichterstattung (für jedes Dialoggerät).
    (14 Exemplare)

| o / 1 | Nummer des Bettes | Zeilen-Nr. FS-Monitor |
|---|---|---|

keine / neue
Ergebnisse sind auszugeben

Diese automatische Ausgabe wird durch einen Dialog mit dem
System gestartet. Durch Drücken der 'BEGIN'-Taste auf
dem Tastenfeld wird die automatische Ausgabe beendet und
das Gerät kann wieder zum üblichen Dialog benutzt werden.


3.2.2. Bettbezogene Puffer und Zeiger

Für jeden der 8 Kreißsäle enthält ein Wort den momentanen
Zustand der Aufnahme von Kardiokogrammdaten und langsam
veränderlichen Biosignalen (on-line Aufnahme).

Tab. 5. Zeiger für Datenaufnahme (für jedes Bett; 8 Exemplare).

Pen-lift Zähler       o = aus       o:nicht belegt

| Status (4 b) | Wehe (2 b) | FHF (2 b) | 7 Kanäle(7 b) | Bett |
|---|---|---|---|---|

1 = an       1: belegt


Dabei hat der Status-teil (4 bit) folgende Bedeutung :
o : Datenaufnahme für dieses Bett ist ausgeschaltet
1 : Daten sollen von jetzt an aufgenommen werden
3 : Datenaufnahme ist angeschaltet
4 : Datenaufnahme ist momentan suspendiert
8 : Datenaufnahme für dieses Bett ist beendet.
Ein Status zwischen diesen Werten charakterisiert den Übergang
von einem Zustand zum andern.
Das Datenaufnahmewort wird ignoriert, wenn Bit Nr. o gleich o
ist, d.h. Bett nicht belegt.
Mit Hilfe der Kanalbits kann die Datenaufnahme für 7 verschiedene
Kanäle getrennt an- und abgeschaltet werden.
Die Zähler für Wehen-Penlift bzw. Herzfrequenz-Penlift dienen
zur Feststellung, ob mehr als 24 Sekunden nacheinander von einem
dieser Kan äle nur Penlift-Signal (neg. Spannung) empfangen
wurde. Diese Meldung wird dann auf einem FS-Monitor des Systems

in der Zentrale ausgegeben.

Ein weiterer Zeiger für jedes Bett ist für die Verwaltung der Ausgabe von System-Meldungen zuständig. Dieses Wort wird ebenfalls vom Dialogmonitor geprüft. Je nachdem, welches bit gesetzt ist, wird die Ausgabe einer entsprechenden Meldung auf einem eigens hierfür reservierten FS-Monitor veranlaßt; z.B. die Aufnahme, Entbindung oder Entlassung einer Patientin wird auf dem Bettenbelegungs-Monitor angezeigt.

Um nach der Entlassung einer Patientin aus dem Kreißsaal einerseits den Kreißsaal neu belegen zu können, andererseits aber noch Zugriff zu den Daten der entlassenen Patientin zu haben, wurden zusätzlich 8 virtuelle Betten eingeführt. Eine Entlassung wird vom System als Verlegung in ein virtuelles Bett bearbeitet.

Dateneingabe für diese Betten ist dann nur noch in der Zentrale möglich, während vor der Entlassung die Dateneingabe immer nur am Dialoggerät des entsprechenden Kreißsaals möglich ist. Datenausgabe von  allen 16 Betten ist dagegen von allen Dialoggeräten aus möglich.

Anhand von 2 Zeigern erhält man den Zugriff zu den auf der Magnetplatte gespeicherten Patientendaten für eines der 16 Betten :

- das erste Wort enthält die Adresse der Biosignaldaten-Verwaltung : dies ist eine sector-Adresse auf der Spur Nr. 1o1 (=Mitte) der Magnetplatte, die für die Speicherung der Biosignal-Rohdaten reserviert ist. Die aktuelle, momentan benötigte Information ist dann in diesem Sektor enthalten.
- das zweite Wort enthält die Nummer der Verwaltungsspur für die manuell eingetippten Patientendaten. Diese Spur liegt auf der anderen Magnetplatte, auf der Systemplatte.

Damit besteht die Verlegung einer Patientin in ein anderes Bett intern nur in der Vertauschung der entsprechenden Zeiger für diese Betten.

Ein weiteres Wort enthält das momentane Jahr.

### 3.2.3.  Datenpuffer

Zwei Puffer von jeweils 636 Worten Länge sind in der Lage,
jeweils 8 Sekunden Kardiotokogrammdaten (Rohdaten) von allen
8 Kreißsälen aufzunehmen. Anhand eines Zeigers erkennt das
Datenaufnahmeprogramm (DTP, siehe 5.1.2.) bzw. das Daten-
sortier- und -Speicherprogramm (DSS, siehe 5.2.2.) welcher
Puffer jetzt geleert bzw. gefüllt werden muß.
In einen weiteren Puffer von 58 Worten Länge werden alle
2 Minuten die Werte der langsamen Kanäle eingelesen.
Zu jedem der 2 CTG-Datenpuffer gibt es jeweils einen Zeitpuffer von 5 Worten Länge, der Uhrzeit und Datum des ersten
CTG-Datenwerts in diesem Puffer beschreibt. Die Zeitdifferenz
zwischen den beiden Zeiten muß immer 8 sec betragen. Wenn
dies nicht der Fall ist, wird die sequentielle Speicherung
der Ctg-Daten unterbrochen : die Datenaufnahme wird beendet
und sofort anschließend neu begonnen. Dieser Fall tritt
bei einem Stromausfall mit automatischen Wiederstart ein.

### 3.3.  Dialogstruktur im Mehrbenutzerbetrieb

Mit dem  1974  zur Verfügung stehenden Betriebssystem (RTE)
war ein Mehrbenutzerbetrieb mit vernünftigen Speicheraufwand
nicht möglich. Sämtliche Anwenderprogramme hätten der Benutzer-
zahl entsprechend oft kopiert auf der Platte abgelegt werden müssen.
Deshalb wurde die Struktur so gewählt, daß jedes einzelne
der über 2o Dialogprogramme von jedem Benutzer zu jeder Zeit
aufgerufen werden kann. Dazu werden in den CPU-Speicher-residenten Dialogpuffern (siehe 3.2.1.) die Einsprungadresse in das
Anwenderprogramm, sowie für diesen Benutzer spezifische Werte
von Programmvariablen zwischengespeichert.
Um möglichst wenig Zeit zu verlieren, wurde die Steuerung
des Dialogverkehrs cpu-Speicher-resident gemacht.
Diese Steuerung wird von mehreren kleinen Programmen von
hoher Priorität und kurzer Ausführungszeit ausgeführt.
Da diese Programme immer im CPU-Speicher residieren und
für ihre Ausführung nicht erst von der Magnetplatte eingelesen
werden müssen,  ist  ihr erster Vorteil die kurze Ansprechzeit.

Der zweite Vorteil besteht darin, daß sie für die Ein-/Ausgabe
ohne zeitliche Belastung des Betriebssystems suspendiert
werden können : sie müssen nicht in ihrem momentanen Zustand
auf Magnetplatte gerettet werden.
Dieser Vorteil ist wesentlich für die Struktur des hier verwendeten Mehrbenutzerbetriebs.
Das   Dialog-monitor-Programm, die gerätespezifischen Ausgabeprogramme und die Dialogprogramme (Anwenderprogramme) haben
die gleiche Prioritätsstufe; diese ist niedriger als die der
Datenaufnahme, aber höher als die der Datenauswertung und
die der Datenausgabe. Das Dialogprogramm (Anwenderprogramm)
ist dabei ein Glied in einer Kette von 4 Programmen, die nach
einer Benutzereingabe nacheinander ausgeführt werden.
Die Ausführung der Programmkette wird vom Benutzer gestartet,
indem er die 'BEGIN'-Taste oder die 'GO'-Taste auf einem
Tastenfeld drückt. Diese Programme sind :
- der Tastenfeld-Driver (1 Exemplar für alle Dialoggeräte)
- der Dialogmonitor (1 Exemplar für alle Dialoggeräte)
- das Dialogprogramm selbst (aufgabenspezifisch, 26), sowie
- die Ausgabeprogramme (je 1 Exemplar für jedes Dialoggerät).


3.3.1.  Der Tastenfeld-Driver

Dieses kleine (44o Worte) cpu-Speicher-residente Programm
reagiert auf jeden Tastendruck eines Benutzers. (Multiterminal-
driver : 1 Programm für alle Geräte). Jeder Interrupt, der
von einem Tastenfeld herrührt, wird vom Betriebssystem
zu diesem Programm geleitet. Zuerst wird der Status des entsprechenden Dialoggerätes geprüft. Dann wird das eingegebene
Zeichen auf den zugehörigen FS-Monitor und in den zugehörigen Dialogpuffer im cpu-Speicher (siehe 3.2.1.) geschrieben.
Falls ein 'BEGIN' oder ein 'GO' eingegeben wurde, wird das
Statuswort des Gerätes im Dialogpuffer verändert. Darauf
folgend werden weitere Eingaben von diesem Tastenfeld so
lange ignoriert, bis die anderen 3 Programme diese Eingabe
abgearbeitet haben.

Diagramm 1.    Flußdiagramm des Tastenfeld-Drivers (DVR64)

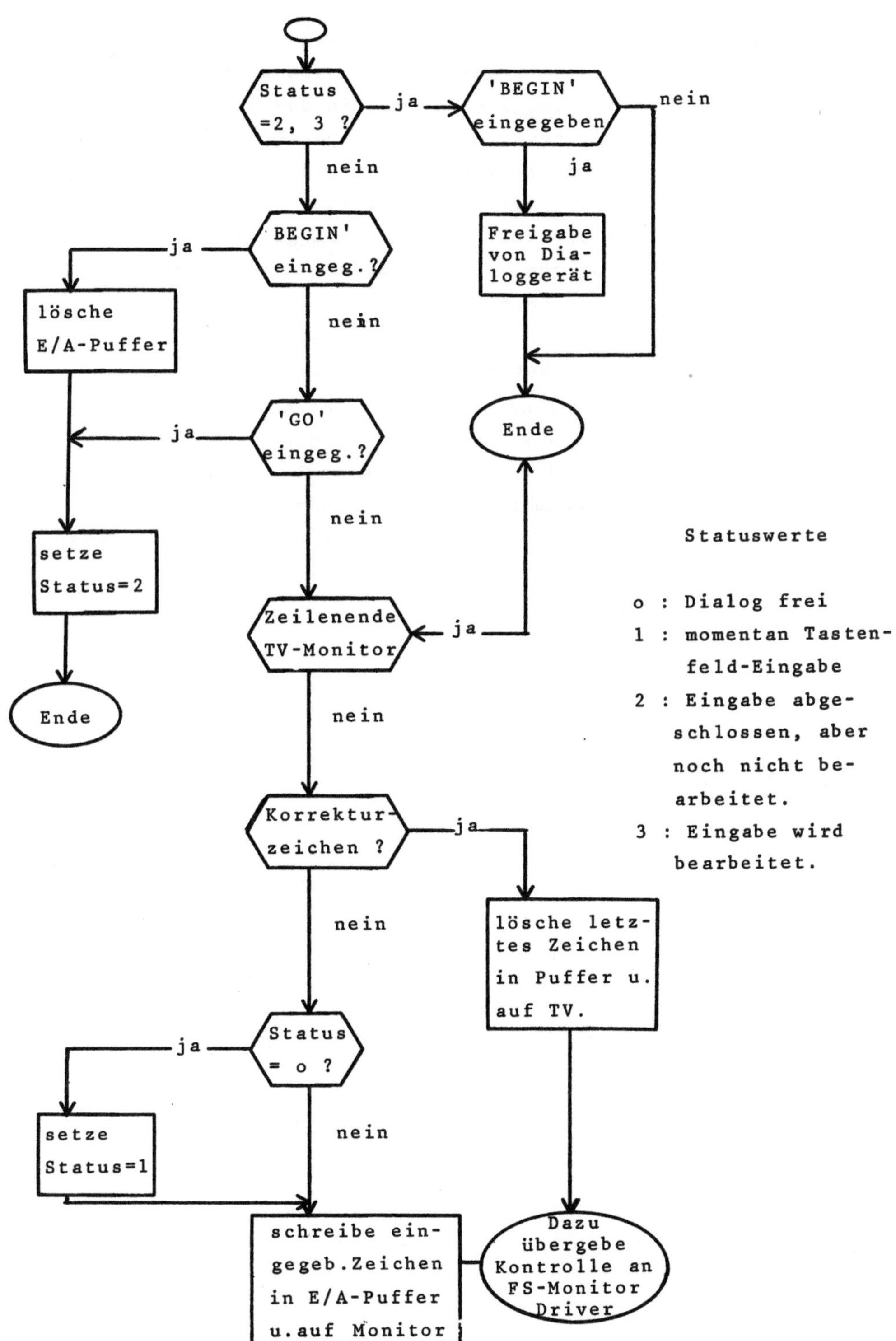

### 3.3.2. Der Dialogmonitor (STATU)

Das Dialogmonitorprogramm (3oo Worte lang) ist CPU-Speicher-
resident. Es wird normalerweise (d.h. wenn keine Eingabe stattfindet) alle o.5 sec ausgeführt (ist in der 'Zeitliste').
Es prüft dann die Statusworte aller angeschlossenen Dialoggeräte.
Falls an einem Tastenfeld eine Benutzereingabe beendet wurde,
geht es selbst aus der Zeitliste und ruft das Dialogprogramm,
dessen Name im Dialogpuffer dieses Dialoggerätes steht,
wobei es diesem Programm beim Aufruf die Adresse des Dialogpuffers (d.h. des Tastenfeldes) übergibt.
Die folgende Aktion wird von dem aufgerufenen Dialogprogramm
(plattenspeicher-residentes Anwenderprogramm) übernommen :

Außer diesen Benutzereingaben  verwaltet das Monitorprogramm
auch die Ausgabe von Systemmeldungen und beobachtet die
automatische Ausgabe der Kardiotokogrammauswertung (siehe 3.2.1.),
indem es diese wie Benutzereingaben behandelt.
Systemmeldungen werden jedoch nicht mit derselben Priorität
wie  Benutzereingaben behandelt.

Diagramm 2.     Flußdiagramm des Dialogmonitors (STATU)

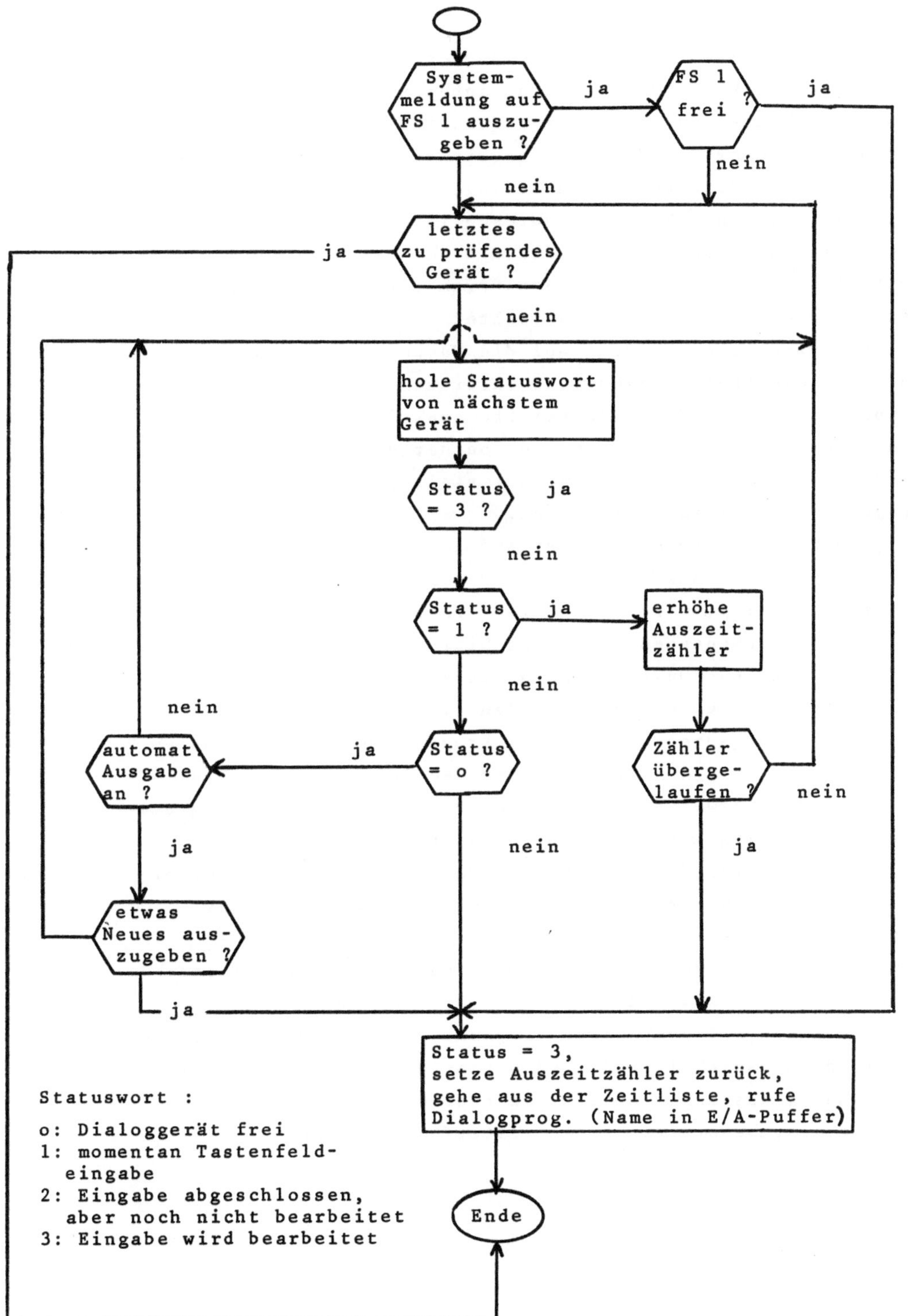


Statuswort :

o: Dialoggerät frei
1: momentan Tastenfeld-
   eingabe
2: Eingabe abgeschlossen,
   aber noch nicht bearbeitet
3: Eingabe wird bearbeitet

### 3.3.3.  Die Dialogprogramme (ANWxx)


Das Dialogprogramm wird von der Magnetplatte eingelesen und
gestartet. Es kennt die momentan interessierende Feinstruktur
des Dialogbaums und verarbeitet dementsprechend die Benutzereingabe. Dazu erhält das Dialogprogramm die Vorgeschichte, d.h.
den bis jetzt durchgeführten Dialog, durch gerettete Programmvariable sowie die Einsprungadresse in dieses Programm, d.h.
die Stelle im Programm, an  der mit der Bearbeitung des Dialogs
fortgefahren werden soll. Diese Parameter werden im Dialogpuffer
des entsprechenden Gerätes verwaltet.
Das Programm reagiert dann auf die Tastenfeldeingabe des Benutzers,
indem es eventuell eingegebene Untersuchungswerte in die Patientendokumentation auf der Magnetplatte schreibt,  indem es
einen (oder mehrere) Datenwerte von der Platte liest und dann
wieder eine Frage an den Benutzer stellt, oder indem es eine
Frage des Benutzers beantwortet.
Da jedoch die Ausgabe von Text auf den FS-Monitor im Vergleich
zur eigentlichen Ausführungszeit des Dialogprogrammes sehr
zeitintensiv ist, wird die Ausgabe folgendermaßen durchgeführt :
- .rette den momentanen Stand des Dialogs in den Dialogpuffer .:
   den auf den FS-Monitor auszugebenden Text,
   momentane Werte von zu rettenden Programmvariablen,
   die Einsprungadresse in dieses Programm nach der nächsten
   Eingabe (d.h. die Stelle, an der das Programm weiterzuführen ist),
   oder möglicherweise den Namen eines anderen Dialogprogrammes,
   das den Dialog mit dem Benutzer weiterführen soll.
- danach rufe für die Ausgabe des Textes auf den FS-Monitor
   das cpu-Speicher-residente Ausgabeprogramm für dieses
   Dialoggerät (siehe 3.3.3.).
- nehme das Dialogmonitorprogramm wieder in die Zeitliste.
- beende (nicht suspendiere !) das Dialogprogramm.
Dadurch initiiert das Ausgabeprogramm zuerst die Ausgabe und
sofort daran anschließend wird wieder das Dialogmonitorprogramm
ausgeführt, das dann (evtl.) die Bearbeitung einer anderen
Benutzereingabe starten (oder weiterführen) kann.

Durch diese Struktur wird bei mehreren Benutzereingaben kurz hintereinander die Reaktionszeit des Monitorprogramms verkürzt, d.h. das System reagiert schneller auf die Eingaben. Da außerdem nur Programmvariable in den CPU-Speicher gerettet werden und nicht das ganze Dialogprogramm im momentanen Zustand auf Magnetplatte geschrieben wird, wird dieser Plattenzugriff gespart.

**Diagramm 3.**    Flußdiagramm eines Dialogprogramms

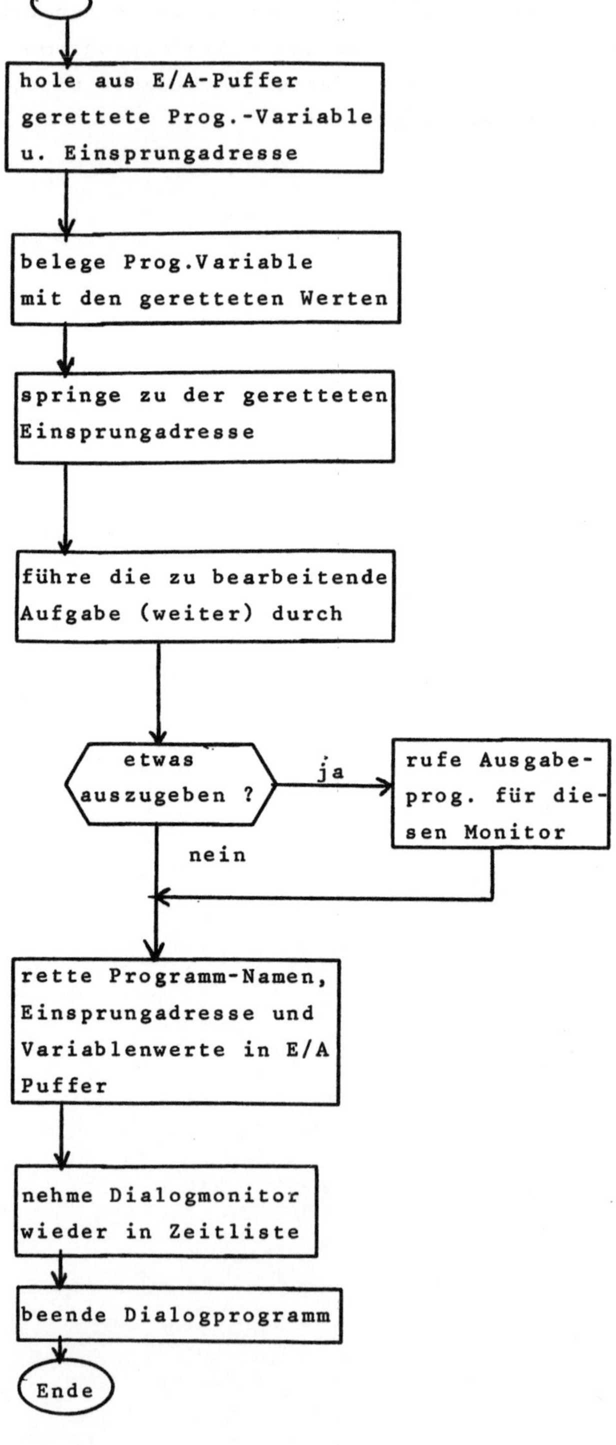

### 3.3.4. Die Ausgabeprogramme (OTPxx)

Für jedes der angeschlossenen Dialoggeräte ist ein cpu-
speicher-residentes Ausgabeprogramm OTPxx (xx=ol,...: Nr. des
Dialoggerätes) eingerichtet (55 Worte lang).
Das Ausgabeprogramm übernimmt für die Dialogprogramme die
Ausgabe von Text auf den FS-Monitor und geht für diese
während der Ein-/Ausgabe in Suspension.
Dadurch ist das Dialogprogramm sofort wieder für eine
andere Benutzereingabe verfügbar : <u>ein</u> Dialogprogramm
für <u>alle</u> Benutzer.
Da das Dialogprogramm sehr klein ist, kann es cpu-Speicher-
resident gemacht werden. Deshalb muß es zur Suspendierung
nicht auf Platte gerettet werden und dieser Plattenzugriff
wird gespart.
Das Ausgabeprogramm initiiert zuerst die Textausgabe (durch
einen Aufruf des FS-Monitor-Drivers).
Das System führt dann die Ausgabe durch. Danach übernimmt
wieder das Ausgabeprogramm die Kontrolle. Je nach Stand
des Dialogpuffers gibt es jetzt das Dialoggerät wieder frei
für eine Benutzereingabe oder  leitet über das Monitorprogramm  die weitere Bearbeitung der Eingabe über ein
(anderes) Dialogprogramm ein.

Diagramm 4.  Flußdiagramm eines Ausgabeprogramms (OTPxx)

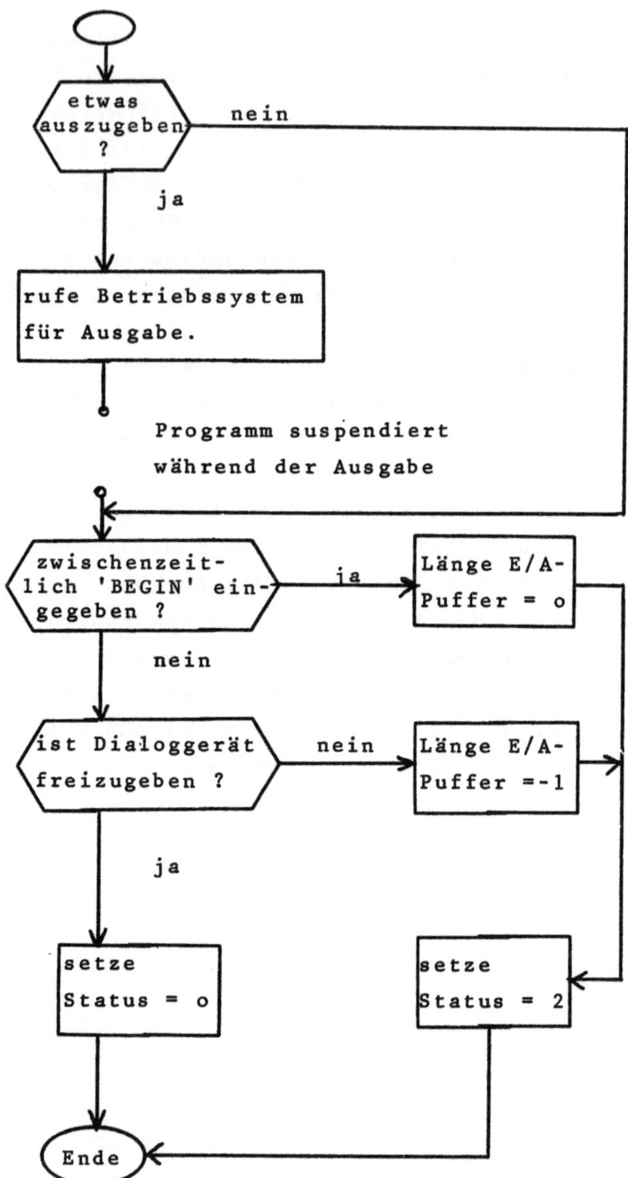

### 3.3.5. Zeitlicher Ablauf des Dialogs

Durch die oben vorgestellte Arbeitsteilung bei der Beantwortung von Benutzereingaben wird folgendes erreicht :
- die eigentlichen Dialogprogramme (Anwenderprogramme)
  sind nur kurz im cpu-Speicher.
- sie werden abschnittweise ausgeführt und für eine Ein-/
  Ausgabe jeweils beendet (! nicht suspendiert).
- dadurch wird das langwierige Retten des Dialogprogramms
  in seinem momentanen Zustand auf die Magnetplatte vermieden.
  Dieses Retten wird reduziert auf das Retten von Programmvariablen und die Einsprungadresse.
- damit stehen zu jeder Zeit jedem Benutzer alle Dialogprogramme zur Verfügung; denn die Dialogprogramme werden
  nicht für die Ein-/Ausgabe suspendiert : diese Aufgabe
  wird von den cpu-Speicher-residenten, gerätespezifischen
  Ausgabeprogrammen übernommen.
- wenn mehrere Benutzereingaben kurz hintereinander statt-
  finden, arbeitet das Dialogmonitorprogramm schneller.

**Diagramm 5.**   Zeitlicher Ablauf des Dialogs

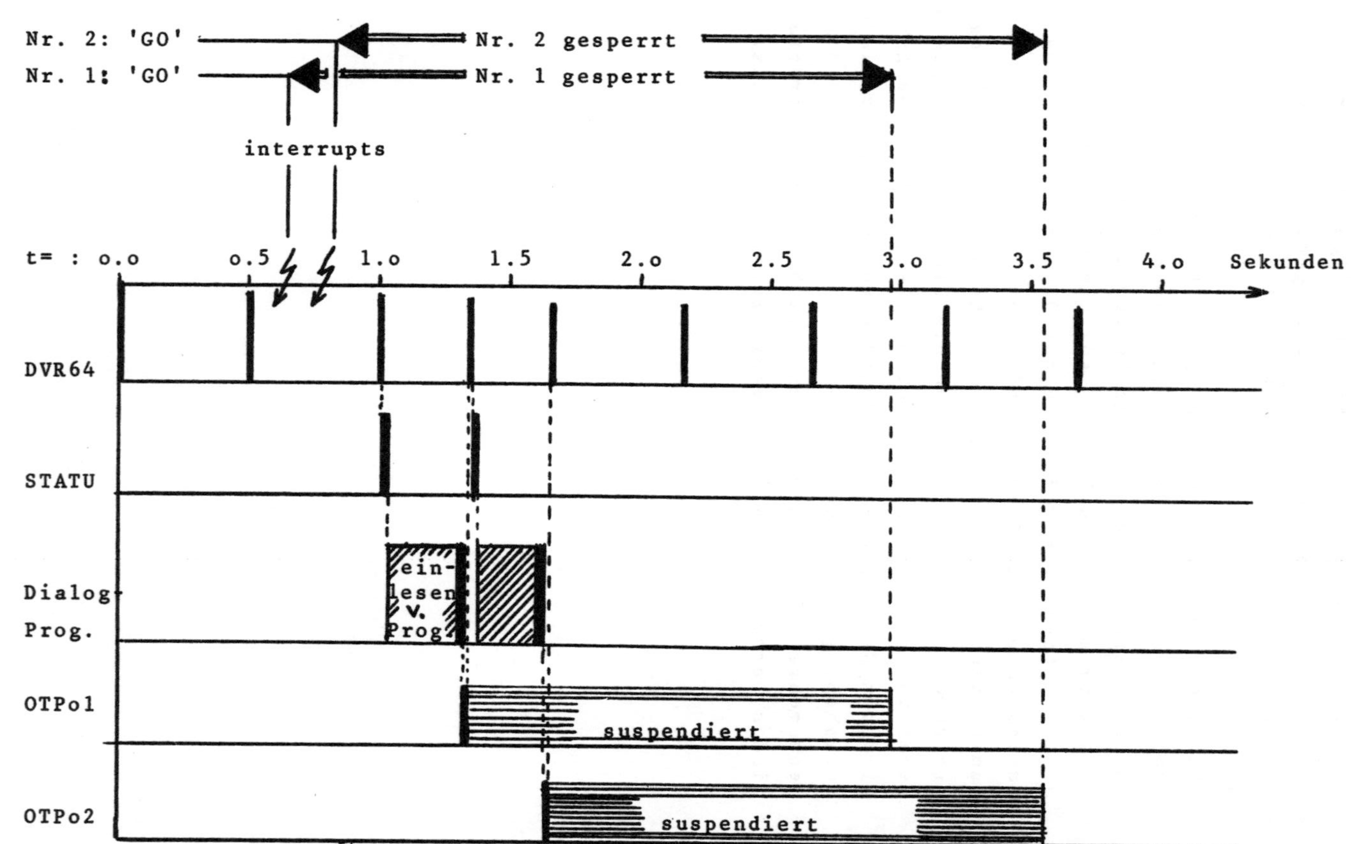

4.      Datenorganisation : Dialogdaten

Mit der Aufnahme der Patientin in das System wird ent-
sprechend Platz auf der Magnetplatte reserviert.
Die Verwaltung sämtlicher Daten ist auf das entsprechende
Kreißsaalbett bezogen.

4.1.    Erfassung
4.1.1.  Patientenaufnahme

Die Aufnahme hat dieselbe Priorität wie der Dialog, wird
jedoch für Ein-/Ausgabe im momentanen Zustand auf die Magnetplatte gerettet, um den Laufbereich für andere Aufgaben frei-
zumachen. Mit diesem Programm werden die Identifikationsdaten
der Patientin aufgenommen. Da es nur ein Terminal gibt und
dies rechenzeitmäßig kaum benutzt wird, ist für das Programm
die relativ aufwendige Mehrbenutzerstruktur (siehe 3.3.) für
Ein-/Ausgabe nicht notwendig.
Das Aufnahmeterminal ist das einzige Gerät im System, mit dem
nicht-numerische Daten eingegeben werden können (freier Text).
Das Aufnahmeprogramm hat folgende Aufgaben :
- Aufnahme der Stammdaten (Name, Adresse, Geburtsdatum),
- Einweisung in ein freies Kreißsaalbett,
- Erzeugen einer leeren Bett-Datei und interne Belegung dieser
  Datei mit dieser Patientin,
- Aufnahme von ergänzenden Daten, wie
  nächster Angehöriger, einweisender Arzt, Beruf, Leistungs-
  träger, Blutgruppe, Besonderheiten.
Erst nach Eingabe der Stammdaten können im entsprechenden
Kreißsaal Daten über diese Patientin eingegeben werden.
Nach Eingabe der Stammdaten kann die Aufnahmeprozedur
bis hin zur vollständigen Eingabe beliebig unterbrochen
werden (Notaufnahme).
Mit demselben Programm werden auch Korrekturen durchgeführt.
Am Ende der Aufnahme wird eine Systemmeldung initiiert.
Dies bewirkt eine Änderung der Anzeige auf dem Bettenbelegungs-
monitor. Außerdem werden alle cpu-Speicher-residenten Zeiger
(siehe 3.2.) im momentanen Zustand auf Magnetplatte gerettet.
Nach einem Stromausfall wird   damit der Zustand des Systems
vor dem Stromausfall rekonstruiert.

## 4.1.2. Kreißsaaldialog

Der in 3.3. beschriebene Dialog dient der Beschreibung der
Information durch Nachrichten, sowie dem selektiven Zugriff
des Benutzers auf diese Meldungen.
Zuerst wurde die Menge der geburtsverlaufsbeschreibenden
Daten je nach ihrer Bedeutung zu Gruppen zusammengefaßt,
die dann als 'Record' eines bestimmten Typs behandelt werden
sollen (= Meldung).
Die Menge dieser Record-Typen (Meldungs-Typen)   wurde
in Klassen unterteilt. Für jede Klasse übernimmt ein
(oder mehrere) Dialogprogramm die Kontrolle von Ein- und
Ausgabe (Überprüfung : legal, präzise, vollständig).
Die Verwaltung der Records wird von einem Unterprogramm
ausgeführt (siehe 4.2.2.), das an jedes Dialogprogramm
angehängt wird.
Im Dialogprogramm wird mit Hilfe der erstellten Kataloge
die eingegebene Information in Zahlen kodiert und über das
Unterprogramm als Record eines bestimmten Typs in der
bettbezogenen Datei für diese Patientin auf der Magnetplatte abgelegt (siehe 4.2.1.).
Jede solche Record enthält :
- die Angabe des Record-Typs; damit ist die Bedeutung der
  kodierten Werte festgelegt,
- das Datum (Uhrzeit, Tag, Jahr),an dem die Werte eingegeben
  wurden (Uhrzeit wird vom System genommen, falls nicht ausdrücklich vom Benutzer anders gewünscht (Nachtrag)),
- die Kennzeichnung des Eingebenden, sowie
- die eingegebenen Werte selbst. Die Bedeutung dieser
  Werte unterliegt der Kontrolle des Dialogprogramms.
In jedem der 8 Kreißsäle steht ein Tastenfeld mit zugehörigem
FS-Monitor (siehe 2.1.2.),und in der Zentrale befinden sich
vier weitere Dialoggeräte.
Die Ein-/Ausgabe soll dann so vonstatten gehen, daß der
Benutzer zuerst durch Beantwortung von Fragenkatalogen die
gewünschte Aktion (Record-Typ) präzisiert, worauf dann die
eigentlichen Patientendaten eingegeben oder ausgegeben werden.
Die ersten Benutzerantworten auf die Systemfragen werden also
als Steuerdaten behandelt, die einen Weg im Dialogbaum
markieren :

- mit 'BEGIN' kommt man jederzeit zum Anfang des Dialogbaumes ;
- die auf dem Tastenfeld eingetippten Zeichen, außer 'BEGIN',
  'GO', '_', erscheinen auf dem FS-Monitor;
- mit '_' wird das zuletzt eingegebene Zeichen gelöscht (Korrektur);
- das ';' dient als Trennzeichen zwischen Zahlen;
- der '.' wird als Dezimalpunkt verwendet;
- jede Eingabe muß mit 'GO' abgeschlossen werden; erst dann
  reagiert das System auf die Eingabe;
- eine einmal begonnene Eingabe muß in ca. 3 Minuten beendet
  (d.h. mit einem 'GO' abgeschlossen) werden; sonst bricht das
  System von sich aus den momentanen Dialog ab und kehrt zum
  Anfang des Dialogbaumes zurück (wie 'BEGIN');
- während der Reaktion des Systems auf eine Tastenfeldeingabe
  (i.a.: wenn das System auf den FS-Monitor schreibt)  ist das
  Tastenfeld gesperrt; d.h. es ist keine weitere Eingabe möglich.
  Ausnahme : ein 'BEGIN' wird akzeptiert. Es bewirkt den
  Abbruch der laufenden Ausgabe und die Rückkehr zum Ursprung
  des Dialogbaumes.

Von jedem der 12 Dialoggeräte aus sind gleichzeitig beliebige
Ein-/Ausgaben möglich.

Der Dialogbaum ist in den Dialogprogrammen selbst enthalten
und besitzt folgende Wege :

Nach Drücken der 'BEGIN'-Taste erscheint auf dem Bildschirm
ein Fragenkatalog (Verzweigungskatalog). Das System wartet
dann auf folgende Eingabe :   (s. Anhang I)

1. Eine Kennzahl des Eingebenden. Diese wird zusammen mit
   den Patientendaten in den Records abgelegt.
   Falls diese fehlt, wird die Eingabe ignoriert.
   Dann ein ';'.

2. Dann eine Zahl zwischen 1 und 12, die den Bereich angibt,
   den man ansprechen möchte (z.B. entspricht '4' dem Bereich
   'Medikation der Mutter'). ';'.

3. Dann eine Zahl zwischen 1 und 3, die Subfunktion. Diese gibt
   an, ob eine Trendausgabe('1'), eine Textausgabe ('2') oder
   eine Dateneingabe ('3') gewünscht wird. ';'.

4. Dann die Nummer des Kreißsaalbettes, das man ansprechen will.
   (zwischen 1 und 16 : Bett 9 bis 16 sind virtuelle Betten, die
   als Speicherraum für Patienten dienen, die aus dem Kreißsaal
   entlassen wurden, deren Daten jedoch noch im System gespeichert
   werden sollen).

Diese Bettnummer kann wegfallen, falls die gewünschte
Ein-/Ausgabe das zugehörige Bett betrifft (das Bett, an dem
das Dialoggerät steht). ';'.

5. Das Ende der Eingabe wird durch ein 'GO' angezeigt.

Damit kann man bereits einen Endknoten des Dialogbaums erreichen
und Patientendaten eingeben oder betrachten.
Falls man jedoch durch die erste Eingabe von Steuerdaten das
gewünschte Ziel noch nicht erreicht hat, reagiert das System
mit der Ausgabe eines weiteren Verzweigungskataloges, anhand
dessen der Benutzer die gewünschte Aktion weiter präzisiert.
Durch die Steuerdaten wird der Meldungstyp    (Record-Typ)
definiert.
In der zweiten Stufe des Dialogs beantwortet der Untersucher
dann Fragen (falls Dateneingabe), die die Patientin betreffen.
Diese Fragen werden vom System sukzessive gestellt, und nur
die angebotenen Antwortmöglichkeiten werden als Antwort akzeptiert. Erst nachdem der Untersucher alle diese Fragen legal
beantwortet hat, speichert das System die kodierten Antworten
zusammen mit der momentanen Uhrzeit und der Kennzahl des
Untersuchers in der entsprechenden Patientendatei (bettbezogen).


Die Anamnese und der Geburtsbefund (Punkte 7 bis 12) nehmen
dabei eine Sonderstellung ein : da die Fragenkataloge hierzu
sehr umfangreich sind, kann man hier die Eingabe beliebig
unterbrechen (durch 'BEGIN') und später weiterführen. Das
System verwaltet dann bereits die bisherigen Eingaben zu diesen Punkten. Die Ausgabe der Dokumentation (Arztbriefe und
Krankenblatt) am Ende der Geburt erfolgt jedoch nur, wenn
diese beiden Punkte vollständig eingegeben wurden.
Die vollständige Eingabe einer Meldung  (Ende eines Dialogs)
wird dem Benutzer dadurch angezeigt, daß er wieder in Form
der ersten Frage die uneingeschränkte Auswahlmöglichkeit
aus allen vorhandenen Punkten erhält.

Weitere Eigenheiten der Dialogstruktur sind :
- Nach einem abgeschlossenen Ein-/Ausgabe-Dialog kann man (i.a.),
  ohne zum Anfang des Dialogbaumes zurückgehen zu müssen, durch
  eine Eingabe von obiger syntaktischer Form einen neuen
  Dialog beginnen. Man muß also den ersten Fragenkatalog, der
  nach einem 'BEGIN' erscheint, nicht mehr ausgeben lassen,
  wenn man die Bereiche kennt.

- Von einem Dialoggerät aus sind nur Eingaben möglich, die
  das Bett betreffen, an dem das betreffende Dialoggerät steht.
  Eingaben zu den virtuellen Betten sind nur von den 4 Dialog-
  geräten in der Zentrale möglich.
- In den beiden ersten Zeilen jedes Bildschirminhaltes stehen :
  Bettnummer, behandelter Bereich,Datum und Uhrzeit, sowie
  der Name der Patientin.
- An jedem Dialoggerät können Patientendaten von allen Betten
  abgefragt werden.
- Der Dialogbaum wurde von Anfang an möglichst weit gefächert,
  so daß (i.a.) spätestens nach der dritten Eingabe von Steuerdaten der Record-Typ festgelegt ist und die eigentlichen
  Patientendaten  eingegeben werden können.
  Es wurde einerseits versucht, die Dialogwege möglichst kurz
  zu halten und andererseits die Bildschirminhalte noch möglichst
  verständlich zu formulieren. Bei der beschränkten Kapazität
  des Bildschirms (24 Zeilen mit jeweils 42 Zeichen) wurde eine
  knappe, übersichtliche und schnell informierende Darstellung
  der Kataloge angestrebt.

## 4.2.    Verwaltung der Dialogdaten

Von den beiden zur Verfügung stehenden Magnetplatten wird
eine vollständig zur Aufnahme und Verwaltung der CTG-Daten
verwendet (= 2o3 Spuren von je 6144 Worten (16 bit) Speicherkapazität).
Bei Aufnahme einer Patientin in das System werden dann 2
Spuren auf der anderen  vom System verwalteten Platte für
die Verwaltung und Speicherung der Dialogdaten reserviert.
In der einen Spur wird der Zugriff auf die Daten verwaltet
(Rekord-Köpfe), und in der anderen Spur werden die Datenwerte selbst gespeichert.
Die Verwaltung selbst enthält schon Teilinformation und ermöglicht einen schnellen, gezielten Zugriff auf die gespeicherten Datenwerte.

### 4.2.1.  Dateistruktur

Es werden 1o23 verschiedene Rekordtypen verwaltet. Von jedem
Typ können beliebig viele Wiederholungen auftreten. Diese
Wiederholungen unterscheiden sich anhand der Eingabezeit.
Die 1o23 verschiedenen Rekordtypen wurden in 18 Klassen
unterteilt :
Klasse 1 : typ 1 - typ 49     , Klasse 2 : typ 5o - typ 99     ,
Klasse 3 : typ 1oo- typ 149   , Klasse 4 : typ 15o - typ 199 ,...
...                           , Klasse 16: typ 75o - typ 799 ,
Klasse 17: typ 8oo - typ 849 , Klasse 18: typ 85o - typ 1o23 .
(Ein Rekord oder Datenfeld ist die kodierte, gespeicherte Form
der Meldung.)
Der Rekord selbst wird zerlegt in Rekord-Kopf und Rekord-Rumpf.
Der Rekord-Rumpf enthält die Datenwerte selbst. Der Rekord-Kopf
enthält die Adresse dieser Datenwerte, sowie Typnummer und
Eingabezeit. In der Verwaltungsspur werden nur die Rekord-Köpfe
verwaltet. Für jeden gespeicherten Rekord werden dazu 2 Köpfe
angelegt. Der eine Kopf enthält Typnummer des Rekords und Datum
und Uhrzeit der Dateneingabe in 3 aufeinanderfolgenden Worten .

<table>
<tr><td rowspan="4">Tab. 6. chro-<br>nolog. Verwal-<br>tung : Rekord-<br>kopf.</td><td colspan="2">Typ-Nummer (1-1o23)    16 bit</td><td rowspan="4"></td></tr>
<tr><td>Jahr (7 b)   Tag im Jahr  (9 b)</td><td rowspan="2">Eingabezeit</td></tr>
<tr><td>Stunde (8 b)   Minute   (8 b)</td></tr>
</table>

Diese rein zeitbezogene 'allgemeine Verwaltung' der Rekord-
Köpfe nimmt den ersten Teil der Verwaltungsspur ein.
Darauf folgt für jede der 18 Klassen von Rekordtypen eine
spezielle klassenbezogene Verwaltung der Rekordköpfe. Für
jeden gespeicherten Datenrekord wird in der betreffenden
Klassenverwaltung ein Rekord-Kopf von 2 Worten Länge angehängt bzw. eingefügt (je nach Eingabezeit) ; dieser Kopf
enthält ebenfalls die Typnummer und die Adresse der Datenwerte :

Tab. 7. Klas-
senbezogene
Verwaltung :
Rekordkopf.

| sector No (6 b) | | Rekord-Typ (1o b) | |
|---|---|---|---|
| Datenzeiger (1 b) | Spur No (8 b) | sector offset (7 b) | |

In der entsprechenden Datenadresse (Tab.7) beginnt dann das
zugehörige Datenfeld, das die Datenwerte zu diesem Rekord enthält, der Rekord-Rumpf. Die Länge dieses Datenfeldes, sowie
die Bedeutung der enthaltenen, kodierten Datenwerte ist abhängig vom Typ. (Format des Datenfelds in Tab. 8.)

Tab. 8. Datenfeld ei-
nes Rekords : enthält
- Länge (variabel),
- Eingabezeit,
- Kennzahl des Einge-
  benden,
- n beschreibende
  Parameter (variabel).

| Länge des Felds |
|---|
| Zeitwort 1   (Jahr, Tag i.J.) |
| Zeitwort 2   (Stunde, Minute) |
| Kennzahl des Eingebenden |
| Datenwert 1<br>Datenwert 2<br>.<br>.<br>Datenwert n |
| Länge des Felds |

Am Anfang der Verwaltungsspur werden alle diese aufgeführten
Verwaltungen selbst verwaltet : Die Datenspurverwaltung,
die allg. Verwaltung, die 18 Klassenverwaltungen.
Die Uhrzeit des Rekords ist die Zeit, zu der ein Benutzer
die Meldung   mitteilt, und wird vom System bestimmt. Dies
geschieht, falls der Benutzer es nicht ausdrücklich anders
wünscht. Durch die Eingabe einer Rekord-Zeit durch den Benutzer
(muß vor der momentanen Zeit liegen) soll der Nachtrag von
Datenwerten ermöglicht werden.

## 4.2.2. Zugriff auf die Datei der Dialogdaten (selektiv)

Der Zugriff auf die Datei der Dialogdaten wird von einem
Unterprogramm durchgeführt, das an jedes Dialogprogramm
(falls notwendig) angehängt wird. Beim Aufruf werden an
das Unterprogramm die nötigen Parameter übergeben :
- die Nummer des Kreißsaalbettes (die Dateien sind bettbezogen),
- der Rekordtyp (1-1o23)
  oder die Klassen-Nummer (-1 bis -18) : nur bei Lesen möglich,
- ein Steuer-Parameter :
  o : speichere die folgenden Datenwerte,
  1,..n : lies/ändere den Rekord Nr. 1,..n.,
- die Anzahl der Datenwerte im Feld (nur bei Schreiben, Ändern),
  (beim Lesen enthält dieser Parameter die Anzahl der in den
  Datenpuffer eigelesenen Datenwerte),
- den Datenpuffer, der die Datenwerte enthält beim Schreiben/Ändern,
  oder in den die Datenwerte eingelesen werden, sowie
- einen Adressen-Puffer,in den beim Lesen/Ändern/Schreiben die
  Adressen der Rekord-Köpfe und des Rekord-Rumpfes geschrieben
  werden; diese Adressen werden zum Löschen eines Rekords benötigt.
  (Löschen ist also nur nach Lesen möglich).
Das Unterprogramm benötigt 4 Plattenzugriffe zum Schreiben eines
Rekords und 4 Zugriffe zum Lesen.
Mit dem Unterprogramm ist es möglich, einen Rekord zu schreiben,
d.h. die Rekord-Köpfe in den entsprechenden Verwaltungen anzu-
fügen (falls Eingabezeit = momentane Zeit), oder entsprechend
der eingegebenen Zeit in den Verwaltungen einzufügen.
Die Datenwerte selbst werden immer nur angehängt (zeitunabhängig).
Außerdem kann man den n-ten (letzten) Rekord eines gewünschten
Typs oder einer gewünschten Klasse lesen, ändern oder löschen.

Diagramm 6 .    Zugriff auf die Datei der Dialogdaten (CWRIT): Teil A

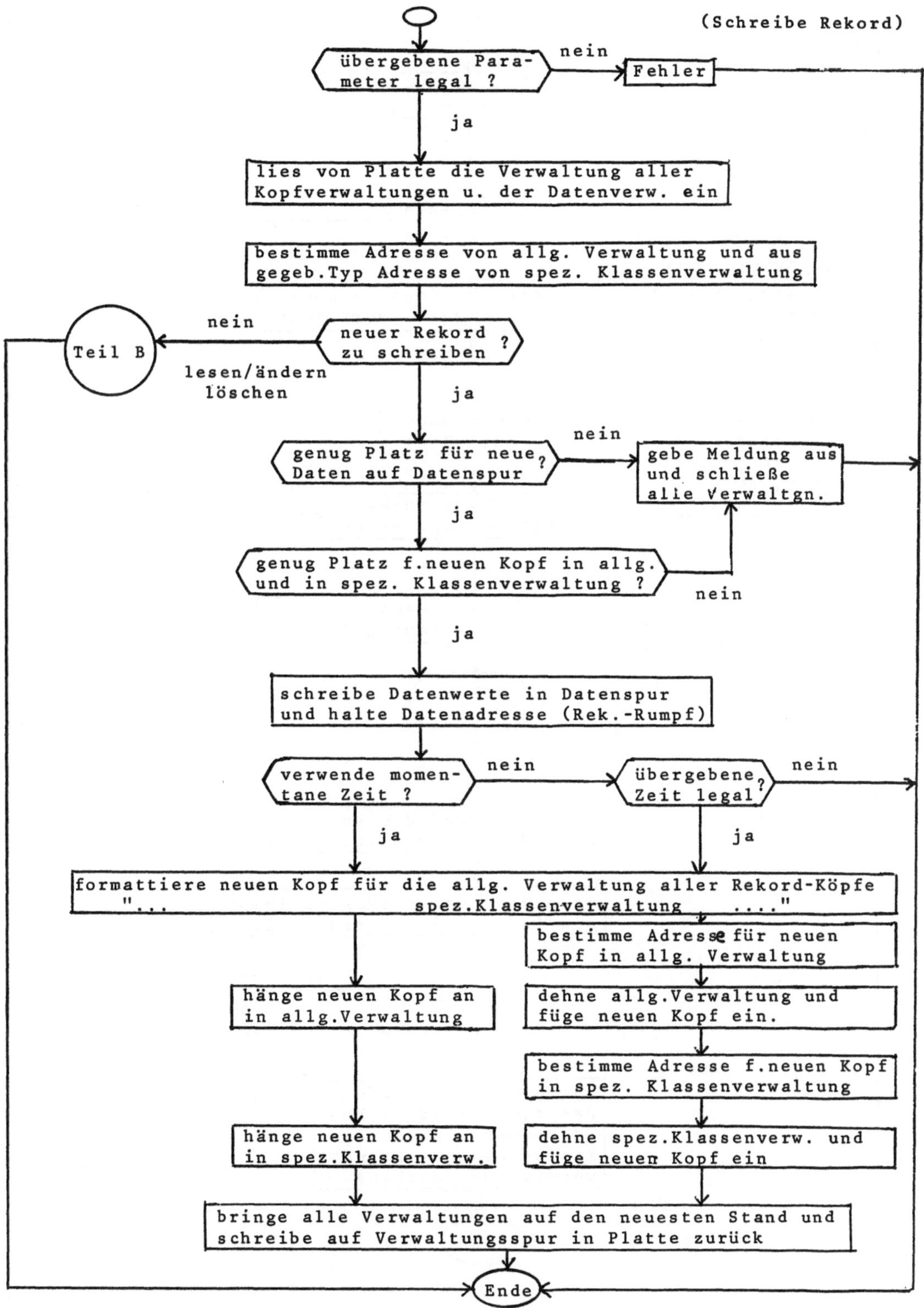

Diagramm 7 . Zugriff auf die Datei der Dialogdaten (CWRIT) : Teil B

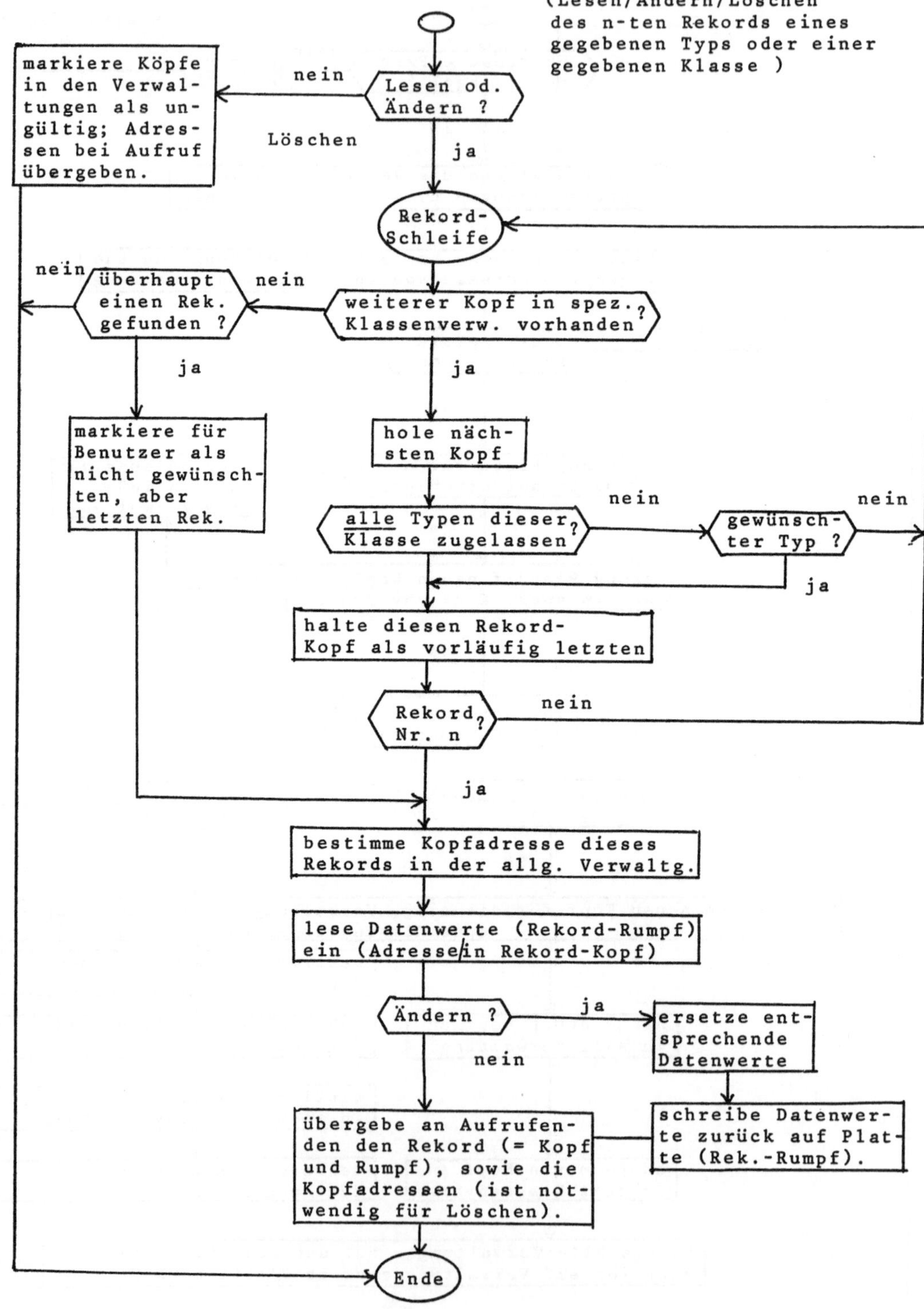

### 4.2.3. Beispiele für die Verwaltung der Dialogdaten

Der Bereich 'Medikation der Mutter' umfasst eine große Menge
von möglichen Rekord-Typen. Diese wurden auf 6 Klassen von
Rekord-Typen verteilt :
1  Infusionen                2 Antihypertensiva      3 Antibiotika
4  Analgetika/Sedativa  5 Sonstige Medik. u.   6 Narkose-Medik.
Jede solche Klasse umfasst alle zur Zeit gebräuchlichen Medikamente dieser Gruppe. Jedem möglichen Medikament entspricht
ein Rekord-Typ. Dies sind hier je nach Klasse zwischen 5 und
15 verschiedene  Rekord-Typen in der Klasse.
Die Datenwerte eines Rekords geben dann an :
- die Art, auf die das Medikament verabreicht wurde,
  (i.v., i.m., supp., oral,...)
- die Konzentration und
- die Menge, die verabreicht wurde.
Kodierung und Rückübersetzung der gespeicherten Zahlenwerte
in Textinformation wird von den Dialogprogrammen ausgeführt.

Jede abgeschlossene Interaktion zwischen Benutzer und System
(abgeschlossen im Sinne von : ein Endknoten im Dialogbaum ist
erreicht) wird vom System in Form eines Rekords registriert
und verwaltet.

In diesem Sinn wird auch die Steuerung der CTG-Datenaufnahme,
die der Benutzer durch Dialoge ausführt, vom System registriert.
Steuerung der CTG-Datenaufnahme bedeutet hier :
sämtliche analogen CTG-Kanäle werden fortlaufend vom A/D-Konverter
in Spannungszahlen übersetzt und in den cpu-Speicher eingelesen.
Die Speicherung dieser Daten auf einer Magnetplatte  sowie die
Weiterverarbeitung werden ausschließlich vom Benutzer initiiert,
suspendiert, beendet, d.h. gesteuert.
Alle diese Steuer- Meldungen  werden in der ersten Rekord-
Klasse verwaltet.
Dazu muß der Benutzer nach Drücken der 'BEGIN'-Taste aus dem
dann auf dem Bildschirm erscheinenden ersten Fragenkatalog den
Bereich 'CTG-Kontrolle' zusammen mit der 'Subfunktion' 'Eingabe'
anwählen. Die Kontrolle der Ctg-Datenaufnahme  ist also nur
von dem am Bett installierten Dialoggerät aus möglich.

Beim Starten einer CTG-Datenaufnahme muß der Benutzer folgende Information angeben, die vom System zusammengefaßt
als ein CTG-Startrekord (Typ 1) verwaltet wird :
- die Aufnahmeart von FHF und mütterlichem Wehendruck,
  (Phono, Ultraschall, Abdom.EKG, dir. EKG bei der FHF
  und extern oder intern bei der Wehe)
- die voraussichtliche (geplante) Dauer der CTG-Datenaufnahme
  (zwischen o.5 und 15 h). Entsprechend der angegebenen Zeitdauer wird auf der Platte Speicherplatz für die Rohdaten
  reserviert. (Diese Reservierung kann durch einen der folgenden
  Punkte modifiziert werden )
Störung, Wiederaufnahme, Änderung der CTG-Datenaufnahme werden
ebenfalls als Steuer-Rekord verwaltet :
- man kann bei einer laufenden CTG-Datenaufnahme den 'FHF-Kanal'
  oder den 'Wehen-Kanal' ab- oder wieder zu-schalten.
  (z.B. den Wehenkanal ausschalten,während der intrauterin-
  Katheter gespült wird.)
- man kann eine laufende CTG-Datenaufnahme verlängern.
- man kann eine CTG-Datenaufnahme suspendieren, d.h. die Datenaufnahme auf beiden Kanälen abschalten (werden keine Daten gespeichert);
- man kann eine suspendierte Datenaufnahme wiederstarten und dabei
  möglicherweise Aufnahmeart und -dauer ändern.
- man kann die Datenaufnahme beenden. (Dies geschieht i.a. automatisch bei der Entbindung; der Zeitpunkt einer Entbindung
  wird dem System durch Eingabe von 4 Punkten ('....') an
  beliebiger Stelle des Dialogbaumes angezeigt.).
  Automatisch beendet wird die CTG-Datenaufnahme ebenfalls,
  wenn kein Speicherplatz für die Rohdaten mehr vorhanden ist.
Alle diese Steuerungen werden zum Zeitpunkt der Eingabe als
Rekords aufgenommen und verwaltet.
Außerdem werden auch auf einem eigens dafür reservierten FS-
Monitor in der Zentrale Systemmeldungen in folgendem Format
ausgegeben :
'System-Meldung  Stunde.Minute'
'Bett ..'
x  yyzz.

Dabei bedeutet :

x die Bettnummer und yyzz :

= 'CTG beg'  Datenaufnahme von Bett x begonnen (wieder-)

= 'CTG sus'   "                              suspendiert

= 'CTG end'   "                              beendet

='noch 36 m'  das von Bett x aufgenommene CTG wird in 36 Minuten
              vom System beendet (nicht genug Speicherplatz mehr),
              falls es nicht vorher vom Benutzer verlängert wird.

='F-PL   24 s' vom FHF-Kanal über 24 sec nur Ausfallwerte empfangen

='L-PL   24 s'    Wehen      "


Die Kontrolle der Steuerung wird dabei ebenfalls von einem
Dialogprogramm übernommen. Dies überprüft anhand der cpu-
Speicher-residenten Zeiger (siehe 3.2.2.), ob die gewünschte
Aktion legal ist. Das Programm übernimmt auch die Bereitstel-
lung von Speicherplatz für die aufgenommenen Rohdaten.

5.       Datenorganisation : Biosignaldaten
5.1.     Erfassung


Es sollen die in analoger Form vorliegenden Kurven der
fetalen Herzfrequenz und des mütterlichen Wehendrucks möglichst
ohne Informationsverlust aufgenommen und gespeichert werden.
Die vom Kardiotokographen ermittelten momentanen Werte der
fetalen Herzfrequenz und des Wehendrucks lassen sich am
Geräteausgang in Form von kontinuierlich veränderlichen
Spannungen abnehmen. Diese werden über 2 Meßwertkanäle zum
Analog/Digital-Konverter geführt. Die Spannungen liegen
immer am Eingang des A/D-Konverters an, selbst wenn der
Kardiotokograph ausgeschaltet ist.
Falls der Kardiotokograph die von den Abnehmern aufgenom-
menen Signale nicht akzeptiert (interne Logik), also keinen
momentanen Wert der fetalen Herzfrequenz oder des Wehendrucks
ermitteln kann, wird eine (vorher definierte) negative
Spannung auf den entsprechenden Geräteausgang gegeben.
Die fetale Herzfrequenz (als Funktion der Zeit) ist eine
Treppenkurve, die jeweils während der Dauer eines Herz-
zyklus konstant ist. Von starkem Interesse ist die Mikrofluktuation der Herzfrequenz, d.h. die Veränderung der
Herzfrequenz im Kleinen - von Treppenstufe zu Treppenstufe -.
Da man vom Analog/Digital-Konverter aus nur in der Lage ist,
in bestimmbaren, gleichmäßigen Zeitabständen Analogeingänge
abzulesen und zu digitalisieren, man jedoch die Mikrofluktuation der Herzfrequenz nicht verlieren will, muß man die
angelegten Spannungen mit genügend hoher Rate digitalisieren.
Selbst im pathologischen Bereich überschreitet die fetale
Herzfrequenz nicht den Wert von 240 Schlägen pro Minute,
d.h. die Intervalldauer zwischen 2 aufeinanderfolgenden
Herzschlägen (= Länge der Treppenstufe) beträgt mindestens
250 milisec. Deshalb verliert man beim Digitalisieren
der Treppenkurve keine wesentliche Information (über die
Mikrofluktuation), wenn man spätestens alle 250 milisec
einen Wert digitalisiert. (s. 6.3.1.)
Die Herzfrequenzkanäle werden deshalb 4 mal pro Sekunde
abgelesen.
Die Wehendruckkurve ist zum einen eine stetige Kurve und

besitzt zum anderen keine Mikrofluktuation, so daß es aus-
reicht, diese Kurve einmal pro Sekunde zu digitalisieren.

### 5.1.1.  Aufnahme der langsamen Biosignale

Die Aufnahme der langsam veränderlichen Biosignale erfolgt
von einem Programm derselben Priorität wie der Kreißsaal-
dialog. Dieses Programm wird alle 2 Minuten vom Betriebssystem
gerufen. Es sortiert die Daten bettbezogen und speichert sie
wie die Dialogdaten in der Datei der Dialogdaten.
Momentan wird damit nur die infundierte Oxytocinmenge aufgenommen. (Programm 'OXYT')  (1)

### 5.1.2.  Aufnahme fetalen Herzfrequenz und des mütterlichen
          Wehendrucks

Die Ctg-Datenaufnahme wird von einem kleinen cpu-Speicher-
residenten Programm ausgeführt. (DTP). Dieses Programm ist
88 Worte lang und wird alle 8 Sekunden aufgerufen. Es hat
nach dem Programm für den automatischen Systemstart nach
einem Stromausfall die höchste Priorität.
Das Programm initiiert die Aufnahme der CTG-Daten von allen
8 Herzfrequenzkanälen (4 mal pro Sekunde) und von den 8 Wehen-
druck-Kanälen (1 mal pro Sekunde)  für die nächsten 8 Sekunden.
Dazu setzt es den Taktgeber des Analog/Digital-Konverters
und definiert mit dem 'Last-Address-Detector' den als letzten
Kanal der Gruppe abzulesenden Analogeingang.  Während der
folgenden 8 Sekunden werden dann von den 16 CTG-Kanälen
Datenwerte in die eine Hälfte eines cpu-Speicher-residenten
Schaukelpuffers eingelesen (siehe 3.2.3.).
Diese Aufgabe wird vom A/D-Konverter-driver übernommen, der
den CTG-Puffer ohne Zwischenaktion des Rechners füllt (über DMA).
Das Aufnahmeprogramm ist in dieser Zeit suspendiert. In dieser
Zeit wird das Datenverwaltungsprogramm ausgeführt (5.2.2.),
das die andere Hälfte des Schaukelpuffers, d.h. die in den vor-
herigen 8 Sekunden eingelesenen Datenwerte, bearbeitet.
Bevor das Aufnahmeprogramm suspendiert wird, stoppt es noch
die momentane Uhrzeit (System) und schreibt sie in einen der
2 Zeitpuffer (siehe 3.2.3.). Diese Zeitpuffer werden vom
Datenverwaltungsprogramm benötigt; damit wird ein eventueller

Stromausfall festgestellt.

Alle 2 Minuten werden daran anschließend  auch noch die langsamen Kanäle abgelesen und in den entsprechenden cpu-Speicher-residenten Puffer geschrieben (siehe 3.2.3.).

Der Analog/Digital-Konverter verwendet zur Digitalisierung eine vom System unabhängige Uhr (den Taktgeber). Dieser Taktgeber wird vom Datenaufnahmeprogramm gesetzt.

Um sicherzustellen, daß der A/D-Konverter auch innerhalb der zur Verfügung stehenden 8 Sekunden alle Aufgaben erfüllen kann, werden pro scan der 16 Kanäle noch 4 weitere Kanäle (bedeutungslos) abgelesen, nur beim letzten scan nicht.

(deshalb 636 Werte = 2o Kanäle x 8 sec x 4 Werte/sec  -  4).

Damit wird vermieden, daß  durch etwaige Ungenauigkeiten zwischen Systemuhr und A/D-Konverter Uhr das Aufnahmeprogramm schon wieder vom System aufgerufen wird, bevor es die vorherige Aufgabe erfüllt hat. Dieser Ruf würde ignoriert werden  und diese 8 Sekunden Datenwerte wären verloren.

(Eine elegantere Umgehung dieses Problems würde darin bestehen, den A/D-Konverter ohne (!) seine eigene Uhr zu betreiben, sondern nur mit der Systemuhr. Das bedeutet, das Aufnahmeprogramm wird alle 25o milisec ausgeführt und liest dann in einem scan alle 16 Kanäle ab. Dies wurde nicht mehr im System vorgesehen).

Diagramm 8 .    Biosignal (CTG-) Rohdatenaufnahme (DTP)

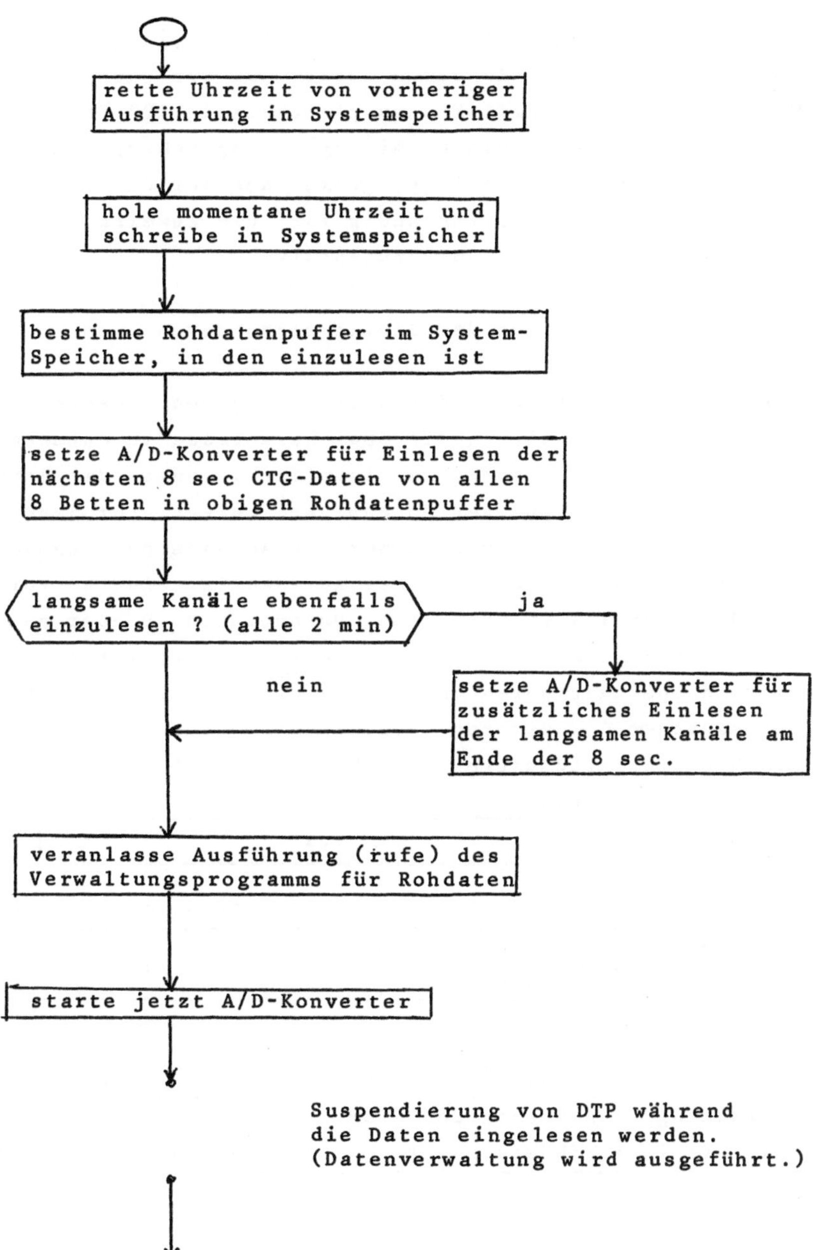

## 5.2.    Verwaltung der CTG-Rohdaten

Eine der beiden Magnetplatten ist vollständig für die
Speicherung der CTG-Rohdaten reserviert (2o3 Spuren à 6144
Worte (16 bit)). Damit können gleichzeitig 129 Stunden CTG
gespeichert werden. Die Zuweisung von Speicherplatz erfolgt
dynamisch durch das Dialogprogramm, das für die Steuerung
der CTG-Datenaufnahme zuständig ist. Die Zuweisung von
Speicherplatz erfolgt auf Spur-basis.

### 5.2.1.  Dateistruktur der Biosignal-Rohdaten

Grundsätzlich ist vor jeder Speicherung von Datenwerten
erst aus der Verwaltung die Speicheradresse zu entnehmen.
Um also die Zugriffszeit zu minimieren,  wurde die Verwaltung
in die mittlere Spur der Datenplatte gelegt. Für jedes der
16 Betten steht im cpu-Speicher die Adresse der zugehörigen
Verwaltung für das Bett. Diese Adresse ist eine sector-Adresse    (3.2.2)
auf der Spur lol (= Mitte) der Datenplatte. Dieser sector
(128 Worte) enthält die Nummern der vom Dialogprogramm reservierten Speicherspuren und die Adresse des momentan (=zuletzt)
verwendeten CTG-Rekords. Beschrieben werden diese Spuren
vom Datenverwaltungsprogramm 'DSS' (siehe 5.2.2.).

Tab. 9. Organi-
sation der CTG-
Daten auf Platte.

| Spur | Spur | Spur |
|---|---|---|
| o. | lol | 2o3 |

| Spur lol (Verwaltung) | allg. Platten-Verwaltung | Verwaltung für Bett Nr. | | |
|---|---|---|---|---|
| | | 1 | i | 16 |

| Verwaltung für Bett i | 64 Worte | 64 Worte |
|---|---|---|
| | Adressen der CTG-Rohdatensätze | Verwaltung der Datenauswertung (Interpretation) |

Die allgemeine Plattenverwaltung in Spur lol enthält die Nummern aller
auf der Datenplatte verwendbaren Speicherspuren. Eine momentane
Reservierung dieser Spur wird hier markiert. Diese Verwaltung

wird vom Dialogprogramm benutzt, um neue Spuren reservieren zu
können, oder um nicht mehr benötigte Spuren wieder freizugeben.
Diese Spurnummern sind in der Reihenfolge ihres Abstandes zur
Verwaltungsspur 1o1 angeordnet. Dadurch werden immer die nahesten
zur Verfügung stehenden Spuren verwendet.
Damit soll der zeitintensive Weg der Schreib/Leseköpfe der
Magnetplatte möglichst klein gehalten werden. Dadurch wird
für die CTG-Datenaufnahme und-verwaltung zusammen maximal
2.5 % der cpu-Zeit benötigt (Datenaufnahme von allen 8 Betten).
Das Anschalten der CTG-Datenspeicherung (d.h. der Start des
Verwaltungsprogramms)für ein Bett wird vom Benutzer im Dialog
ausgeführt. Dabei muß der Benutzer die voraussichtliche Dauer
der CTG-Datenaufnahme angeben. Entsprechend viele Spuren auf
der Datenplatte werden dann für dieses Bett reserviert.
Falls der reservierte Speicherplatz nicht ausreichen sollte,
wird der Benutzer darüber 3o Minuten vorher unterrichtet
und kann dann die Datenaufnahme entsprechend verlängern.
Spätestens mit der Entbindung werden die CTG-Datenaufnahme
automatisch abgebrochen und nicht benötigte Speicherspuren
wieder freigegeben. Die Reservierung von Speicherplatz geschieht
in kleinsten Portionen von einer Spur. Damit wird der Aufwand
für die Verwaltung der CTG-Datenspuren gering gehalten.
Außerdem ist es dann nicht notwendig, nach einer gewissen
Betriebszeit den vorhandenen CTG-Daten-Speicherraum zu 'packen'
('Flurbereinigung'). Bei den von uns verwendeten Datenauf-
nahmeraten von 4 FHF-Werten / sec und einem Wehendruckwert / sec
ist in einer Datenspur Platz für 38.4 Minuten CTG-Daten.
Auf der CTG-Plattekann man deshalb maximal 129 Stunden
CTG-Daten speichern. Die Spur ist dabei unterteilt in 48
Daten-Rekords. Jeder dieser Rekords enthält wiederum 48 Se-
kunden CTG-Datenwerte.

Tab. lo. Verwaltung der CTG-Rohdaten für ein Bett (max. 64 Worte lang);
enthält die Adressen der CTG-Rohdatenrekords auf Platte.

| |
|---|
| Spur-Nummer der Datenspur für momentan verwendeteten CTG-Rohdaten-Rekord |
| Sector-Nummer in obiger Spur für momentanen CTG-Rekord (CTG-Rohdaten-Rekord Länge = 128 Worte =  ein sector) |
| Adresse des Spurnummernwortes der momentan verwendeten Spur (= Wort 1), relativ zum Beginn dieses Sectors ($3'$ :CTG aus) |
| Nummer der 1., für CTG-Daten reservierten Spur für Bett i |
| "        2.        " |
| "        3.        " |
| |
| "    letzten        " |
| -1 : Kennzeichnet Ende der Spurnummernverwaltung |

Da die fetale Herzfrequenz (i.a.) nicht 24o Schläge pro Minute
übersteigt, genügt ein Byte (8 bit) für die Speicherung eines
Datenwertes. Das Verwaltungsprogramm packt deshalb die ent-
mischten Datenwerte (pro Bett)  - je 2 Datenwerte in ein 16 bit-
wort, und nach 4 FHF-Werten folgt ein Wehendruckwert -.
Zusammen mit einem Rekordkopf von 8 Worten Länge bilden dann
die während 48 Sekunden aufgenommenen Datenwerte (pro Bett)
einen Rekord von 128 Worten Länge. Dies entspricht der Sector-
länge eines Plattensectors (kleinste hardware-mäßig adressierbare
Einheit auf der Platte).

Tab. 11. Format eines CTG-Rohdatenrekords.
Ein CTG-Rekord enthält die Rohdatenwerte von 48 Sekunden CTG.

| | |
|---|---|
| Rekordlänge = 8/28/48...128 für leer/8 sec/16 sec...48 sec | |
| Kennzeichnung : o= Start, 1= Folge-Rekord, bit 1/15=susp/Ende | |
| Quersumme (außer Wort 1 u. 3) | |
| -- | |
| Jahr     Tag im Jahr | |
| Stunde    Minute | Datum und Uhrzeit des ersten Datenwertes im Rekord |
| Sekunde   csec | |
| Datenaufnahmerate : hier = 4 FHF/sec, 1 Wehendruck/sec | |
| FHF 1 | FHF 2 |
| FHF 3 | FHF 4 |
| Wehendruck | FHF 1 |
| FHF 2 | FHF 3 |
| FHF 4 | Wehendruck |
| ....... | |
| FHF 4 | Wehendruck |
| FHF 1 | FHF 2 |
| FHF 3 | FHF 4 |

## 5.2.2. Zugriff auf die Datei der CTG-Rohdaten (DSS)
## (sequentielle Speicherung)

Während der Zeit, in der das Datenaufnahmeprogramm (5.1.2.)
suspendiert ist, wird das Datenverwaltungsprogramm (DSS) ausgeführt. (cpu-Speicher-resident).
Das Verwaltungsprogramm (76o Worte lang) besorgt die bettenbezogene Entmischung und Speicherung der in den letzten 8
Sekunden eingelesenen CTG-Datenwerte.
Dazu prüft das Programm zuerst an Zeigern im cpu-Speicher, ob
das entsprechende Bett belegt und die Datenaufnahme angeschaltet (über Dialog) ist.
Dann liest es anhand des Zeigers für die CTG-Rohdatenspeicherung
für dieses Bett (im cpu-Speicher) die Verwaltung der CTG-Daten
für dieses Bett von Spur 1o1 der Datenplatte ein.
Falls in der Zwischenzeit ein Stromausfall mit Wiederstart
stattgefunden hat (: Zeitdifferenz zu vorheriger Ausführung
nicht exakt 8 Sekunden) werden die eingelesenen Daten ignoriert :
die Speicherung wird beendet und sofort wieder gestartet.
Die CTG-Daten werden auf Ausfallwerte ('pen-lift') geprüft;
falls ja, werden diese Daten im Rekord als ungültig markiert.
(Daran erkennt das Interpretationsprogramm, daß Daten fehlen,
und hält die letzten gültigen Datenwerte, bis ein neuer Wert
akzeptiert wurde).
Wenn auf einem Kanal länger als 24 Sekunden nur Ausfallwerte
eingetroffen sind (wird über cpu-Speicher-residente Zähler
geprüft (3.2.2.)), wird hierüber eine Meldung auf einen
speziellen FS-Monitor initiiert. Dies geschieht dadurch, daß
das betreffende 'bit' des Meldungswortes für dieses Bett
gesetzt wird (3.2.2.). Dieses Meldungswort wird vom
Dialogmonitorprogramm geprüft (3.3.2.).
(ebenso bei anderen Meldungen, die die CTG-Datenaufnahme
betreffen).
Die neuen CTG-Daten werden in den momentanen Datenrekord
geschrieben. Falls ein Rekord jetzt voll ist (alle 48 sec),
wird sofort danach ein neuer Rekord geöffnet (leer) und die
Verwaltung auf den neuesten Stand gebracht.

Diagramm 9 .    CTG-Rohdaten Verwaltung (DSS) : Teil A

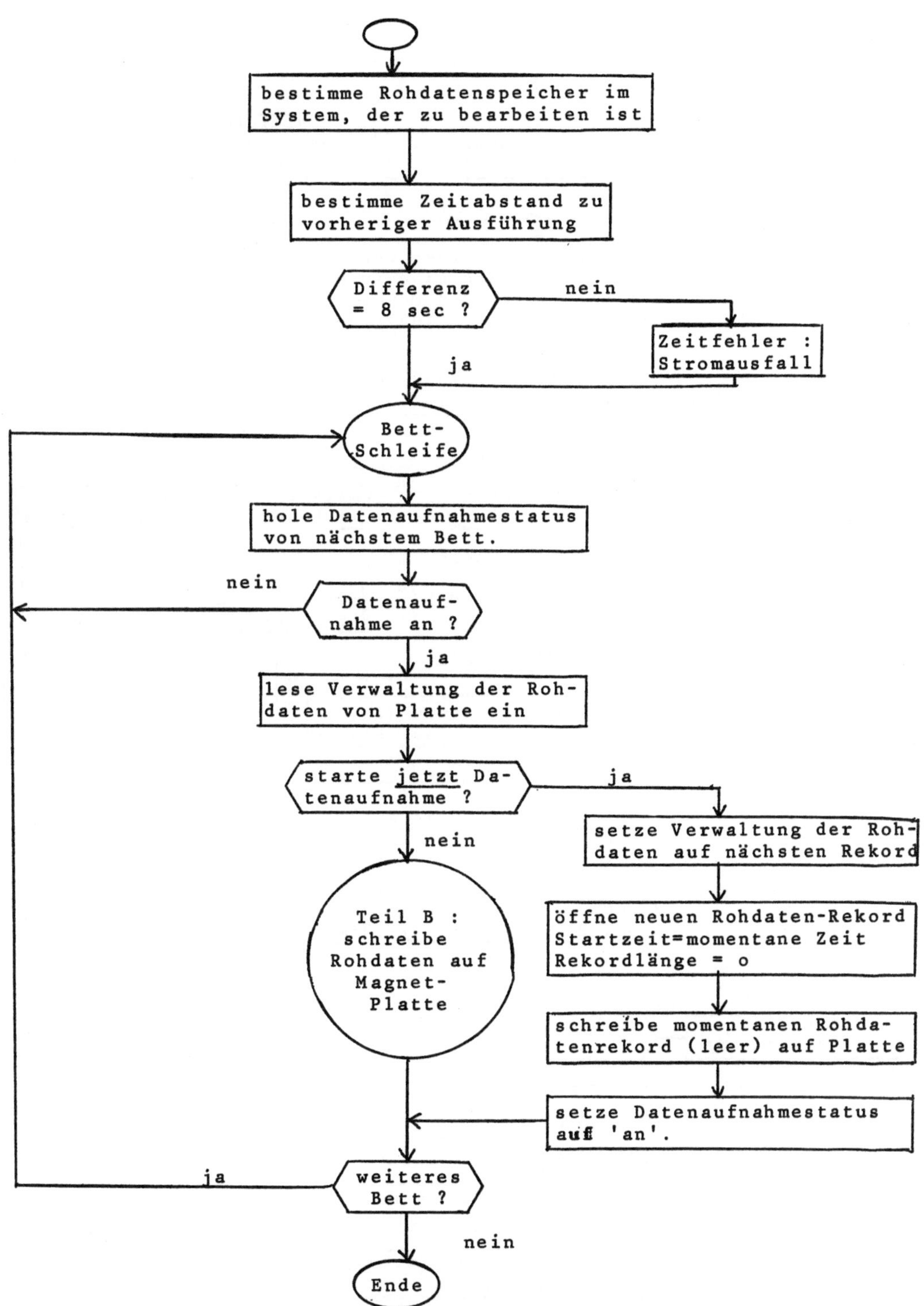

Diagramm 1o .       CTG-Rohdaten Verwaltung (DSS) : Teil B

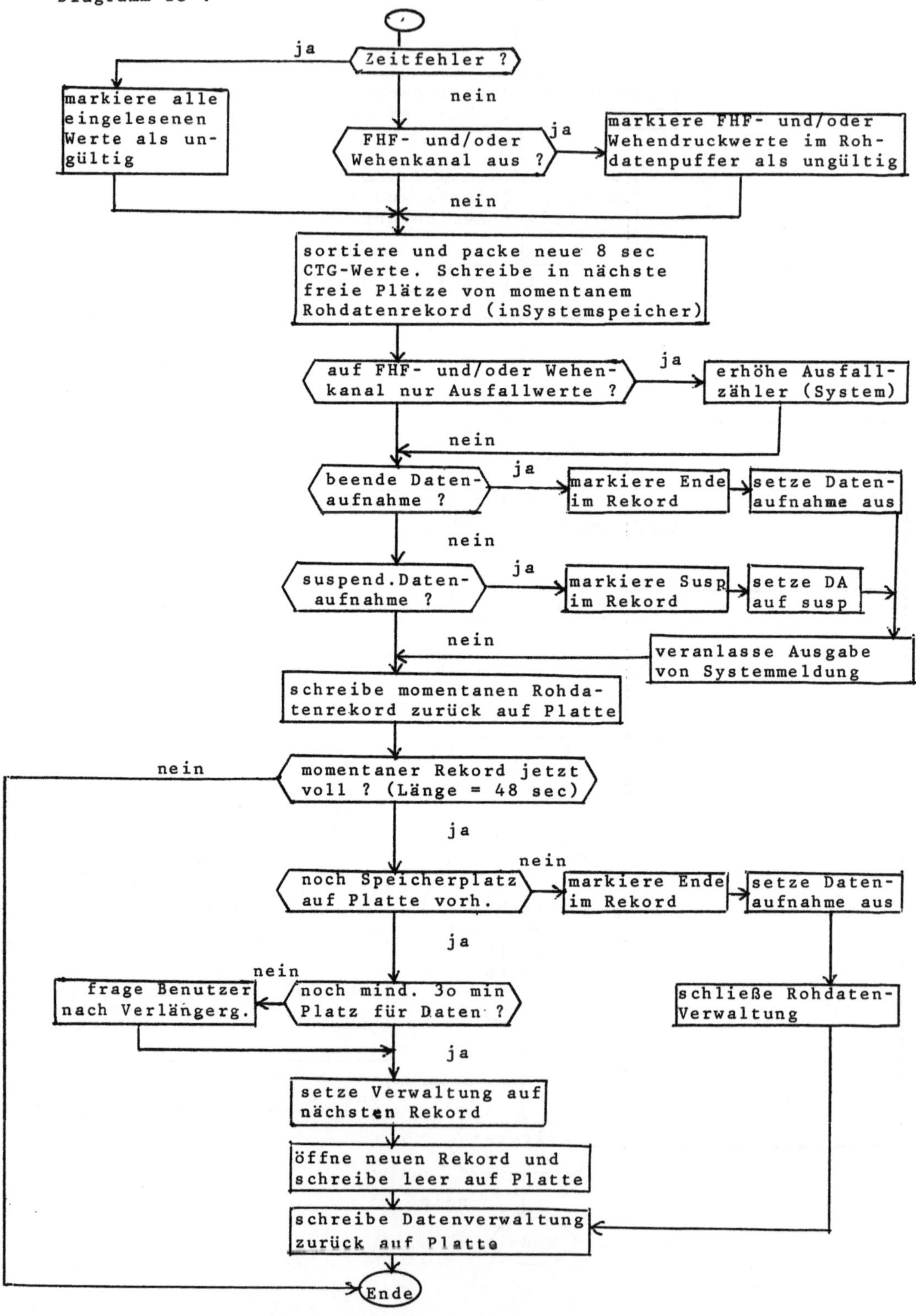

Alle 8 Sekunden wird also eine Pufferhälfte 'geleert', d.h.
bettbezogen sortiert und auf Platte abgelegt.
Nachdem von einem Bett 48 sec lang Datenwerte aufgenommen und
abgespeichert wurden, wird der momentane CTG-Rohdaten-Rekord
geschlossen. Sofort anschließend wird ein neuer (leerer)
Datenrekord geöffnet und auf Platte geschrieben.
Dann wird das Interpretationsprogramm gerufen, das diesen
neuen Rohdatenrekord bearbeiten , d.h. die Interpretation
(Beschreibung) der CTG-Kurve auf den neuesten Stand bringen soll.
Diese Verzögerung ist beabsichtigt, damit das Auswerteprogramm
jeweils ein größeres Stück Kurve auf einmal bearbeiten kann.
Denn das Interpretationsprogramm ist plattenresident und muß
zur Ausführung erst eingelesen werden.
Das Datenaufnahmeprogramm (DTP) und das Datenverwaltungsprogramm (DSS) sind von gleicher und höchster Priorität,
 sowie cpu-Speicher-resident. Damit ist die Datenaufnahme
immer gewährleistet.
Das plattenresidente und sehr rechenzeitintensive Interpretationsprogramm hat niedrigere Priorität als der Dialog, aber höhere
als die Krankenblattausgabe. Damit wird der Dialog nicht
von der Interpretation der Rohdaten behindert.

6.      Biosignalverarbeitung (CTG-Analyse)

Eine zentrale Stellung innerhalb des Überwachungssystems
nimmt die Verarbeitung der Kardiotokogrammdaten ein. Im Zusammenhang betrachtet, erlauben die beiden Verlaufskurven
der momentanen fetalen Herzfrequenz und des mütterlichen
Wehendrucks eine Aussage  über den Zustand des ungeborenen
Kindes. (4o, 55, 57)
Das Ziel der automatischen Mustererkennung ist die Reduzierung
dieser 2 Verlaufskurven auf Folgen von diskreten Ereignissen.
Dazu zerlegt das Programm die Herzfrequenzkurve in Abschnitte,
während derer die fetale Herzfrequenz um einen Basislinienwert
schwankt und in Abschnitte mit längerfristigen Abweichungen
von dieser Basislinie : 'Akzelerationen' und 'Dezelerationen'
(Deviationen). Diese Deviationen bestehen in einem 2o Sekunden
bis 5 Minuten dauerndem Abfall bzw. Anstieg der Herzfrequenz
um mehr als 15 Schläge pro Minute mit nachfolgender Rückkehr
zum Basilinienzustand; dieser Basislinienwert kann jedoch
verschieden sein von der Herzfrequenz vor der Deviation.
Die Ereignisse, durch die die Herzfrequenzkurve beschrieben
werden soll, sind 'Basislinien-Einheiten' und 'Deviationen'.
Eine Basislinien-Einheit besteht dabei aus aufeinanderfolgenden
Kurvenabschnitten, während derer die Herzfrequenz um einen
vom Programm berechneten Basislinienwert schwankt.
Zwecks Vergleichbarkeit der Einheiten und um Speicherplatz
zu sparen,wird jeweils über 5 Minuten Basislinien-Herzfrequenz
berichtet. Falls die Original Herzfrequenzkurve dabei von
Deviationen unterbrochen wurde, verlängert sich das entsprechende Stück Originalkurve um die Dauer dieser Deviationen.

63

Für jedes Ereignis werden beschreibende Parameter berechnet.
Zusammen mit der Uhrzeit des entsprechenden Ereignisses wird
diese Parametergruppe in der Patientendokumentation gespeichert.

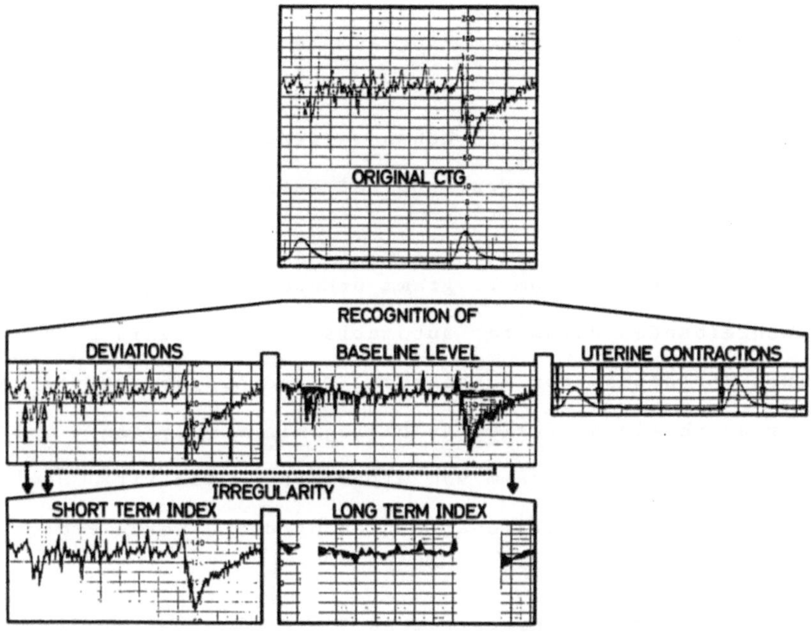


Abb. 6. Verarbeitung der Biosignale durch das Computerprogramm : das Programm
zerlegt die Herzfrequenzkurve in Basislinienabschnitte und in Deviationen.
Die Irregularität der Herzfrequenz wird zerlegt in einen kurzfristigen und
in einen langfristigen Anteil. Diese beiden Anteile werden jeweils charakterisiert durch die Fläche der Irregularität (schwarz) und die Anzahl der Halbwellen. Die Wehendruckkurve wird zerlegt in Basaltonusabschnitte und in Wehen.


Eine Basislinien-Einheit wird charakterisiert durch Startzeit
und laufende Nummer, sowie durch den Mittelwert der Herzfrequenz.
Die Irregularität, d.h. die Abweichung der Herzfrequenz von der
gedachten Basislinie, wird zerlegt in kurzfristige und in mittelfristige Abweichungen. Jeder dieser 2 Irregularitätsanteile
wird beschrieben durch die Gesamtfläche und die Anzahl der
Halbwellen. Dies entspricht einer Irregularitätsamplitude und
-frequenz.

Eine Deviation (Dezeleration oder Akzeleration), d.h. eine
längerfristige Abweichung von der Basislinie, wird beschrieben
durch Startzeit und laufende Nummer sowie durch mehrere Form-
parameter.

Die Wehendruckkurve wird vom Programm zerlegt in Basaltonus-
Abschnitte und in Wehen. Als beschreibende Ereignisse der Wehendruckkurve werden allein die Wehen verwendet. Die beschreibenden Parameter für das Ereignis 'Wehe' entsprechen den Deviations-
parametern.

Auf Wunsch werden die vom Programm erkannten Ereignisse und
die beschreibenden Parameter automatisch (= ereignisabhängig)
auf einen Fernsehmonitor ausgegeben. Diese Ausgabe startet der
Benutzer durch einen speziellen Dialog mit dem System.

Erstellt wurde das Programm von Mitarbeitern der Firma Hewlett-
Packard mit wissenschaftlicher Betreuung durch Herrn Prof. Dr.
H. Rüttgers. (2, 56)

Das Programm wurde im vorgestellten System lauffähig gemacht.
Dies erforderte im wesentlichen die Implementierung einer
Multi-Bett Struktur, sowie eine Verwaltung (Beschaffung) der
CTG-Rohdaten und eine Verwaltung der abgeleiteten und berech-
neten Merkmale.

Verändert wurde außerdem der Irregularitätsprozessor.

Die folgende Beschreibung des Programms gliedert sich in vier
Teile.

Im ersten Teil wird die Datenbeschaffung erläutert. Neben der
Multi-Bett-Struktur wird hier eine einfache Artefaktelimination
vorgestellt. Damit wird bei fehlendem oder falschem Herzfrequenz-
wert der Ersatzwert festgelegt. Während der ersten Minute werden in der Anfangsverarbeitung die programminternen Puffer,
Zeiger und Konstanten berechnet.

Im zweiten Teil wird die Wirkungsweise der Herzfrequenzverarbeitung dargestellt. Die wesentliche Aufgabe des Programms ist
hierbei die Erkennung von Deviationen, d.h. die Entscheidung,
ob ein momentaner Wert auf der Basislinie liegt, oder ob mit
ihm eine Deviation startet. Während einer Deviation werden
beschreibende Parameter berechnet. Außerdem wird geprüft, ob das
Ende der Deviation erreicht ist. Diese Rückkehr zum Basislinienzustand wird mit zunehmender Dauer der Deviation erleichtert.
Während aller Zustände werden Parameter für die Beschreibung
der Herzfrequenz-Irregularität berechnet.
Im dritten Teil wird die Wehendruckverarbeitung skizziert.
Der Entscheidungsalgorithmus ist einfacher als im Fall der
Herzfrequenzverarbeitung. Denn Abweichungen vom Basaltonus-
zustand sind nur in zunehmender Richtung (Wehe) möglich.
Der letzte Teil befasst sich mit der Verwaltung der erkann-
ten Ereignisse.

Diagramm 11 .      CTG-Analyse : Daten-Reduktion

Reduktion der kontinuierlich veränderlichen Biosignale
auf eine Folge von diskreten Ereignissen.

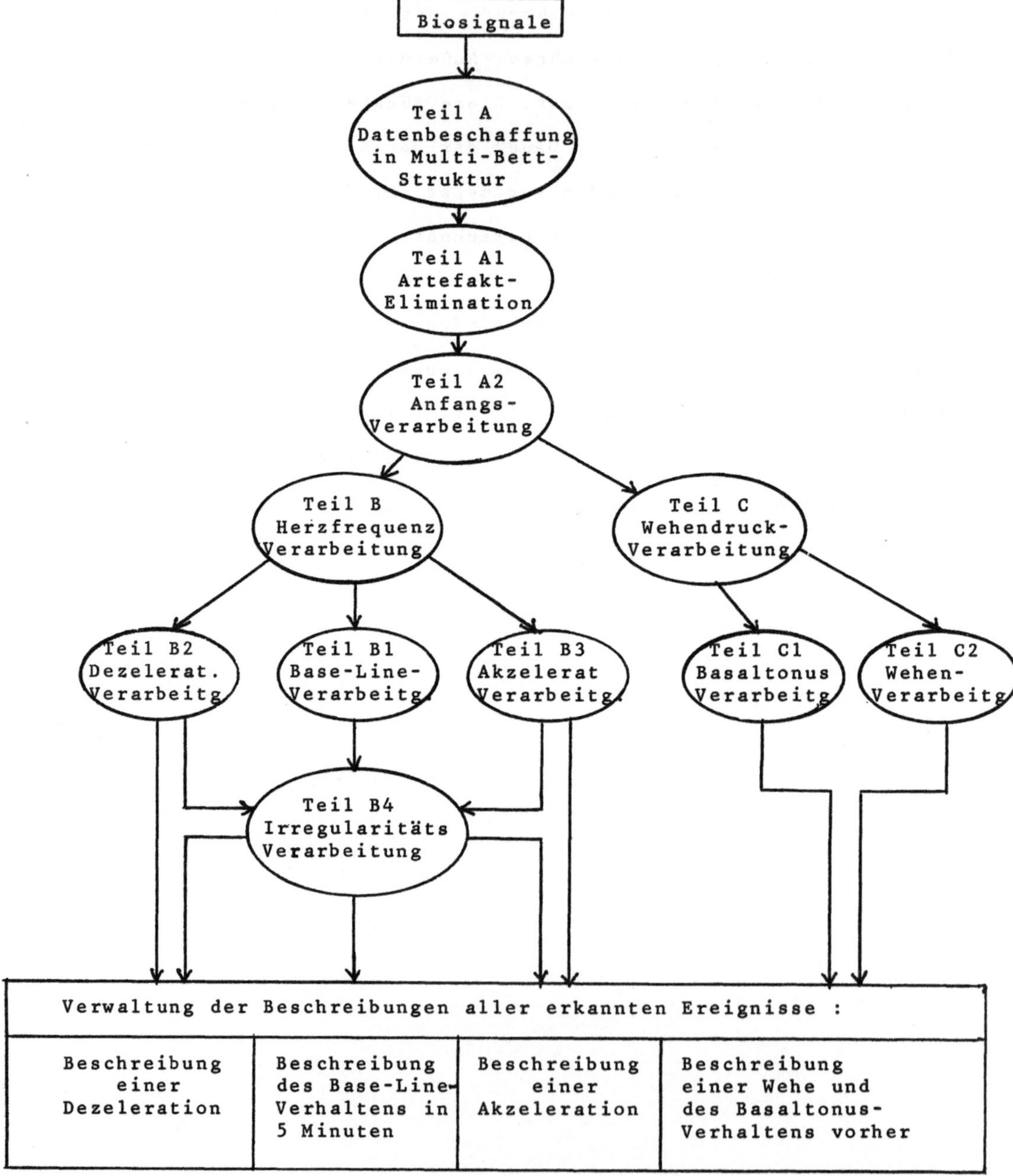

## 6.1.    Beschaffung der CTG-Rohdaten

Das Analyseprogramm CTGIN wird vom Datenspeicherprogramm DSS
(s. 5.2.2.) gerufen, wenn für eines der 8 Betten ein neuer
CTG-Rohdatenrekord fertiggestellt ist (alle 48 Sekunden). Dabei
werden an das Analyseprogramm die Nummern der Betten übergeben,
von denen die CTG-Analyse auf den neuesten Stand gebracht werden soll.

### 6.1.1.  Multi-Bett-Struktur

Das Analyseprogramm wertet die CTG-Rohdaten von verschiedenen
Betten nacheinander aus. Danach wird das Programm beendet. Damit bettenbezogene Programmparameter nicht dadurch verloren ge-
hen, werden sie vor Beendigung des Programms auf Platte gerettet.
Für jedes Bett wurde deshalb auf der Magnetplatte Speicherplatz
reserviert. Beim nächsten Aufruf des Analyseprogrammes werden
von einem Unterprogramm die entsprechenden bettenbezogenen
Parameter-Werte wieder im Programm eingesetzt. Damit ist das
Analyseprogramm wieder auf dem gleichen Stand  wie beim letztmaligen Aufruf für dieses Bett.
Zuvor prüft das Unterprogramm, ob für dieses Bett neue CTG-
Rohdatenwerte zu bearbeiten sind. Dazu wird anhand des speicher-
residenten Zeigers für das Bett (s. 3.2.2.) festgestellt, ob
die Datenaufnahme angeschaltet ist. Danach wird die Verwaltung
der CTG-Rohdaten von Platte eingelesen (s. 5.2.1.). Die ersten
64 Worte dieser Verwaltung werden  nur von der Datenaufnahme beschrieben. Die folgenden Worte haben dieselbe Bedeutung (s. 5.2.1.), jedoch beziehen sich die Rekord-Adressen
auf die bis jetzt <u>ausgewerteten</u> CTG-Rohdaten-Rekords  statt

auf die bis jetzt gespeicherten Rekords. Dieser zweite Teil der Verwaltung wird nur vom Analyseprogramm beschrieben. Durch Vergleich der beiden Verwaltungen kann das Unterprogramm feststellen, ob die Auswertung für das Bett auf dem neuesten Stand ist. Daran anschließend werden die neuen, noch nicht ausgewerteten Rekords so lange eingelesen, bis der aktuelle Stand der Datenaufnahme erreicht ist.

Für jeden einzelnen CTG-Rohdatenwert in diesen Rekords wird dann die Auswertung durchlaufen.

Vor der eigentlichen Auswertung wird geprüft; ob der neue Wert legal ist. Falls der neue Wert nicht akzeptiert wird, bestimmt die Artefakt-Unterdrückung anhand der Vorgeschichte einen Ersatzwert (s. 6.1.2.).

Nach dem Start der Auswertung für ein Bett werden in einer Anfangsphase sämtliche bettenbezogenen Puffer und Zeiger gefüllt bzw. gesetzt.

Wenn die Auswertung für ein Bett das Ende des letzten aufgenommenen Rohdaten-Rekords erreicht hat, werden die momentanen Werte der bettenbezogenen Parameter auf die Magnetplatte gerettet und die Verwaltung der ausgewerteten Rohdaten Rekords auf den neuesten Stand gebracht.

Danach ist die Auswertung in der Lage, dieselbe Schleife für ein anderes Bett zu durchlaufen.

Nachdem alle Betten geprüft und die Daten gegebenenfalls verarbeitet wurden (wie oben beschrieben), wird die Auswertung beendet.

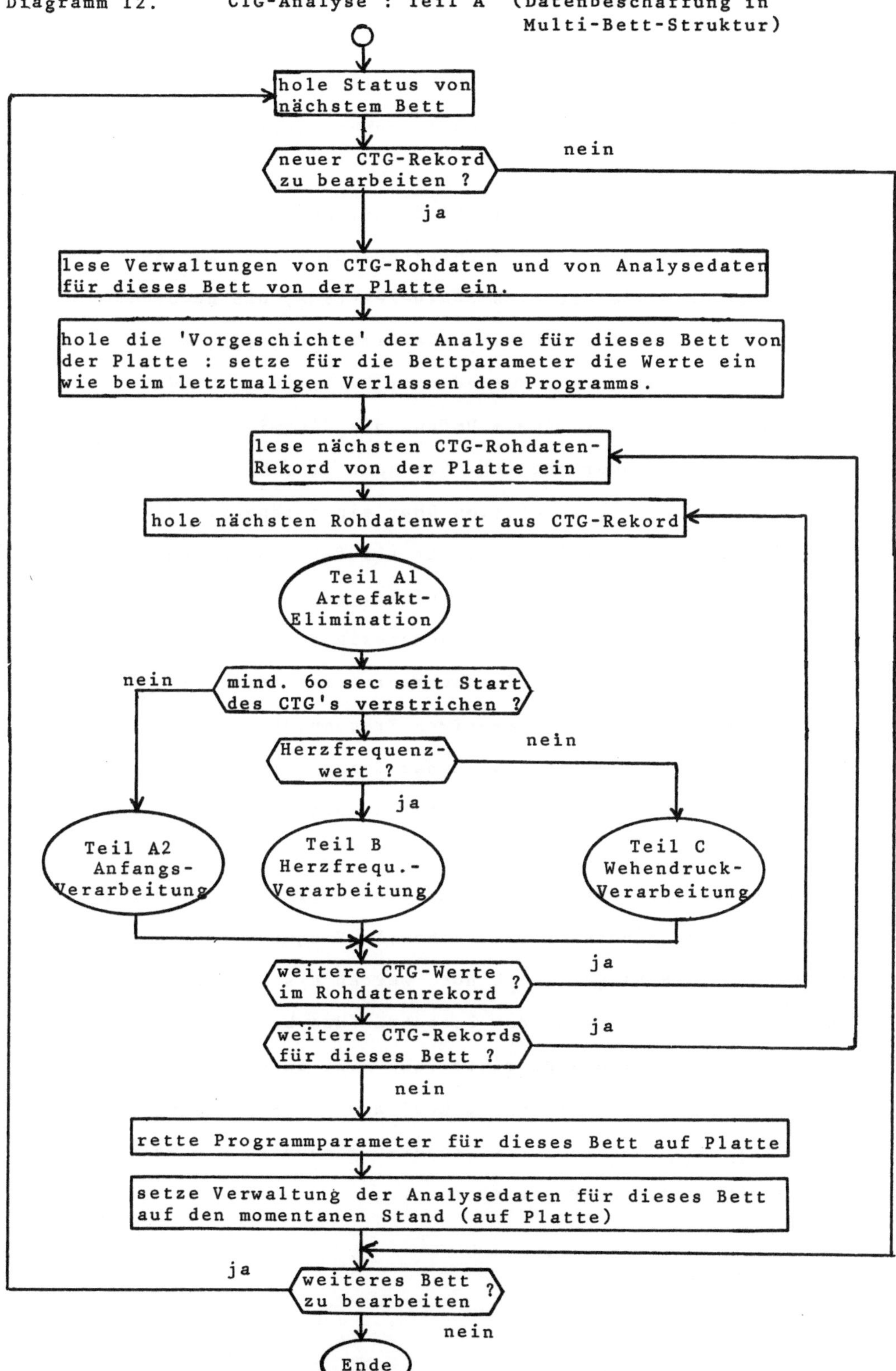

Diagramm 12.    CTG-Analyse : Teil A  (Datenbeschaffung in Multi-Bett-Struktur)
hole Status von nächstem Bett
neuer CTG-Rekord zu bearbeiten ?
nein
ja
lese Verwaltungen von CTG-Rohdaten und von Analysedaten für dieses Bett von der Platte ein.
hole die 'Vorgeschichte' der Analyse für dieses Bett von der Platte : setze für die Bettparameter die Werte ein wie beim letztmaligen Verlassen des Programms.
lese nächsten CTG-Rohdaten-Rekord von der Platte ein
hole nächsten Rohdatenwert aus CTG-Rekord
Teil A1 Artefakt-Elimination
mind. 6o sec seit Start des CTG's verstrichen ?
nein
Herzfrequenz-wert ?
nein
ja
Teil A2 Anfangs-Verarbeitung
Teil B Herzfrequ.-Verarbeitung
Teil C Wehendruck-Verarbeitung
weitere CTG-Werte im Rohdatenrekord ?
ja
weitere CTG-Rekords für dieses Bett ?
ja
nein
rette Programmparameter für dieses Bett auf Platte
setze Verwaltung der Analysedaten für dieses Bett auf den momentanen Stand (auf Platte)
ja
weiteres Bett zu bearbeiten ?
nein
Ende

## 6.1.2.  Artefakt-Unterdrückung

Die hier vorgestellte einfache Logik dient der Erkennung
und Behandlung von fehlenden und falschen Herzfrequenz-
werten.

Der Kardiotokograph leitet mit Hilfe der R-Zacke des fetalen EKG-Komplexes den momentanen Frequenzwert ab. Das Eingangssignal dazu liefert eine Skalpelektrode, die nach dem
Blasensprung am Kopf des Feten befestigt wird. (54, 62)
Obwohl dies die sicherste Methode zur Herleitung der Herzfrequenz ist, ist in geringem Umfang die Übermittlung falscher
Signale an den Rechner möglich. Das kann im schlechtesten Fall
zu einer falschen Interpretation über einen längeren Zeitraum
führen.   Deswegen wurde für sicher als falsch bestimmte Herzfrequenzwerte ein Ersatzwert definiert. (63)
Falls der Kardiotokograph das Eingangssignal nicht akzeptiert,
also keinen momentanen Herzfrequenzwert ermittelt, wird die
Unterbrechung durch einen negativen Frequenzwert übermittelt.
In diesem Fall ('pen-lift') wird der Ersatzwert verwendet.
Der Ersatzwert ist immer der letzte akzeptierte Herzfrequenz-
wert.
Als falsch erklärt werden Frequenzwerte über 2lo bzw. unter
5o Schlägen pro Minute. Kurze, schnelle Frequenzänderungen
um mehr als 15 Schläge  pro Minute werden erst akzeptiert,
wenn sie 3 mal hintereinander bestehen (das bedeutet bei einer
Datenaufnahmerate von 4 Hz mindestens zwei aufeinanderfolgende
Herzaktionen). Damit sollen 'spikes' aus der Herzfrequenz-
kurve eliminiert werden. Diese könnten ansonsten die Werte der
Irregularitätsparameter verfälschen.

Diagramm 13 .    CTG-Analyse : Teil A1   (Artefakt-Unterdrückung)
                                        für Herzfrequenz
                                        4 Frequenzwerte pro sec

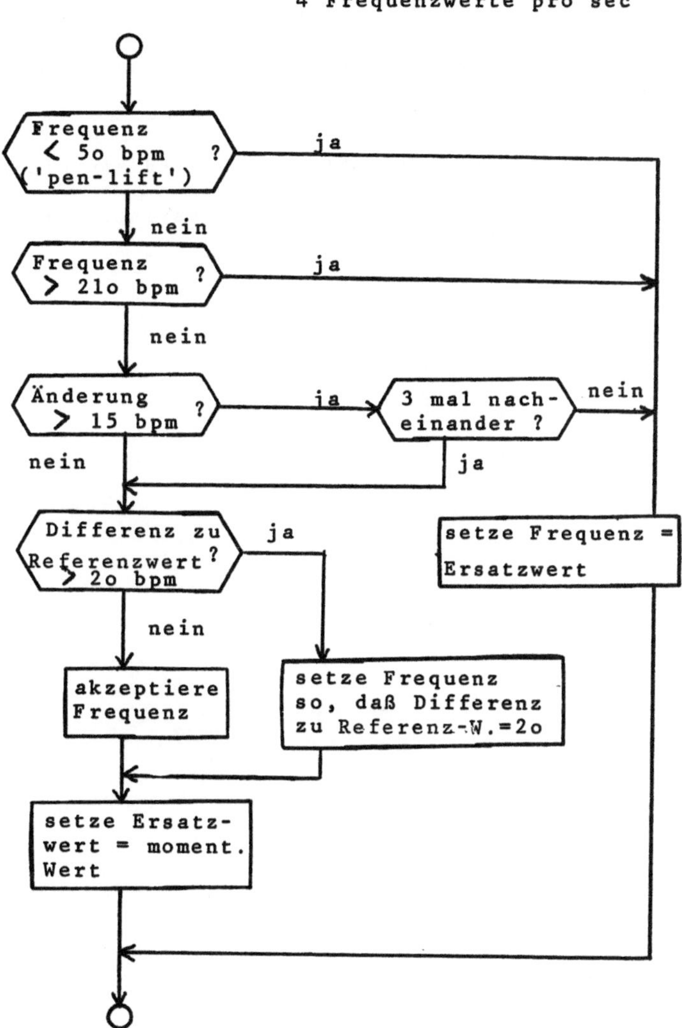



Referenzwert : exponentiell abklingender Mittelwert (floating line)

rekursive Definition :    $R_{neu} = ( 1 - 1/q ) \times R_{alt} + 1/q \times A$

$q = 144$,   A : momentaner Frequenzwert
(bzw. Ersatzwert)

Als Referenzwert für die Basislinie wird ein exponentiell abklingender Mittelwert R verwendet (s. A1), welcher der Original-Herzfrequenzkurve träge folgt. Bei sehr starken Abweichungen der momentanen Frequenz um mehr als 2o Schläge pro Minute von diesem Referenzwert wird die Frequenzkurve verlangsamt angepaßt. Damit wird ein nicht normaler, aber anscheinend richtiger Kurvenverlauf vorsichtig akzeptiert.

Tab. 14 .

Artefakt-Unterdrückung (software) :Definition und Behandlung von Artefakten.

(Herzfrequenz)

| Bezeichnung des Artefakts | Bedeutung | Erkennung durch (s.Teil A1) | Aktion (s.Teil A1) | Bemerkung |
|---|---|---|---|---|
| 'pen-lift' | kein Wert | Gerät liefert neg. Ausgangsspannung | halte letzten Frequenzwert | |
| 'spike' | falscher Wert | zu große Änderungen oder außerhalb auch path.Grenzen | halte letzten Frequenzwert | wenn nächste Werte ebenfalls stark abweichen, dann akzeptiere den Wert |
| 'hold' | künstlicher Wert | zu lange Zeit keine Änderung | keine | künstlicher Wert ist bereits Ersatzwert |
| 'jitter' | ungenauer Wert | zu häufig wechselnde Werte | keine | für Berechnungen wird grundsätzlich der Mittelwert über 3 Werte verwendet.    (= o.75 sec) |

### 6.1.3.  Anfangsverarbeitung

Das Analyseprogramm erkennt am Rekordkopf eines CTG-Rohdaten-Rekords (s. 5.2.1.), ob die Datenaufnahme (wieder-)begonnen wurde. Bei einem (Wieder-) Start der Auswertung für ein Bett werden in der Anfangsverarbeitung während der ersten 6o Sekunden die bettenbezogenen Puffer und Zeiger gesetzt (Referenzwert und Mittelwerte siehe 6.2.).
Diese Herzfrequenzwerte werden ohne Prüfung als Basislinienwerte verwendet. Die darauf folgenden Werte werden dem Entscheidungsalgorithmus - Basislinie oder Deviation bzw. Basaltonus oder Wehe - unterworfen (s. 6.2.1. und 6.4.1.).
Bei ungünstigem Start der CTG-Datenaufnahme während einer Deviation kann es dadurch einige Minuten dauern, bis das Analyseprogramm wieder zur richtigen Basislinie gefunden hat  (s. 9.2.). Gleichzeitig mit dem Start der Auswertung wird ein Analyse-Rekord 'CTG-Start' geschrieben (s. 6.5.).

Diagramm 14 . CTG-Analyse : Teil A2 (Anfangs-Verarbeitung)

(für Herzfrequenz- und Wehendruckwerte diesselbe Logik )

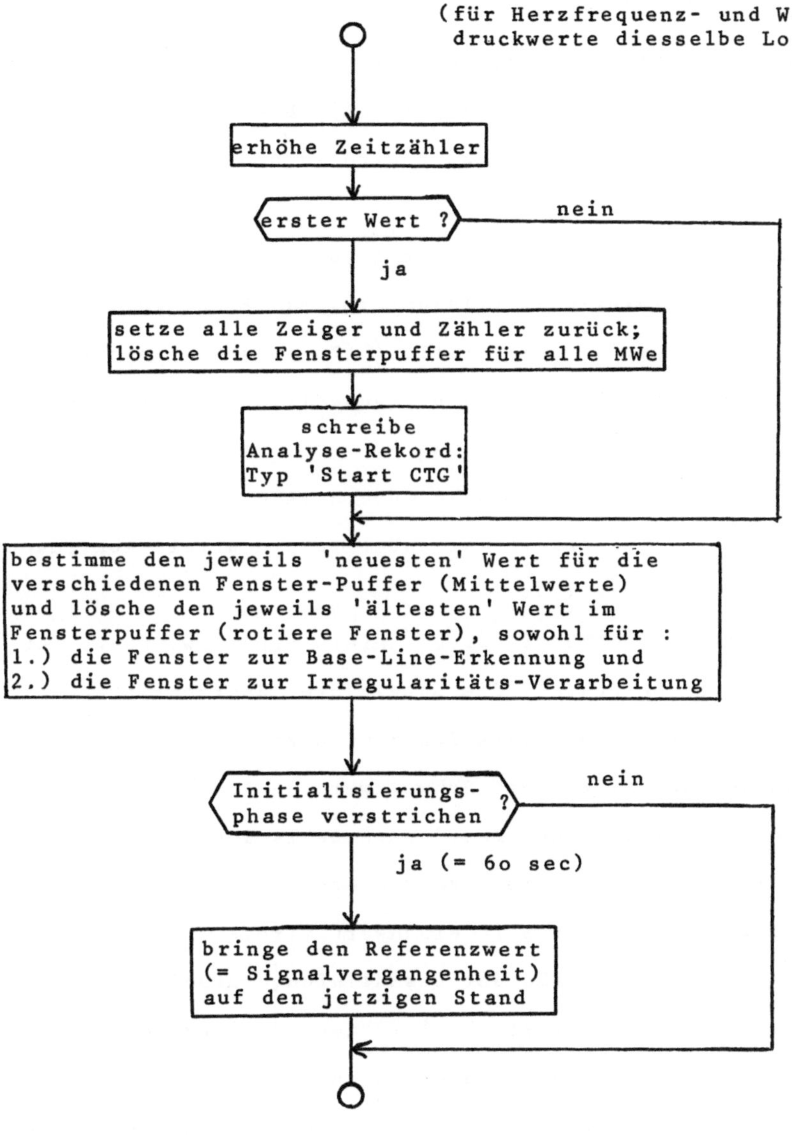

## 6.2.    Basislinie und Deviationen der Herzfrequenz

Von der Verlaufskurve der Herzfrequenz interessiert zuerst
die grobe Struktur ('floating line'). Die darauf aufgesetzte
Irregularität der Herzfrequenz wird in 6.3. behandelt (Schwankungen um den Mittelwert).

Das Mittelwertverhalten der Herzfrequenz wird durch die Zustände 'auf Basislinie' (gleichförmiges Verhalten), 'in Akzeleration' oder 'in Dezeleration' (Zu/Abnahme) beschrieben.
Diese Zustände schließen sich gegenseitig aus und sind abhängig
voneinander 'definiert'.    (11)

Zur Beschreibung des Basislinienverhaltens wird ein rekursiv
definierter Referenzwert verwendet (exponentiell abklingender
Mittelwert, s. 6.2.1.).

Mit diesem Referenzwert werden untere (LL) bzw. obere (LU)
Schwellwerte berechnet, die unter- bzw. überschritten werden
müssen, bevor auf Dezeleration bzw. Akzeleration geprüft wird.
Im allgemeinen sind diese Schwellwerte gleich dem Referenzwert.
Während der 'kritischen Zeit' nach Deviationen jedoch werden
diese Werte so verändert, daß die erneute Erkennung von Deviationen während dieser Zeit erschwert wird.

Die wesentliche Aufgabe der Basislinienverarbeitung (6.2.1.)
ist es, den Beginn einer Akzeleration oder Dezeleration zu
erkennen. Analog dazu ist die Aufgabe der Deviationsverarbei-
tung, das Ende einer Deviation zu erkennen. Daneben werden
die verschiedenen Herzfrequenzzustände charakterisierende
Parameter berechnet.

Diagramm 15 .       CTG-Analyse : Teil B (Herzfrequenzverarbeitung)

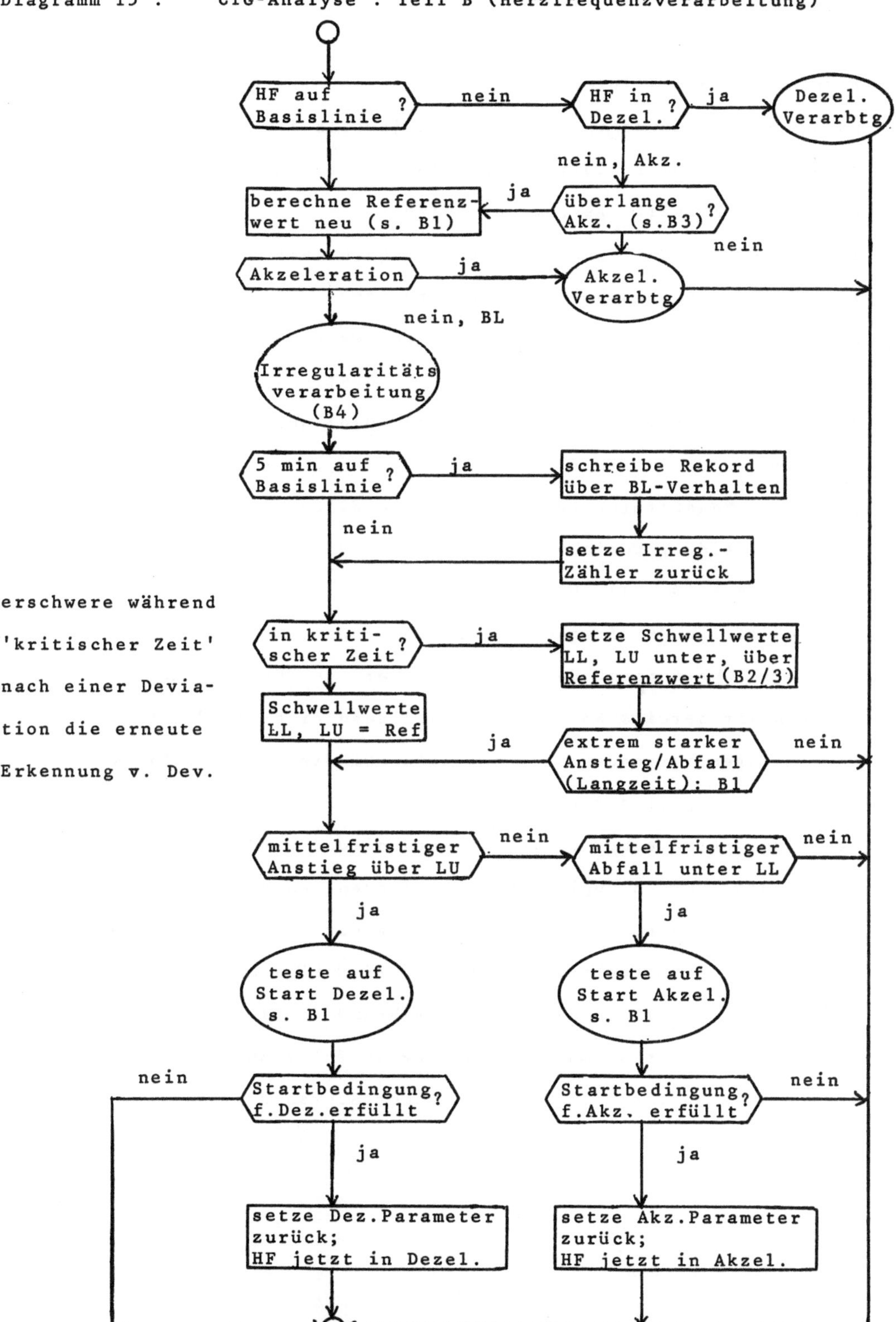


erschwere während 'kritischer Zeit' nach einer Devia- tion die erneute Erkennung v. Dev.

## 6.2.1. Basislinienverarbeitung

Während der Basislinienverarbeitung werden Irregularitätsparameter berechnet (s. 6.5.). Über jeweils 5 Minuten Herzfrequenz auf der Basislinie wird berichtet, indem ein Ereignis-
Rekord 'BL-Einheit' geschrieben wird.
In den Referenzwert gehen nur Herzfrequenzwerte auf der Basislinie ein, mit Ausnahme von Akzelerationen über 6o Sekunden
Dauer. In diesem Fall wird der Referenzwert angeglichen und
die 'Akzeleration' somit vorzeitig beendet.
Zur Entscheidung, ob sich die Herzfrequenz auf der Basislinie
befindet  oder in einer Deviation, werden verschieden lange,
gleitende Fenstermittelwerte (digitale Filter) verwendet.
Die Entscheidung bezieht sich dabei auf den 'aktuellen' Herzfrequenzwert (S. B1). Da das Programm für diese Entscheidung
das zukünftige Herzfrequenzverhalten kennen muß, ist dieser
'aktuelle' Wert nicht der momentane Wert der Herzfrequenz,
sondern ist bereits 6o Sekunden alt; denn dies ist die Länge
des längsten verwendeten Mittelwerts. Um diese Minute hinkt
die Auswertung also der Datenaufnahme hinterher.
Damit auf Start einer Deviation entschieden wird, müssen die
in B1 aufgeführten Ungleichungen zwischen den Mittelwerten und
dem Schwellwert LL bzw. LU (s. 6.2.) gleichzeitig erfüllt sein.
Damit wird der mittelfristige und kurzfristige Anstieg (bzw.
Abfall) der Herzfrequenz geprüft. Während der kritischen Zeit
nach einer Deviation muß der Anstieg (Abfall) zusätzlich
langfristig oberhalb (unterhalb) einer Schranke liegen.

Diagramm 16 .     CTG-Analyse : Teil B1 (Deviationserkennung)

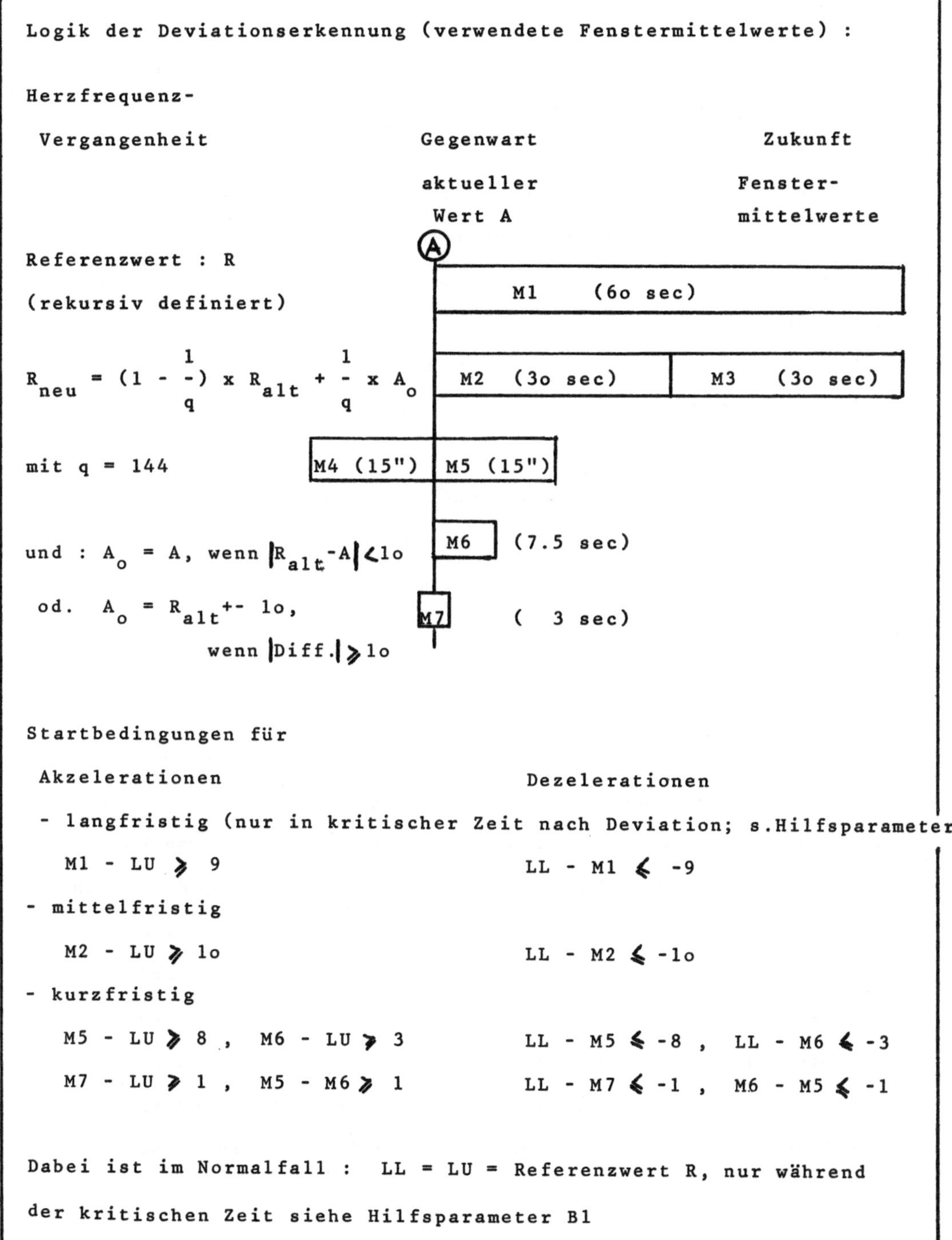


$$R_{neu} = (1 - \tfrac{1}{q}) \times R_{alt} + \tfrac{1}{q} \times A_o$$

und : $A_o = A$, wenn $|R_{alt} - A| < 1o$

od. $A_o = R_{alt} +- 1o$,

      wenn $|Diff.| \geqslant 1o$

M1 - LU $\geqslant$ 9      LL - M1 $\leqslant$ -9

M2 - LU $\geqslant$ 1o      LL - M2 $\leqslant$ -1o

M5 - LU $\geqslant$ 8 , M6 - LU $\geqslant$ 3    LL - M5 $\leqslant$ -8 , LL - M6 $\leqslant$ -3

M7 - LU $\geqslant$ 1 , M5 - M6 $\geqslant$ 1    LL - M7 $\leqslant$ -1 , M6 - M5 $\leqslant$ -1

## 6.2.2. Dezelerationsverarbeitung

Die Dezelerationsverarbeitung wird erst verlassen, wenn
das Ende der Dezeleration erkannt ist. Dazu wird mit Beginn
eine leicht fallende Gerade S gestartet (Schnabelgerade).
Diese schneidet die Dezeleration im Startpunkt LL. Während
3o Sekunden fällt die Gerade um lo bpm. Somit müssen sich
Gerade und Dezeleration ein zweites Mal schneiden. Erst an
diesem Punkt werden die Endbedingungen für diese Dezeleration
festgesetzt und von jetzt an geprüft. Die Bedingungen sind
abhängig von der maximalen Amplitude und der Form der Dezeleration (s. B2). Während der ersten lo Sekunden wird diese
Prüfung jedoch umgangen.
Auf Dezelerationsende wird erkannt, wenn die Herzfrequenz-
Mittelwerte wieder nahe beim Referenzwert bzw. der unteren
Schranke LL liegen. Dabei 'rd der Fall eines Herzfrequenz-
'Plateaus'   gesondert betrachtet.
Als Plateau wird ein gleichförmiger Herzfrequenzverlauf innerhalb einer Deviation bezeichnet, der 'weit' vom Referenzwert
entfernt ist. Hierbei ist es möglich, daß fälschlicherweise
auf Deviation erkannt wurde. Deshalb werden die Herzfrequenzwerte zur Referenzwertberechnung herangezogen, d.h. man kommt
mit dem Referenzwert dem Plateau entgegen, verläßt jedoch nicht
den Herzfrequenzzustand 'Deviation'. Dafür muß das gleich-
förmige Verhalten aber länger andauern. Dies gilt als erfüllt,
wenn sich die Herzfrequenz zusätzlich innerhalb einer engeren
Schnabelgeraden (halbe Steigung : lo bpm auf 6o Sekunden) befindet. Am Ende einer derartigen Plateau-Deviation werden
die Schwellwerte LL, LU so gesetzt, daß leichter auf eine

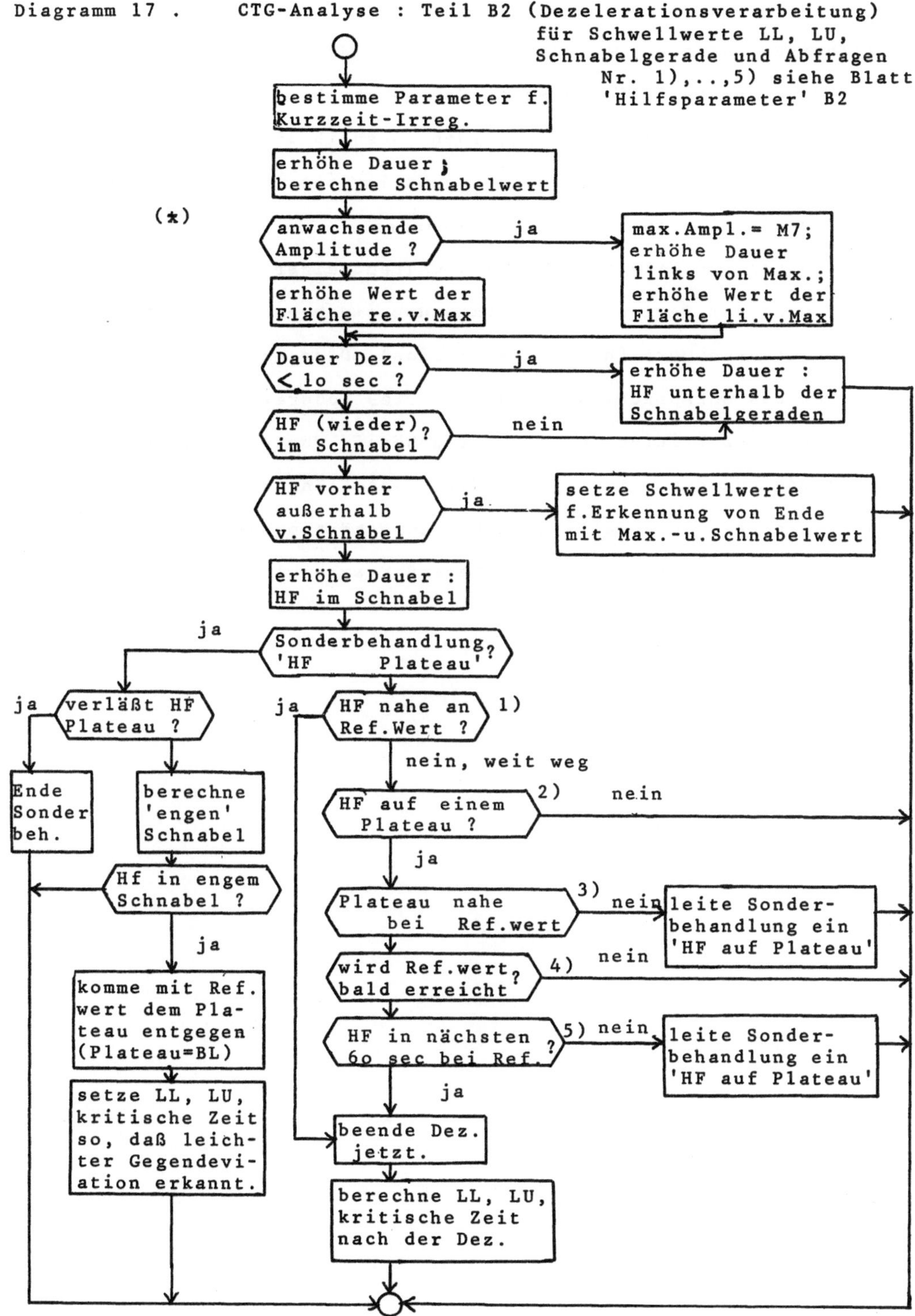

Diagramm 17 .    CTG-Analyse : Teil B2 (Dezelerationsverarbeitung)
für Schwellwerte LL, LU,
Schnabelgerade und Abfragen
Nr. 1),..,5) siehe Blatt
'Hilfsparameter' B2
(*)
bestimme Parameter f. Kurzzeit-Irreg.
erhöhe Dauer ; berechne Schnabelwert
anwachsende Amplitude ?
ja
max.Ampl.= M7; erhöhe Dauer links von Max.; erhöhe Wert der Fläche li.v.Max
erhöhe Wert der Fläche re.v.Max
Dauer Dez. < lo sec ?
ja
erhöhe Dauer : HF unterhalb der Schnabelgeraden
HF (wieder) im Schnabel ?
nein
HF vorher außerhalb v.Schnabel
ja
setze Schwellwerte f.Erkennung von Ende mit Max.-u.Schnabelwert
erhöhe Dauer : HF im Schnabel
Sonderbehandlung ? 'HF Plateau' ?
ja
verläßt HF Plateau ?
ja
ja
HF nahe an Ref.Wert ?
1)
nein, weit weg
Ende Sonder beh.
berechne 'engen' Schnabel
HF auf einem Plateau ?
2)
nein
ja
Hf in engem Schnabel ?
ja
Plateau nahe bei Ref.wert
3)
nein
leite Sonder- behandlung ein 'HF auf Plateau'
komme mit Ref. wert dem Pla- teau entgegen (Plateau=BL)
wird Ref.wert bald erreicht ?
4)
nein
setze LL, LU, kritische Zeit so, daß leich- ter Gegendevi- ation erkannt.
HF in nächsten 6o sec bei Ref. ?
5)
nein
leite Sonder- behandlung ein 'HF auf Plateau'
ja
beende Dez. jetzt.
berechne LL, LU, kritische Zeit nach der Dez.

Gegendeviation erkannt wird. Damit soll die Rückkehr zum
'richtigen' Referenzwert beschleunigt werden.
Am Ende einer Deviation braucht der vorher berechnete Referenz-
wert nicht exakt erreicht zu werden. Deshalb wird im Programm
ein vorzeitiges Deviationsende begünstigt (weitere Schranken).
Um dann die Anpassung des Referenzwertes an die (etwas entfernte)
Herzfrequenz zu erleichtern, wird während einer 'kritischen
Zeit' nach der Deviation die Erkennung einer gegengerichteten
Deviation erschwert (hier Akzeleration). Dies geschieht durch
Anheben des entsprechenden Schwellwertes (oberer Schwellwert).
Die Dauer der kritischen Zeit ist abhängig von der Deviations-
amplitude und der Form - je tiefer, desto länger -.
Am Ende dieses Intervalls wird bei ungestörtem Basislinien-
verhalten obere Schranke und untere Schranke gleich dem Referenz-
wert gesetzt.

Diagramm 18 .   **CTG-Analyse : Teil B$_2$ (Hilfsparameter für Dezelerationsverarbeitung)**

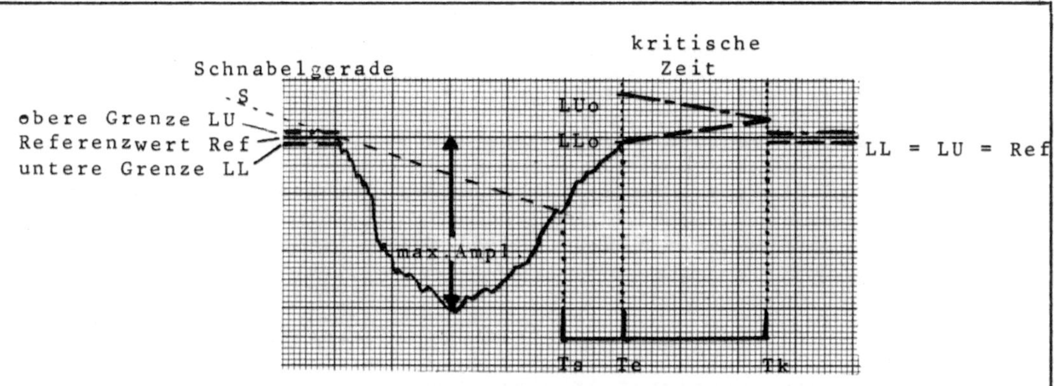



Auf der Basislinie ist (i.a.) : LL = LU = Referenzwert

Mit Beginn der Dezeleration wird die Schnabelgerade S gestartet :

- diese beginnt mit LL und fällt in 3o sec um lo bpm;

- die Herzfrequenz muß also ab einem Zeitpunkt Ts wieder oberhalb

  der Schnabelgeraden liegen;

  an diesem Zeitpunkt werden die Schwellwerte zur Erkennung vom

  Dezelerationsende gesetzt.

Bedingungen für Dezelerationsende :

- im Punkt Ts berechne :  Eo = Mittelwert(max.Ampl.& |LL-Schnabelwert|)

                            jedoch mindestens   16

- mit Eo werden die Schranken E1,..,E3 definiert :

  E1 = Eo/4 ,  E2 = Eo/2 ,  E3 = Eo/2 ,  sowie  E4 = 1 , E5 = 15

- Abfragen für Dezelerationsende (müssen gleichzeitig erfüllt sein) :

  1)  Ref - M7 < E1     2)  M5 - M4 < E2     3)  LL - M7 < E3

  4)  M3 - M4 < E4     5)  M1 - M7 < E5

Am Dezelerationsende wird eine 'kritische Zeit' berechnet : Te bis Tk

- Dauer = (Ts bis Te) +  5o x max Amplitude   (in centi-sec)

          + etwaige Restdauer von vorheriger Dev.  (maximal 2 min)

- während dieser Zeit wird die Akzelerationserkennung erschwert;

  in Te ist: LL=LLo= M7 + 2  und LU=LUo= Ref + max.Amplitude/4 ,

  in Tk ist LL =  LU  und ab Tk ist wieder :  LL = LU = Ref.

  falls dabei  LL > Ref  , so wird   LL = Ref  gesetzt.

## 6.2.3. Akzelerationsverarbeitung

Auf Akzelerationsende wird erkannt, wenn  die entsprechend invertierten Bedingungen für Dezelerationsende erfüllt sind. Falls die Akzeleration jedoch länger als 6o Sekunden andauert, wird die Rückkehr zum Basislinienzustand begünstigt. Wie im Fall der Plateaubehandlung geschieht dies, indem der Referenz-wert mit diesen 'Akzelerations'-werten verändert wird (s. B3). Denn eine Verschiebung des Basislinien-Niveaus ist wahrschein-licher als eine überlange Akzeleration.

Diagramm 19        CTG-Analyse : Teil B3   (Akzelerationsverarbeitung)

---

Flußdiagramm wie Teil B2 (Dezelerationsverarbeitung), außer :

an Stelle (*) Zusatzabfrage :

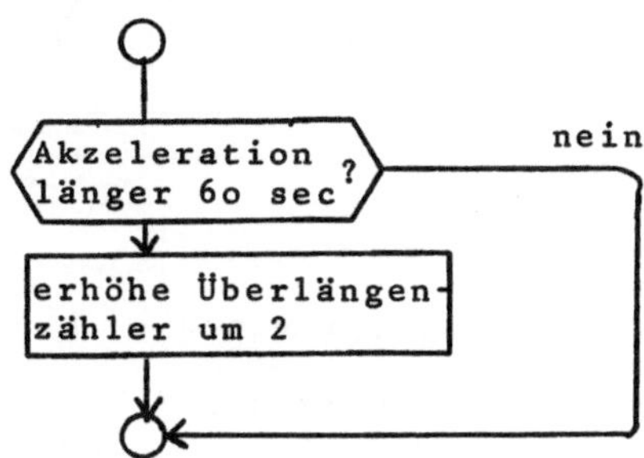


Der Überlängenzähler wird in der Basislinienverarbeitung verwendet.
( siehe Teil B)

Der Überlängenzähler wird abgearbeitet, indem entsprechend viele

folgende Herzfrequenzwe·te zur Basislinienbestimmung  (Ref) heran-

gezogen werden, obwohl die Herzfrequenz im Status Akzeleration

bleibt. Dadurch nähert sich der Referenzwert den 'Akzelerations'-

werten und die Endbedingungen für eine Akzeleration sind dann

leichter zu erfüllen.

Diagramm 2o .     CTG-Analyse : Teil B3 (Hilfsparameter für
                                    Akzelerationsverarbeitung)

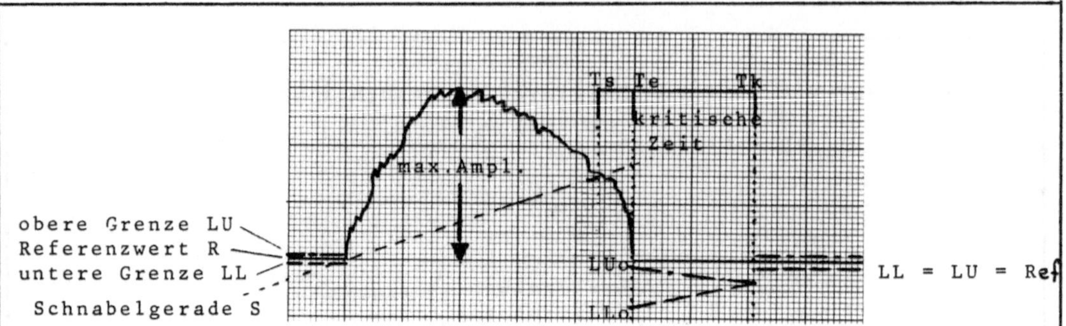


Auf der Basislinie ist im allgemeinen :   LL = LU = Referenzwert

Mit Beginn der Akzeleration wird die Schnabelgerade gestartet :

- diese beginnt mit LU und steigt in 3o sec um lo bpm;

- die Herzfrequenz muß also ab einem Zeitpunkt Ts wieder unterhalb

  der Schnabelgeraden liegen;

  an diesem Zeitpunkt werden die Schwellwerte zum Erkennen vom

  Akzelerationsende gesetzt.

Bedingungen für Akzelerationsende :

- im Punkt Ts berechne :   $E_o$ = Mittelwert(max.Ampl. & $|$Schnabelwert-LU$|$)

                            jedoch mindestens   16

- mit $E_o$ werden die Schranken $E_1$,..,$E_3$ definiert :

  $E_1 = E_o/4$ ,   $E_2 = E_o/8$ ,   $E_3 = E_o/2$ ,   sowie $E_4 = 1$ ,   $E_5 = 15$

- Abfragen für Akzelerationsende (müssen gleichzeitig erfüllt sein) :

  1)  M7 - Ref $<$ $E_1$      2)  M4 - M5 $<$ $E_2$      3)  M7 - LU $<$ $E_3$

  4)  M4 - M3 $<$ $E_4$      5)  M7 - M1 $<$ $E_5$

Am Akzelerationsende wird eine 'kritische Zeit' berechnet : Te bis Tk

- Dauer = (Ts bis Te) + 5o x max.Amplitude    (in centi-sec)

          + etwaige Restdauer von vorheriger Dev.    (maximal 2 min)

- während dieser Zeit wird die Dezelerationserkennung erschwert;

  in Te ist : LU=LUo= M7 - 2  und  LL=LLo= Ref - max.Amplitude/4   ,

  in Tk ist wieder : LL=LU  und ab Tk ist :  LL = LU = Ref.

  falls dabei Ref $>$ LU,  so wird  LU = Ref gesetzt.

## 6.3.    Irregularität der Herzfrequenz

Irregularität besteht aus den kurzfristigen Schwankungen
der Herzfrequenz über der Basislinie. Diese ist Ausdruck
der Regulationsfähigkeit des fetalen Kreislaufs und damit
ein Parameter für die frühzeitige Erkennung von fetalen
Zustandsänderungen. (5, 41)

Das Irregularitätsmuster wird in einen langfristigen Anteil
und in einen kurzfristigen Anteil zerlegt. Beide Anteile
werden jeweils charakterisiert durch eine mittlere Amplitude
und eine mittlere Frequenz der Irregularität.

In der klinischen Routine wird hauptsächlich der Langzeit-
Anteil betrachtet und beschrieben durch die Bandbreite und
die Anzahl von Halbwellen pro Zeiteinheit.

Der Kurzzeit-Anteil reflektiert die Schlag zu Schlag Änderungen und kann visuell nic⁺ quantifiziert werden.

## 6.3.1.  Meßgrößen und Datenaufnahme

Die Bedeutung der Irregularität ist bis jetzt noch nicht voll
geklärt. Mit Hilfe der vorgestellten Datei soll (u.a.) die
Bedeutung der Irregularität und  die Beziehung zu klinischen
Parametern untersucht werden.

Die Irregularitätsparameter dienen der Datenreduktion, sollen
aber die Irregularität ohne Informationsverlust beschreiben.
Ansonsten ist eine spätere statistische Untersuchung unvoll-
ständig. (52)

Alle in der Praxis verwendeten quantitativen Irregularitätsparameter machen eine statistische Aussage über das Irregulari-

tätsverhaltens während eines Zeitraums.(4,16,27,29,33,34,48,68)
Als Rohsignal werden dabei sowohl die Herzfrequenz, als auch
die Intervalldauer zwischen zwei Herzschlägen verwendet.
Deswegen wird hier eine Betrachtung über die verschiedenen
Methoden, mit denen Herzfrequenz Rohdaten vom Rechner aufgenommen
werden können, vorangestellt.
Im Wesentlichen gibt es 2 Arten der Datenbeschaffung :
zum einen die Digitalisierung der ermittelten Frequenz mit
einer festen Datenaufnahmerate ('sampling') und zum andern
die Bestimmung der Intervalldauer zwischen aufeinanderfolgenden Aktionen. (7)
Im ersten Fall ermittelt der Kardiotokograph über die R-Zacke
des EKG's die momentane Herzfrequenz. Dieser Wert wird in
Form einer konstanten Spannung am Geräteausgang so lange gehalten,
bis eine neue R-Zacke entdeckt wird. Danach beginnt eine neue
Stufe der Spannungskurve. Der Analog/Digital-Konverter liest
diese Spannung zu festgelegten Zeitpunkten (alle 25o milisec)
ab. Man erhält dadurch Momentaufnahmen der Kurve bei äquidistan-
ten Zeitabständen. Bei einer Digitalisierungsrate von 4 mal pro
Sekunde verliert man dadurch im Fall der Herzfrequenz keine
Stufe der Treppenkurve. Aber es ist völlig normal, daß man von
jeder Stufe mehr als einen Datenwert (sample) erhält.
Außerdem kennt man den exakten Zeitpunkt des Sprungs (R-Zacke)
nicht und kann deswegen nicht die exakte Dauer des Schlag-zu-
Schlag-Intervalls bestimmen.
Jedoch erlaubt diese Methode die gleichzeitige Datenaufnahme von
mehreren Betten (Kardiotokographen) ohne besonderen Geräte-
und Zeitaufwand. Außerdem ist die Berechnung der Irregularitäts-

parameter einfacher als mit Hilfe der Intervalldauern.

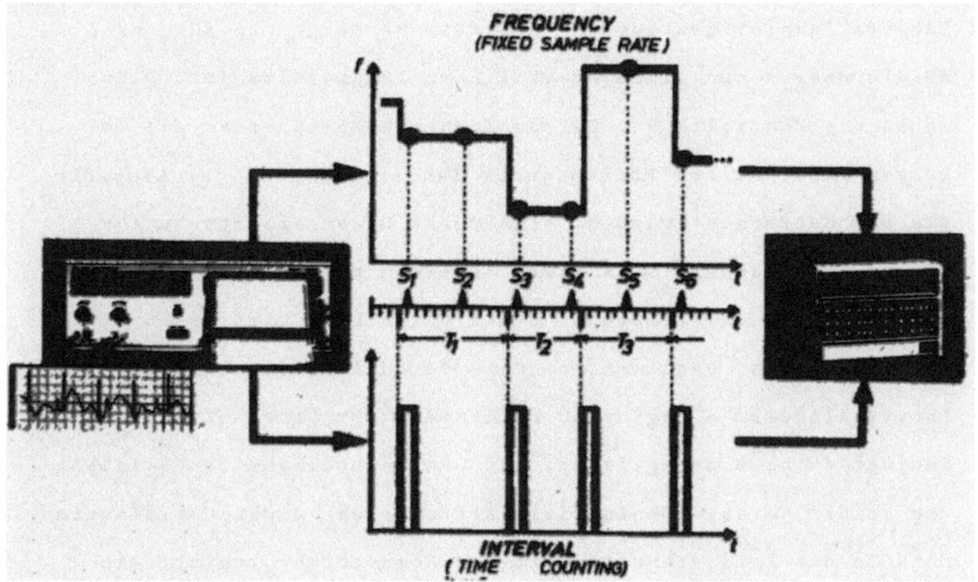


Abb. 7. Datenaufnahme der Biosignale. Der Kardiotokograph ermittelt die momentane Herzfrequenz. Im ersten Fall wird diese Frequenzkurve zu gleichmäßigen
Zeitabständen vom Rechner digitalisiert. Im zweiten Fall wird der Zeitabstand
zwischen aufeinanderfolgenden Aktionen an den Rechner übermittelt.

Im zweiten Fall der Datenbeschaffung wird die Zeitdauer zwischen aufeinanderfolgenden Herzschlägen gemessen.Damit erhält
man die vollständige Information über die Sprungstellen in der
Herzfrequenzkurve. Zur Messung der Intervalldauer benötigt man
ein Zusatzgerät, einen Intervallzähler. Dieses wird vom Kardiotokograph mit einem Pulssignal versorgt. Der Zähler entdeckt
diesen Puls und mißt die Zeit bis zum nächsten Puls. In der
vorigen Methode wird diese Zeitdauer vom Kardiotokographen zur
Zeit/Frequenz-Konversion verwendet. Hier wird die gemessene Zeitdauer digitalisiert und an den Computer übergeben. Dies geschieht

in wechselnden Zeitabständen. Das bedeutet : die Datenaufnahme kann nicht vom Computer kontrolliert werden, sondern wird vom Intervallzähler gesteuert. Außerdem benötigt man für jeden Kardiotokographen einen zusätzlichen Intervallzähler. Dies macht die Kontrolle der Datenaufnahme komplizierter als im ersten Fall. Weiter können jeder Zähler und auch der Computer als Uhr betrachtet werden. Alle diese Uhren arbeiten unabhängig voneinander. Dies führt zu einem prinzipiellen Nachteil der Methode : der Zeitpunkt einer Herzaktion wird nicht mit der Computeruhr bestimmt, sondern durch Aufaddieren aller Intervalldauern - beginnend beim Start der Datenaufnahme. Bedingt durch Rundungsfehler und Gangungenauigkeiten zwischen den beiden Uhren, können diese Zeiten nicht exakt übereinstimmen. Da die Patientendaten mit der Computeruhr registriert werden, kann dies bei längerer Datenaufnahme zu Diskrepanzen führen.

Die erste Methode der Datenaufnahme (sampling) ist also vorzuziehen, wenn man sicherstellen kann, daß man keine wesentliche Information über die Irregularität verliert. Dies konnten wir anhand einer statistischen Untersuchung nachweisen. Da alle Parameter die Irregularität auch hauptsächlich in statistischer Hinsicht beschreiben - Berechnung eines mittleren Verhaltens während eines Zeitraums - ist diese Gleichwertigkeit auch zu erwarten. (21)

## 6.3.2.  Kurzzeit- und Langzeit-Anteil

Als 'Irregularität' werden sowohl die Schlag-zu-Schlag Änderungen bezeichnet, als auch die der Basislinie überlagerten Schwingungen von 1 bis 1o Zyklen pro Minute. Diese 2 Anteile werden als Ausdruck verschiedener Regulationsmechanismen gedeutet. (31, 35, 36)

Zur Trennung der Irregularität in einen Kurzzeit- und einen Langzeit-Anteil werden im Programm gleitende Fenstermittelwerte (digitale Filter) verschiedener Länge verwendet.

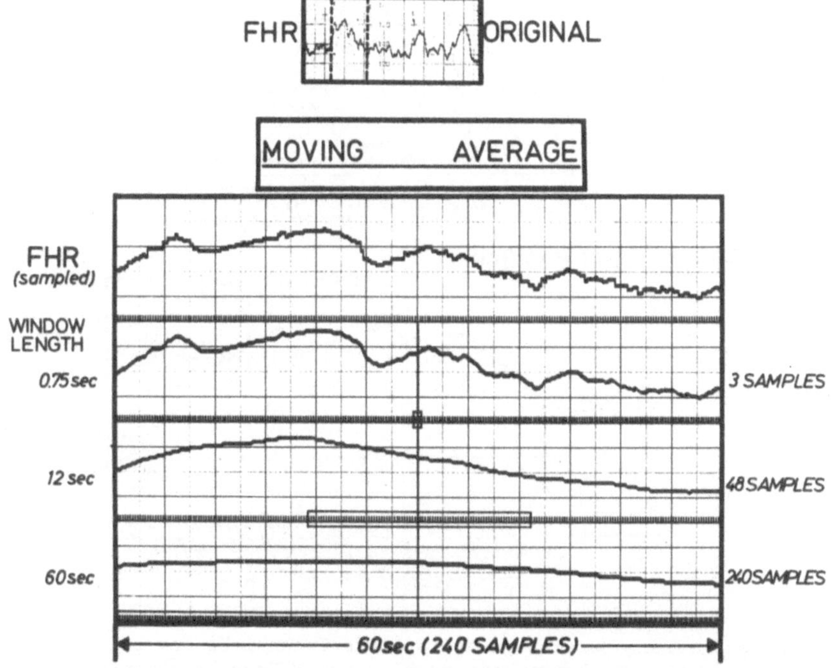


Abb. 8. Irregularitätsverarbeitung. Zur Charakterisierung der beiden Anteile werden gleitende Fenstermittelwerte (digitale Filter) verwendet: Kurzzeitanteil, Langzeitanteil und Basislinie werden jeweils beschrieben durch einen Mittelwert über o.75 , 12 und 6o Sekunden Dauer.

Zur Charakterisierung der Langzeit-Irregularität wird dabei ein 12 Sekunden Mittelwert verwendet. Als Referenzkurve dient eine Mittelwertskurve über ein 6o Sekunden-Fenster.

Diese  soll das Basislinienverhalten der Herzfrequenz beschreiben.

Die von diesen 2 Mittelwertkurven umschlossene Fläche wird

als Maß für die Intensität der Langzeit-Irregularität verwendet

und ergibt sich als Summe der absoluten Mittelwertdifferenzen

pro Zeiteinheit (siehe Abb. 9 unten).

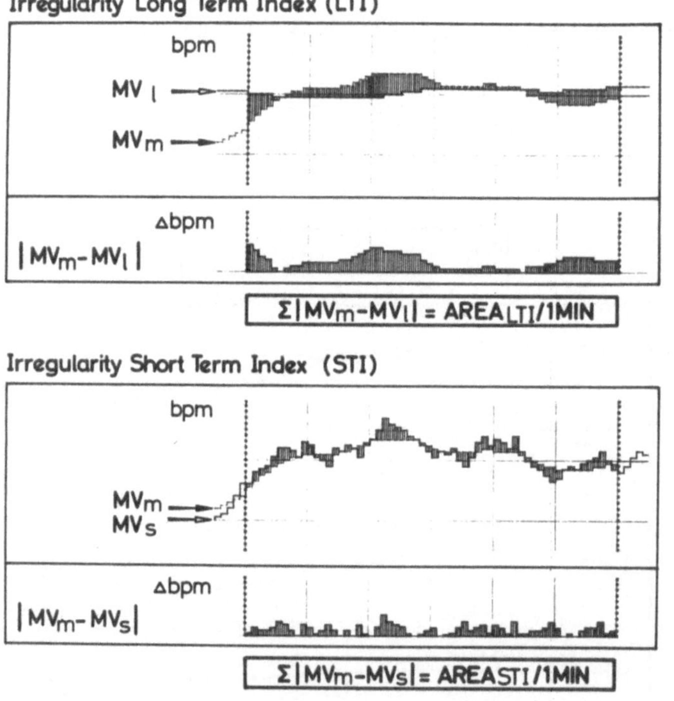


Abb. 9. Quantifizierung der Irregularität. Die Intensität der beiden Anteile wird durch die von 2 Mittelwertkurven eingeschlossene Fläche beschrieben : beim Langzeitanteil (LTI) wird dazu ein 6o Sekunden Mittelwert ($MV_l$) und ein 12 Sekunden Mittelwert ($MV_m$) verwendet; beim Kurzzeitanteil (STI) der 12 Sekunden Mittelwert ($MV_m$) und ein o.75 Sekunden Mittelwert ($MV_s$).

Die Periodizität der Langzeit-Irregularität wird durch die An-

zahl der Schnittpunkte zwischen den beiden Kurven quantifiziert.

Entsprechend dazu wird die Kurzzeit - Irregularität als die
der Langzeit-Irregularität überlagerte 'Rest'-Irregularität
definiert. Als Referenzkurve dient also die 12 Sekunden Mittelwertkurve (siehe oben). Diese wird verglichen mit der 'Original'-Herzfrequenz. Bei der Aufsummierung der absoluten Mittelwertdifferenzen haben vereinzelte Ausreißer ('jitter') einen
unverhältnismäßig großen Einfluß auf den Wert der Fläche.
Um diesen Einfluß möglichst gering zu halten, wurde anstelle
der Original-Herzfrequenz eine Mittelwertkurve über o.75 Sekunden verwendet, d.h. es werden höchstens zwei aufeinanderfolgende Frequenzwerte gemittelt.
Die Intensität der Kurzzeit-Irregularität wird dann als die
von den beiden Kurven umschlossene Fläche während einer Minute
definiert und die Periodizität wird durch die Anzahl der Schnittpunkte zwischen beiden Kurven gemessen.

## 6.3.3. Irregularitätsverarbeitung.

Der Kurzzeit- und der Langzeit-Anteil der Irregularität der
Herzfrequenz wird getrennt bearbeitet. Für beide Anteile werden
die Intensität durch die (mittlere) Fläche pro Minute beschrieben und die Periodizität durch die (mittlere) Anzahl
Nulldurchgänge (der Differenzkurve). Dabei werden Berührungs-
punkte von Irregularitätskurve und Referenzkurve nicht als
Nulldurchgänge gezählt. Dafür muß die Differenz der 2 Kurven
das Vorzeichen wechseln und echt größer als 1 sein (siehe unten
und B4). Es werden nur ganzzahlige Frequenzwerte verwendet.

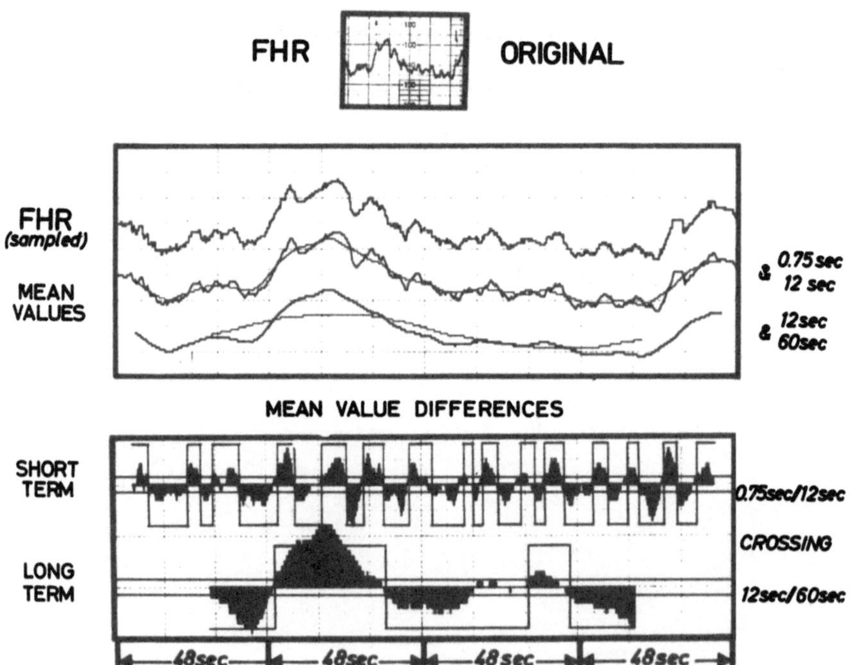


Abb. 1o. Quantifizierung der Irregularität. Die Periodizität der beiden Anteile wird durch die Anzahl von Schnittpunkten zweier Mittelwertkurven
beschrieben: beim Kurzzeitanteil werden die Schnittpunkte zwischen o.75 Sekunden und 12 Sekunden Mittelwertkurve aufsummiert und beim Langzeitanteil
die Kreuzungspunkte von 12 Sekunden und 6o Sekunden Mittelwertkurve. Für
einen Schnittpunkt muß sich die Richtung ändern und die Differenz echt
größer als 1 ein.

Während einer Basislinieneinheit (: Herzfrequenz 5 Minuten über der Basislinie) wird dadurch das mittlere Verhalten der Irregularität beschrieben.

Für jede Deviation werden die Kurzzeitparameter der Irregularität zusätzlich berechnet.

Die Mittelwertunterschiede werden entsprechend dem Betrag klassifiziert (siehe B4). Daraus wird die Fläche aufsummiert. Zusätzlich wird damit die prozentuale Verteilung verschiedener Fluktuationstypen ermittelt. (siehe 6.5.)

Die irregularitätsbeschreibenden Parameter werden mit den übrigen Parametern des Ereignisses 'Basislinieneinheit' oder 'Deviation' als Rekord in der entsprechenden Patientendokumentation verwaltet (siehe 6.5.).

Diagramm 21 .        CTG-Analyse : Teil B4      (Irregularitäts-Verarbeitung)

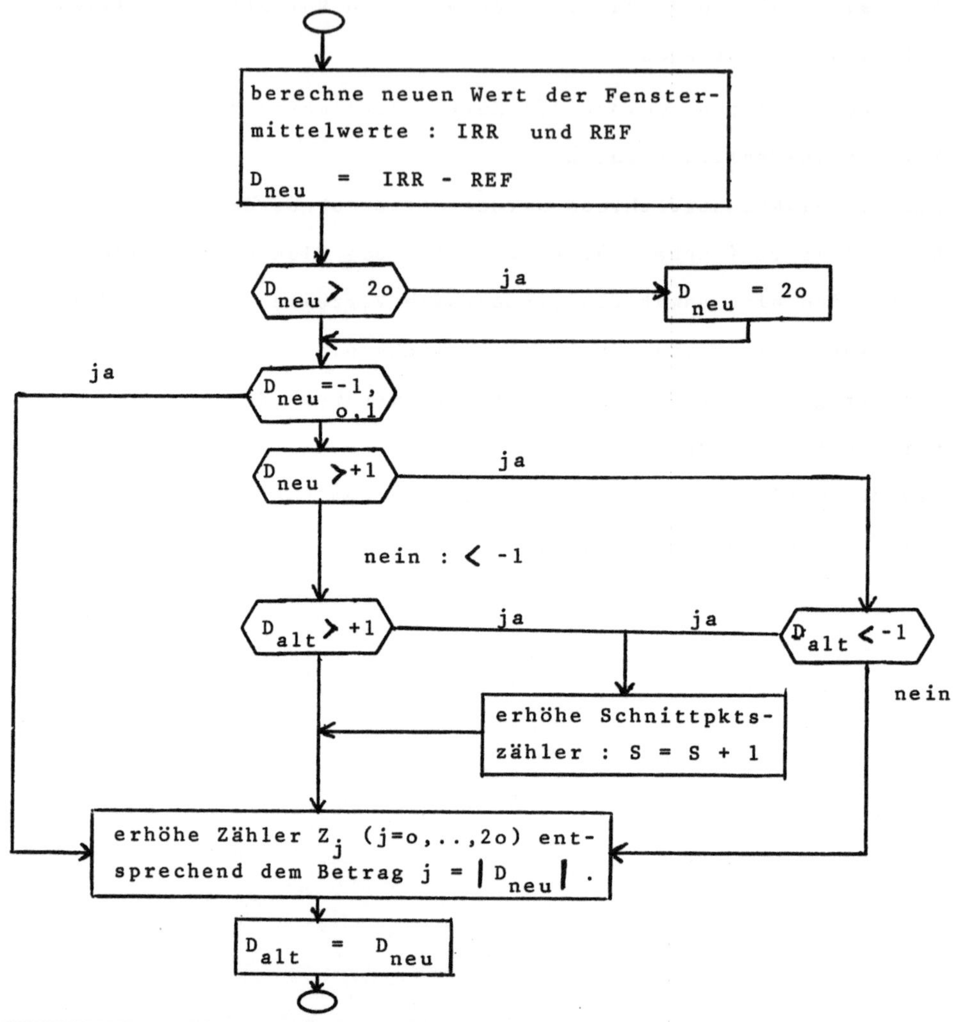



Algorithmus wird getrennt durchlaufen für :

- Herzfrequenz auf der Basislinie

  a) für Kurzzeit-Irreg.:  IRR : o.75Sek.  &  REF : 12 Sek. Mittelwert

  b) für Langzeit-Irreg.:  IRR : 12  Sek.  &  REF : 6o Sek. Mittelwert

- Herzfrequenz in einer Deviation

  a) für Kurzzeit-Irreg.:  IRR : o.75 Sek. &  REF : 12 Sek. Mittelwert

Die Anzahl der Nulldurchgänge (Schnittpunkte) ergibt sich aus dem

Zähler S und die Irregularitätsfläche als Summe $\dfrac{Z_j \times j}{\text{Anz. spls pro sec}}$ (j=1,,2o)

## 6.4.    Wehendruckverarbeitung

Anhand der berechneten Parameter soll der Verlauf der Wehendruckkurve rekonstruierbar sein. Dazu wird der Kurvenverlauf
rein quantitativ beschrieben, d.h. es wird auf eine Typologie
der Wehen verzichtet. Form und Größe  sollen aus den berechneten Parametern ableitbar sein. Im  Algorithmus wird keine zusätzliche, externe Information verwendet, insbesondere nicht
die Herzfrequenz.

Die Wehendruckkurve ist glatt und stetig. Außerdem weichen
die Wehen nur in einer Richtung vom Basaltonus ab - im Unter-
schied zu den Deviationen der Herzfrequenz. Deshalb ist sowohl
die Logik der Wehenerkennung einfacher, als auch deren Qualität besser.

Diagramm 22 .     CTG-Analyse : Teil C (Wehendruckverarbeitung)

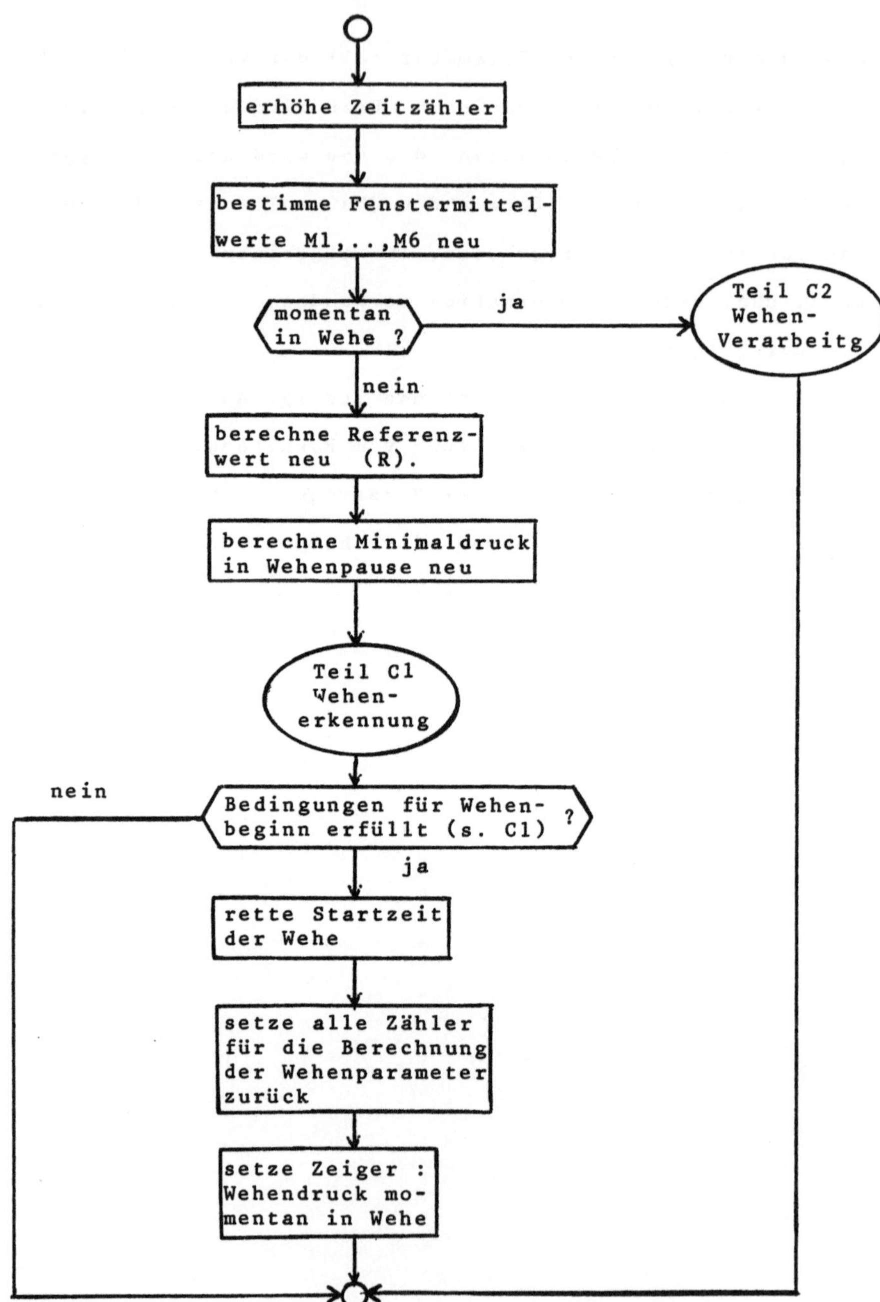

## 6.4.1. Basaltonusverarbeitung (Wehenerkennung)

Die wesentliche Aufgabe der Verarbeitung ist die Erkennung
von Wehenanfang und Ende, d.h. die Zerlegung der Kurve in
Basaltonusabschnitte und in Wehen. Dafür werden auch hier
verschieden lange, gleitende Fenstermittelwerte verwendet
(digitale Filter), die miteinander und mit einem Referenzwert verglichen werden (siehe Teil C1).
Auf Wehenanfang wird entschieden, wenn die Steigung der Kurve
einen Grenzwert überschreitet. Dies ist der Fall, wenn alle
3 in Teil C1 angegebenen Startbedingungen gleichzeitig erfüllt
sind. Falls nicht auf Wehenanfang entschieden wird, werden
Referenzwert und 'minimaler Basaltonuswert' entsprechend dem
neuen Druckwert verändert.

Diagramm 23 .      CTG-Analyse : Teil C1   (Wehenerkennung)

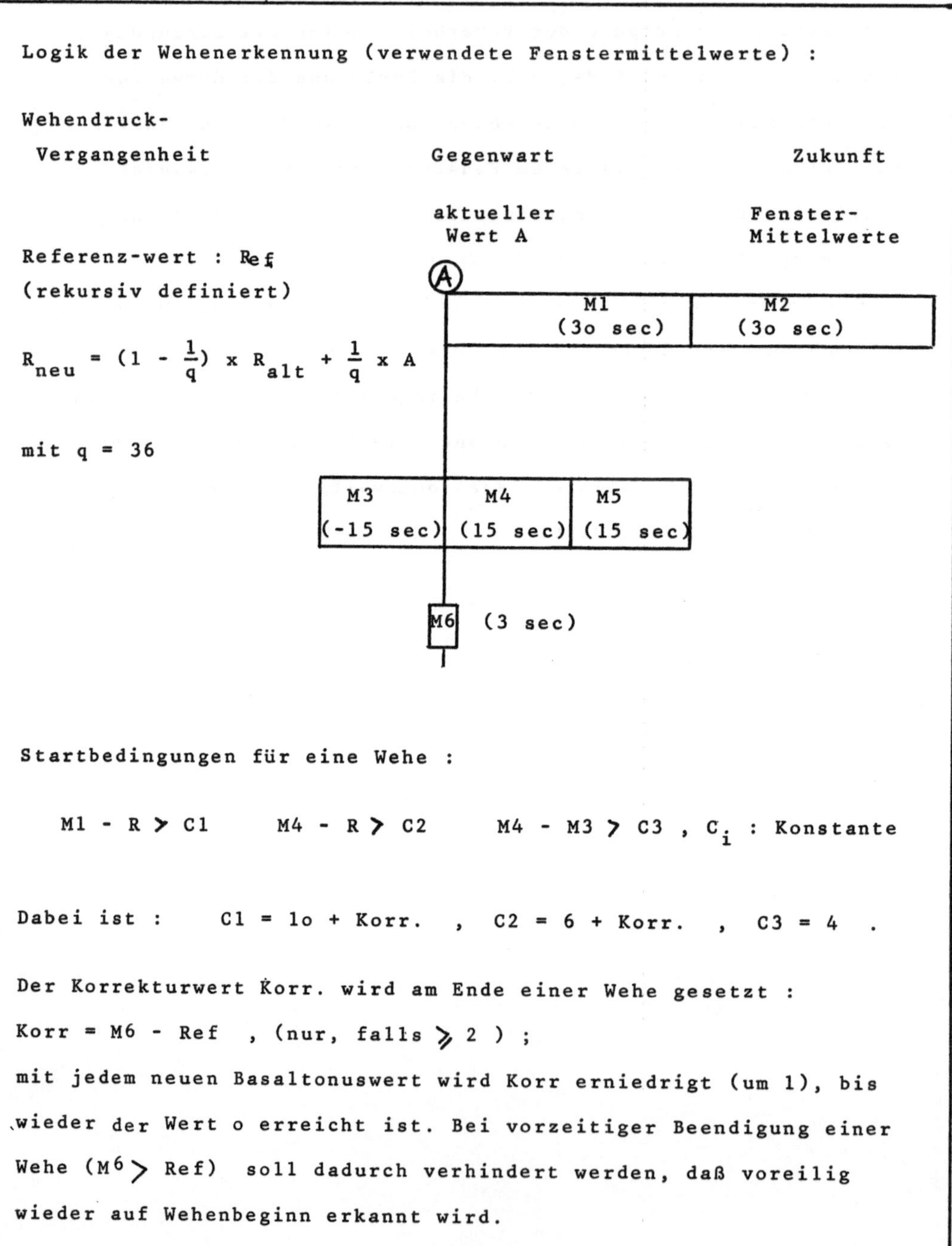


$$R_{neu} = (1 - \frac{1}{q}) \times R_{alt} + \frac{1}{q} \times A$$

Startbedingungen für eine Wehe :

$M1 - R > C1$      $M4 - R > C2$      $M4 - M3 > C3$ , $C_i$ : Konstante

Dabei ist :     C1 = 1o + Korr.   ,   C2 = 6 + Korr.   ,   C3 = 4   .

Der Korrekturwert Korr. wird am Ende einer Wehe gesetzt :

Korr = M6 - Ref   , (nur, falls $>$ 2 ) ;

mit jedem neuen Basaltonuswert wird Korr erniedrigt (um 1), bis

wieder der Wert o erreicht ist. Bei vorzeitiger Beendigung einer

Wehe ($M^6 >$ Ref)  soll dadurch verhindert werden, daß voreilig

wieder auf Wehenbeginn erkannt wird.

## 6.4.2. Wehenverarbeitung

In diesem Teil werden zum einen die Parameter berechnet, mit denen die Wehe beschrieben werden soll, zum anderen wird auf Wehenende geprüft.

Zu den beschreibenden Wehenparametern gehören Dauer und Fläche, unterteilt in den Wert links und rechts des Maximums, sowie diese Amplitude selbst (siehe 6.5.).

Für die Entscheidung, ob das Ende der Wehe erreicht ist, werden Hilfsparameter verwendet,die auch von der Form der momentanen Wehe abhängen. Eine minimale Wehendauer von 15 Sekunden wird vorausgesetzt. Um eine mögliche Basaltonusverschiebung aufzufangen, folgt der Referenzwert (Basaltonus) leicht dem Wehenverlauf.

Bevor auf Wehenende geprüft wird, muß ein Schwellwert WS unterschritten werden. Dieser wird am Wehenanfang auf den Basaltonuswert gesetzt und mit zunehmender Dauer der Wehe erhöht.

Das Wehenende selbst wird nur durch Mittelwertvergleich ermittelt. Damit wird der Zeitpunkt festgestellt, an dem die Kurvensteigung in die Waagrechte abknickt.

Diagramm 24 .        CTG-Analyse : Teil C2 (Wehenverarbeitung)

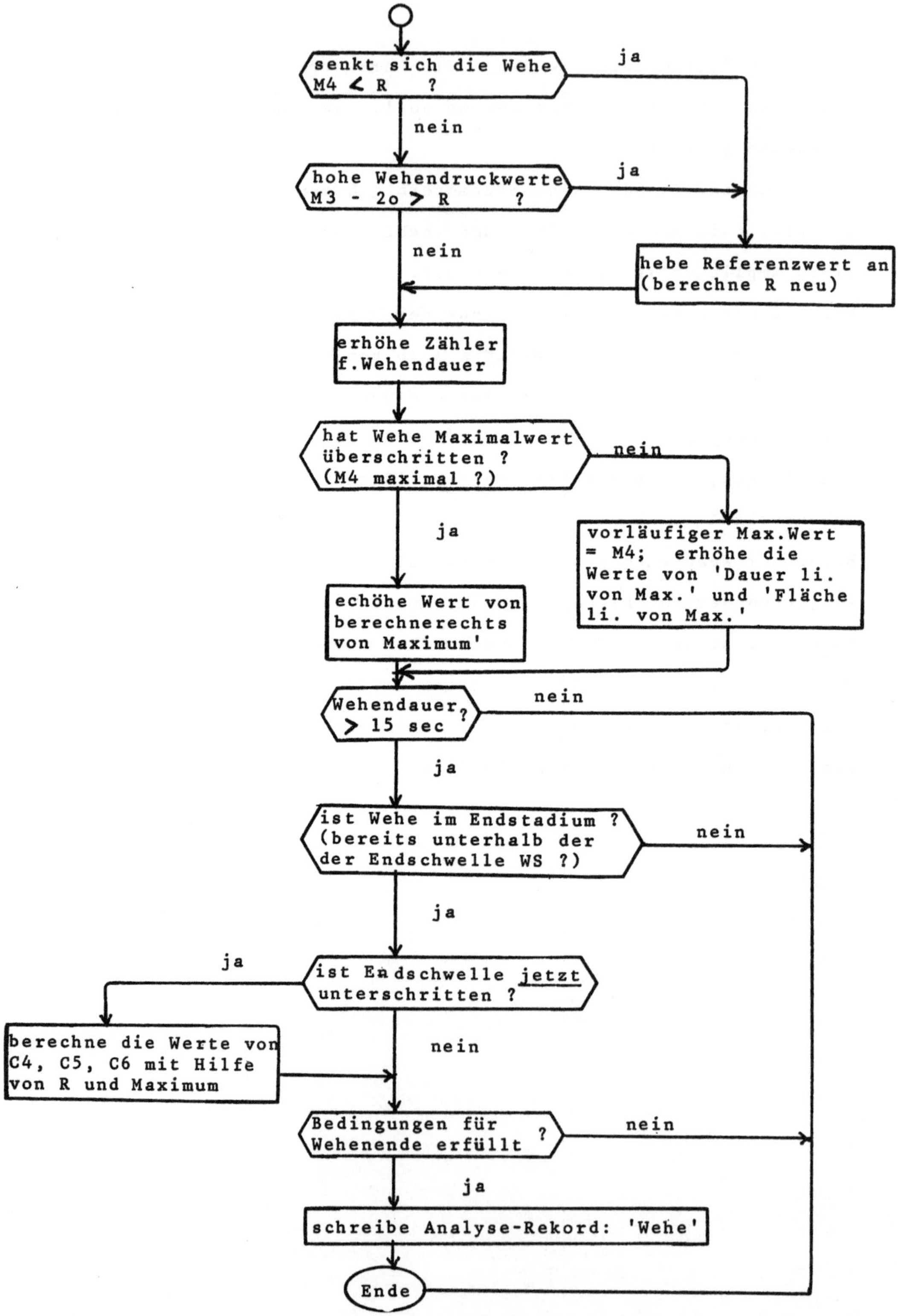

Diagramm 25 .      CTG-Analyse : Teil C2   (Wehenverarbeitung)

Bedingungen für Wehenende:

damit auf Ende der Wehe <u>geprüft</u> wird, müssen 2 Bedingungen
erfüllt sein :
- Wehendauer $>$ 15 sec   und
- momentaner Wehenwert (M6) liegt unterhalb eines Schwellwertes WS,
  der mit zunehmender Wehendauer erhöht wird:
  WS = M3 + Wehendauer (in sec) / 1.5   , d.h. nach 15 sec liegt
  der Schwellwert WS um 1o mmHg über dem Wert vor Wehenbeginn.

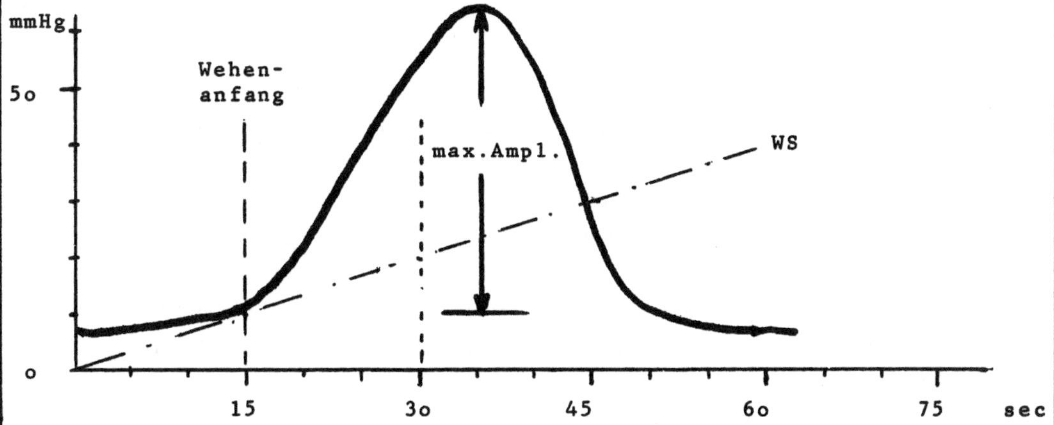


Auf Ende der Wehe wird erkannt, wenn die folgenden Bedingungen
für die Fenstermittelwerte erfüllt sind   (für $M_i$ siehe Teil C1) :

  M4 - M5 $<$ C4      M4 - M2 $<$ C5      M6 - M4 $<$ C6   , $C_i$ : Konstante

Die Konstanten $C_i$ werden für jede Wehe neu berechnet und sind
abhängig vom Referenzwert und dem Wehenmaximum.
Der Referenzwert wird zur Prüfung auf Wehenende nur am Rande
verwendet, um den Einfluß einer Basaltonusverschiebung zu
unterdrücken.

C4 = max.Ampl. / 2o   ,  jedoch mindestens 2 ;

damit werden C5 und C6 festgesetzt auf :

C5 = C4 + 2  ,   C6 = C4 + 1

## 6.5.    Verwaltung der Ereignisse

Da das einzelne erkannte Ereignis wenig aussagekräftig ist,
sondern der Verlauf der Herzfrequenz interessiert, wird in
der Datei der Ereignisse auf selektive Zugriffsmöglichkeit
verzichtet. Mit dem ersten Start der CTG-Rohdatenaufnahme
werden auf der Systemplatte auch 2 Spuren für die sequentielle Speicherung der Ereignisparameter reserviert. Bei
Bedarf wird diese sequentielle Bettfile um jeweils eine Spur
erweitert. Aus Sicherheitsgründen ist dabei die Anzahl der
Speicherspuren auf 7 beschränkt (es wurden bisher noch nicht
mehr als 2 Spuren benötigt; fast immer genügt sogar nur
eine Spur).

### 6.5.1.  Dateistruktur der erkannten Ereignisse

Auf Spur 1o1 der Systemplatte befinden sich die CTG-Daten-
Verwaltungen für alle 16 Betten. Für jedes Bett sind dazu
128 Worte (2 Sektoren) reserviert (s. 5.2.1.). Die Adresse
dieser Verwaltung wiederum erhält man aus dem cpu-speicher-
residenten Zeiger für die es Bett (s. 3.2.2.).
Der zweite Teil der CTG-Daten-Verwaltung für Bett i (64 Worte)
enthält die für Auswertung und Ereignisspeicherung relevan-
ten Adressen.
In den ersten 3 Worten steht die Plattenadresse des nächsten
CTG-Rohdaten-Rekords, der von der Auswertung zu bearbeiten ist.
Darauf folgen 4 Worte, die die Speicheradresse für die nächste
Parametergruppe in der sequentiellen Ereignisdatei beschreiben.
Alle für die Ereignisspeicherung verwendeteten Datenspuren
werden danach aufgezählt. Das Ende der Verwaltung bilden die
Zähler für die verschiedenen Ereignistypen.
In den Datenspuren selbst werden die Ereignisrekords fortlau-
fend geschrieben. Jeder solche Rekord enthält die Typnummer des
Ereignisses, die laufende Nummer für diesen Typ und die Uhrzeit
des Eintretens des Ereignisses. Zusammen damit wird eine Anzahl
von ereignisbeschreibenden Parametern gespeichert. Da die Zahl
der Parameter vom Typ abhängt (o bis 1o), ist die Rekordlänge
variabel.

Tab. 15 .          CTG-Analyse : Teil D (Verwaltung von Auswertung
Verwaltung der CTG-Rohdaten für ein Bett;          und Ereignisdaten)
enthält die Adressen der auszuwertenden Rohdatenrekords auf Platte (s. Tab.lo.).

| | |
|---|---|
| Spur-Nummer | Adresse von nächstem CTG-Rohdaten-Rekord, der von der Auswertung zu bearbeiten ist |
| Sector-Nummer (gerade) | |
| Adresse des Spurnummernwortes der momentan verwendeten Spur (=Wort 1) (Spurnummern stehen in Sector 1; s.5.2.1.) | |
| Spur-Nummer | Adresse in Ereignis-datei für die Speicherung von der nächsten Parameter-gruppe |
| Sector-Nummer (gerade) | |
| Offset im Sector (=Wortadresse des nächsten freien Wortes) | |
| Adresse des Spurnummernwortes (relativ zu Wort 7 : 1-7) | |
| Spurnummer 1 | für die Speicherung der Ereignisparameter verwen-dete Spuren; Spur 1 und 2 werden beim Start der CTG- ˜tenaufnahme reserviert, Spur 3 bis 7 dynamisch bei Bedarf |
| Spurnummer 2 | |
| ⋮ | |
| Spurnummer 7 | |
| -1  (charakterisiert das Ende der Spurnummernverwaltung) | |

| |
|---|
| Zähler für die verschiedenen Ereignistypen |

Tab. 16 . Format eines Ereignisrekords (Datenfeld). Die Parametergruppen für
die erkannten Ereignisse werden fortlaufend gespeichert. Das Datenfeld eines
Rekords besteht aus dem Typ, der laufenden Nummer, der Zeit sowie beschreibenden Parametern für dieses Ereignis.

| | |
|---|---|
| Rekordlänge  (= n+6) | |
| Rekord-Typ (: lool,loo4,loo5,3oo2,3oo4,3oo6,3oo8 ; s.D1) | |
| laufende Nummer dieses Typs | |
| Zeitwort 1      (Stunde, Minute) | Uhrzeit des Ein-tretens dieses Ereignisses |
| Zeitwort 2      (Sekunde, Zenti-Sekunde) | |
| Wert für Parameter Nr. 1 | beschreibende Parameter für dieses Ereig-nis (n=o-lo; s.D2) |
| ⋮ | |
| Wert für Parameter Nr. n | |
| Rekordlänge  (= n+6) | |

## 6.5.2.  Zugriff auf die Datei der Ereignisdaten

Die Formatierung und Speicherung der Ereignis-Rekords wird
vom Report-Manager (REMGR) übernommen. Dieses Unterprogramm
der Auswertung hat Zugriff auf alle in der Auswertung verwendeten Parameter. Beim Aufruf wird die Bettnummer sowie der
Ereignistyp übergeben.
Als Ereignisse gespeichert werden die Verwaltungsmeldungen
'Auswertung begonnen, suspendiert oder beendet', 5 Minuten
Herzfrequenz auf der Basislinie sind verstrichen, sowie die
Meldungen über das Ende einer Akzeleration, einer Dezeleration
oder einer Wehe.
Entsprechend der Bedeutung des Ereignisses werden mit Hilfe
der Programmvariablen beschreibende Parameter berechnet
und zusammen mit Uhrzeit und Typ als Rekord in der entsprechen-
den Ereignisdatei angehängt. (Für die Bedeutung der beschrei-
benden Parameter siehe Teil D2).
Falls der Speicherplatz erschöpft ist, wird eine neue Datenspur reserviert.
Anschließend wird die Verwaltung auf den neuesten Stand gebracht.

Tab. 17 .  CTG-Analyse : Teil $D_1$  (von der Auswertung erkannte Ereignisse)

Vom Analyseprogramm (CTGIN) werden folgende Meldungen an den Report Manager (REMGR) gemacht :

| Typ | Bedeutung der Meldung | Aktion von Report-Manager : schreibe Rekord (ja/nein) | Anzahl der beschreibenden Parameter |
|---|---|---|---|
| 1oo1 | (Wieder-) Start der Auswertung | ja | o |
| 1oo2 | Zeitmarke : 1 min verstrichen | nein | - |
| 1oo3 | Zeitmarke : 5 min verstrichen | nein | - |
| 1oo4 | Suspendierung der Auswertung | ja | o |
| 1oo5 | Ende der Auswertung | ja | o |
| 3oo1 | 1 min auf Basislinie verstrichen | nein | - |
| 3oo2 | 5 min auf Basislinie verstrichen | ja | 9 (s. $D_2$) |
| 3oo3 | Beginn Akzeleration | nein | - |
| 3oo4 | Ende Akzeleration | ja | 1o (s. $D_2$) |
| 3oo5 | Beginn Dezeleration | nein | - |
| 3oo6 | Ende Dezeleration | ja | 1o (s. $D_2$) |
| 3oo7 | Beginn Wehe | nein | - |
| 3oo8 | Ende Wehe | ja | 6 (s. $D_2$) |

Tab. 18 .  CTG-Analyse :  Teil D2 (Bedeutung der beschreibenden Parameter)

| | 5 min Basislinie | Ende einer Akz. | Ende einer Dez. | Ende einer Wehe |
|---|---|---|---|---|
| 1 | Basislinie: Mittelwert in 5 min<br>in bpm | Dauer der Akz.<br><br>in sec | Dauer der Dez.<br><br>in sec | Dauer der Wehe<br><br>in sec |
| 2 | Anzahl NDG/min<br>der Irreg.(STI) | Mittelwert HF<br>bei Beginn (M7)<br>in bpm | Mittelwert HF<br>bei Beginn (M7)<br>in bpm | min. Druck<br>vor der Wehe(M6)<br>in mmHg |
| 3 | mittl.Fläche/min<br>der Irreg.(STI)<br>in bpm x sec | max.Amplitude<br>während Akz.<br>bpm ($|M7-Ref|$) | max.Amplitude<br>während Dez.<br>bpm ($|M7-Ref|$) | max. Druck<br>während Wehe<br>mmHg ($|M6-Ref|$) |
| 4 | Anzahl NDG/min<br>der Irreg.(LTI) | Abstand von Max.<br>rel.zu Beginn<br>in c.sec | Abstand von Max.<br>rel. zu Beginn<br>in c.sec | Abstand von Max.<br>rel. zu Beginn<br>in c.sec |
| 5 | mittl.Fläche/min<br>der Irreg.(LTI)<br>in bpm x sec | Fläche li.v.Max.<br>der Akz.<br>in bpm x min | Fläche li.v.Max.<br>der Dez.<br>in bpm x min | Fläche li.v.Max.<br>der Wehe<br>in mmHg x min |
| 6 | keine Irreg. STI<br>$|\Delta|$= o-1<br>in % der Dauer | Fläche re.v.Max.<br>der Akz.<br>in bpm x min | Fläche re.v.Max.<br>der Dez.<br>in bpm x min | Fläche re.v.Max.<br>der Wehe<br>in mmHg x min |
| 7 | ob.Byte \| unt.Byte<br>wenig \| mittlere<br>$|\Delta|$=2-5 \| $|\Delta|$=6-1o<br>Irreg. (STI)<br>in % der Fläche | Anzahl NDG/min<br>der Irreg.(STI) | Anzahl NDG/min<br>der Irreg.(STI) | |
| 8 | keine Irreg. LTI<br>$|\Delta|$= o-1<br>in % der Dauer | mittl.Fläche/min<br>der Irreg.(STI)<br>in bpm x sec | mittl.Fläche/min<br>der Irreg.(STI)<br>in bpm x sec | |
| 9 | ob.Byte \| unt.Byte<br>wenig \| mittlere<br>$|\Delta|$=2-5 \| $|\Delta|$=6-1o<br>Irreg. (STI)<br>in % der Fläche | keine Irreg.STI<br>$|\Delta|$ = o-1<br>in % der Dauer | keine Irreg. STI<br>$|\Delta|$ = o-1<br>in % der Dauer | |
| 1o | | ob.Byte \| unt.Byte<br>wenig \| mittlere<br>$|\Delta|$=2-5 \| $|\Delta|$=6-1o<br>Irreg. (STI)<br>in % der Fläche | ob.Byte \| unt.Byte<br>wenig \| mittlere<br>$|\Delta|$=2-5 \| $|\Delta|$=6-1o<br>Irreg. (STI)<br>in % der Fläche | |

### 6.5.3.  automatischer Bericht

Im Anschluß an die Speicherung des Ereignis-Rekords wird
überprüft, ob auf einem der angeschlossenen Dialoggeräte
dieses neue Ereignis ausgegeben werden soll.
Die automatische Berichterstattung wird vom Benutzer über
einen speziellen Dialog angefordert. Dadurch wird ein geräte-
bezogener Zeiger im cpu-Speicher gesetzt und ein spezielles
CTG-Trendprogramm als momentanes Ausgabeprogramm für dieses
Dialoggerät markiert (s. 3.2.1.). Der Zeiger enthält die
Nummer des Bettes, von dem zukünftige Meldungen ausgegeben
werden sollen,sowie die Nummer der nächsten freien Zeile
auf dem zugehörigen Fernsehmonitor. Bit 15 dieses Zeigers
wird als Ereignis-marker verwendet. Dieses bit wird vom
Report-Manager ggf. gesetzt (, d.h. wenn ein ausgabewürdiges
Ereignis festgestellt und die ereignisabhängige Berichter-
stattung auf einem Dialoggerät angewählt wurde).
Geprüft wird das Ereignisbit vom Monitorprogramm STATU
(s. 3.3.2.), welches das Trendausgabeprogramm (Dialogprogramm) ruft. Dieses schreibt den Bericht über die neuesten
Ereignisse (von Platte) ¬ die nächsten freien Zeilen des
Fernsehmonitors.(Das Programm könnte ggf. ein Risiko-
scoring übernehmen).
Danach wird das Ereignisbit wieder zurückgesetzt.
Je nach Anzahl der Ereignisse pro Zeit enthält der Bildschirm dann die Beschreibung der Ereignisse der letzten
15 bis 30 Minuten.
Im Moment wird damit akkurat über die exakten Werte der berechneten Parameter berichtet (s. Beispiel unten).
Nach einer statistischen Untersuchung dieser Parameter (s. 8.3.)
kann diese ereignisabhängige Berichtausgabe (=<u>Beschreibung</u>)
für eine automatische <u>Bewertung</u> des CTG-Verlaufs (= Aussage
über den Zustand des Feten) verwendet werden. (37, 45, 73)

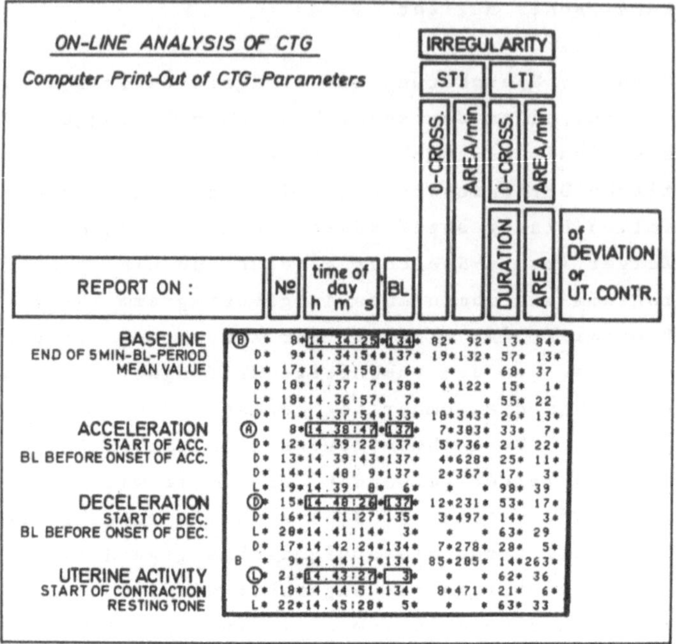

Abb. 11. Format der automatischen Berichtausgabe auf einen FS-Monitor.
Über jedes vom Programm erkannte Ereignis (Basislinie, Akzeleration, Dezele-
ration oder Wehe) wird in einer Zeile berichtet. Ausgegeben werden Typ des
Ereignisses, laufende Nummer, Startzeit sowie berechnete Parameter.

Diagramm 26 .      CTG-Analyse : Teil D3 (Report manager (REMGR);
                                    Unterprogramm der Auswertung)


REMGR wird gerufen von der Auswertung; übergeben wird dabei
der Typ der Meldung und die Nummer des Bettes.

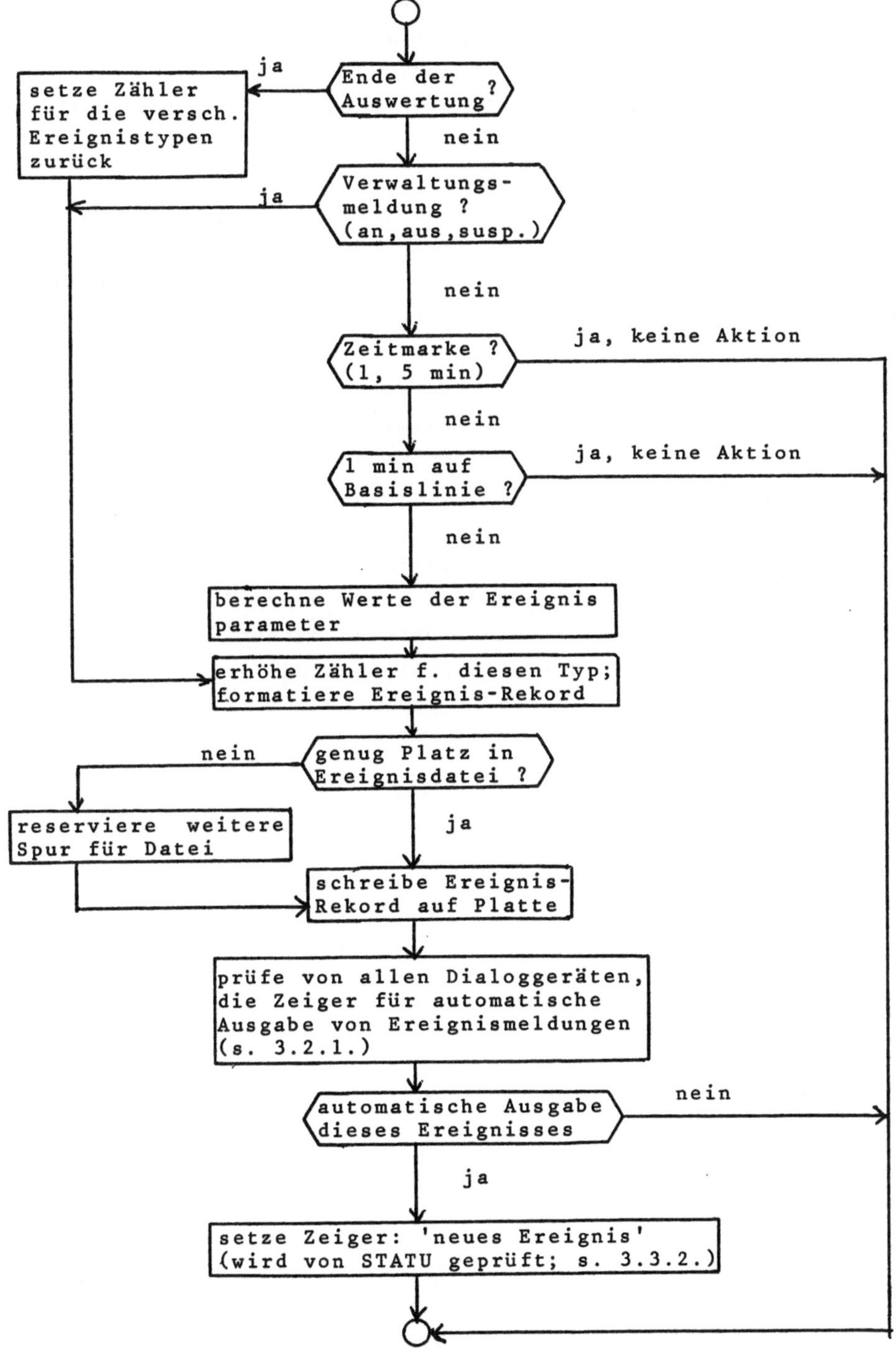

# 7.    Datenwiedergabe

Die Aufnahme, Verarbeitung und Verwaltung der aufgenommenen
Daten im Informationssystem soll auch der Entscheidungshilfe
im Kreißsaal dienen. Deshalb muß ein Benutzer des Systems selektiv auf die einzelnen Befunde zugreifen können. (Damit ist
auch die Änderung von Befunden möglich).
Zur schnellen Information im Kreißsaal können auch Zusammenstellungen von Befunden auf einem FS-Monitor angefordert werden
( -sowohl als Bericht, als auch in Verlaufsform).
Das System dient weiter zur sukzessiven Erstellung des Geburtsblattes. Bei Entlassung der Patientin aus dem System wird
diese Dokumentation auf Papier ausgegeben (dies ist auch während
der Entbindung möglich). Diese beinhaltet außer dem Arztbrief,
der an den einweisenden Arzt versandt wird, und dem Geburtsblatt,
je 1 Verlaufsblatt, in dem die Untersuchungsbefunde dokumentiert
werden (Partogramm), und ein CTG-Diagramm, das in reduzierter
Form über den Verlauf des CTG's informieren soll.
Nach Entbindung der Patientin wird der vollständige Datensatz
über eine Datenübertragungsleitung auf ein Archivsystem überspielt und dort auf Magnet ¬ndern gespeichert.
Im Archiv- und Forschungssystem werden aus dieser CTG-Datei auf
Magnetband Dateien abgeleitet. Diese Dateien dienen dem Wiederfinden einer Patientin und der Statistik über die gesammelten
Daten.

Tab. 19 .
Datenwiedergabe : Art und Zweck

| Befundausgabe (auf FS-Monitor) | Einzelbefund | Lesen eines Befundes |
| | | Ändern eines Befundes |
| | | Löschen eines Befundes |
| | Zusammenstellung von Befunden | automat. Bericht (CTG) |
| | | Ausgabe auf Wunsch |
| Dokumentation (auf Papier) | Arztbrief | für einweisenden Arzt |
| | Geburtsblatt Partogramm CTG-Diagramm | Verwendung in der Wochenstation und aus rechtlichen Gründen |
| Datenübertragung (auf Magnetband) | Langzeit-Archiv | Datensicherung |
| | Aufbau von Dateien | CTG-Datei |
| | | Geburtsblatt-Datei |
| | | Statistik-Datei |

## 7.1. Datenwiedergabe im Dialog

Hiermit wird die Wiedergabe aller eingegebenen Befunde an den
Dialoggeräten ermöglicht. Der Benutzer kann dabei von allen
Befundbereichen,zu denen Eingaben möglich sind,die Textausgabe
der Befunde anfordern. Damit kann man von allen Dialoggeräten
aus auf die einzelnen Befundwerte jeder Bettfile selektiv zugreifen. Für einzelne Befundbereiche ist es möglich, Verlaufskurven anzufordern. Diese beschreiben den zeitlichen Verlauf
eines Befundtyps (z.B.: Untersuchungsbefunde).

### 7.1.1. Einzelbefunde

Der selektive Zugriff auf die einzelnen Befundwerte ist sowohl
als Entscheidungshilfe für den Benutzer (Lesen eines Befundes)
gedacht, als auch zur Korrektur von falschen Werten.
Im Gegensatz zum Lesen eines Befundes ist das Ändern eines Wer-
tes oder das Löschen eines Befundes nur von dem Dialoggerät aus
möglich, das im betreffenden Kreißsaal installiert ist (- bei
den virtuellen Betten nur über die Dialoggeräte in der Zentrale).
Ausgehend vom Ursprung des Dialogbaums ('BEGIN') ist jeder Befundbereich bereits mit der ersten Eingabe von Steuerparametern
angewählt. Um schneller auf die einzelnen Befunde zugreifen zu
können, ist der angewählte Bereich in bis zu 12 Befundtypen zerlegt. Diese Typen werden im Kopf der Wiedergabeform angegeben.
Am unteren Rand der Wiedergabeform wird nach den Steuerparametern gefragt. Bei Befundtypen, die sich wiederholen können, haben die Steuerparameter die Form :     (Beispiel 1 : Medikation)
 -1 ( ; TYP)   gebe vorhergehenden Befund
  o ( ; TYP)   gebe nächsten Befund
  n ( ; TYP)   gebe Befund Nr. n           des gewünschten TYP's aus
128 ( ; TYP)   gebe letzten Befund
Die Eingabe des Befundtyps kann wegfallen; dann bezieht sich die
Befundnummer auf den zuletzt spezifizierten TYP. Außerdem entfällt
die Typangabe bei den Bereichen 'vag.Untersuchung' und 'Varia
Mutter', da im ersten Fall der Bereich nur aus einem Typ besteht
und im zweiten Fall der Bereich zu vielfältig ist.
Bei Befundtypen ohne Wiederholmöglichkeit (Beispiel 2 : Geburtsbefund) genügt es, zum Lesen des Befundes  nur den Typ anzugeben.

Tab. 2o . Befundausgabe auf FS-Monitor (Lesen/Ändern/Löschen).
Selektiver Zugriff auf die gespeicherten Befunde zum Lesen oder zur Korrektur.
Im Kopf der Wiedergabeform werden Name und Gliederung des Bereiches wieder-
gegeben.

Beispiel 1

```
BETT 6   MEDIKATION MUTTER      16. 4/16/3/78
MUELLER,MARIA         26/1/-1
T    1 INFUSION 2 ANTIHYPERT. 3 ANTIBIOTIKA
 Y   4 SEDATIVA 5 SONSTIGE MD 6 NARKOSE
  P 7 LOKAL/LEITUNGS-ANAESTH.
=ID====BESCHREIBUNG===EINGABEDATUM===KEN ==


3;  1 ANTIBIOTIKA      15.59/16/ 3/78 121
BINOTAL(AMPIC)          G
     IV               5.oo


7;  1 EPIDURAL-ANAES 16. 3/16/ 3/78 121
CARBOSTESIN      KONZ.(%)      M-L
 + ADREN              .5o         1o
======




-99;ID: LOESCHE;  -5o;ID;X: AENDERE WERT.  X
-1/o/x/128(;TYP): AUSGABE VON
VORHERG./NAECHST./X-TER/LETZTER EINGABE:
```

Kopf der
Wiedergabeform

Bereich 1Medikation' ist
unterteilt in 7 Typen.

Wiedergabefeld
(die ältesten ausgegebe-
nen Zeilen werden über-
schrieben)
Befundkopf,
Beschreibung,
Parameterwerte

Steuerung der Wiedergabe

Beispiel 2

```
BETT 6     GEBURTSBEFUND      16.52/16/ 3/78
MUELLER,MARIA        26/ 1/-1
T    1 EINLEITUNG 2 GEB.DAUER  3 KINDSLAGE
 Y   3 GEB.MODUS  5 NACHGEBURT 6 NS/EIHAUT
  P 7 VERLETZGN  8 KIND:REIFE 9 MASSE/APG.
   1o KOPFMASSE 11 REANIMAT. 12 KRANKHEIT
=ID====BESCHREIBUNG===EINGABEDATUM===KEN==

GESCHLECHT/REIFE          16.48/16/ 3/78 121
  8;1  GESCHLECHT  : MAENNL.
  8;2  VERNIX      : WENIG
       HODEN       : DESCENDIERT
       FINGERNAEGEL : UEBERRAGEN
       UEBERREIFE  : NEIN
       WOLLHAARE   : WENIG
       FETTPOLSTER : WENIG
  8;3  REIFEGRAD   : REIF CLIFF o
======




-5o ; ID: AENDERE BETR. WERT /
TYP(;KIND): GEBE WERTE AUS :
```

Kopf der
Wiedergabeform

Bereich 'Geburtsbefund'
ist unterteilt in
12 Typen.

Befundkopf,
Beschreibung u. Werte
der Befundparameter

Wiedergabefeld

Steuerung der Wiedergabe

Der mittlere Teil des FS-Monitors ist für die Ausgabe der Befunde
reserviert. Der gewünschte Befund wird in die nächsten freien
Zeilen geschrieben (- die ältesten ausgegebenen Zeilen werden
dabei überschrieben). Die Wiedergabe der gespeicherten Parameterwerte geschieht durch Ausgabe eines Befundkopfes, beschreibenden Text  zur Erläuterung der Parameterwerte und  durch die
Werte  selbst.
Der Befundkopf besteht aus einem Befund-ID, dem Befundnamen,
der Eingabezeit und der Kennzahl des eingebenden Untersuchers.
Das Befund-ID hat die Form :       TYP ; n    (s. Bsp. 1,2).
Dieses ID ist zum Löschen und Ändern eines Befundes notwendig.
Der letzte auf den FS-Monitor ausgegebene Befund kann gelöscht
werden durch Eingabe von :       -99 ; ID     .(Löschen ist nicht
erlaubt bei Befundtypen ohne Wiederholung).
Durch Eingabe von :                -5o ; ID    wird die Änderung
des entsprechenden Befundes eingeleitet. Die Frage nach dem
spezifizierten  Wert wird neu gestellt und auf die veränderte
Eingabe des Benutzers gewartet.
Nachdem die Wiedergabe eines Befundbereiches angewählt ist,
bewegt man sich in einer Wiedergabeschleife. Diese kann man
durch Eingabe von 'BEGIN' ·ieder verlassen.

7.1.2.    Zusammenstellung von Befunden (auf FS-Monitor)

Mit Zusammenstellungen über den zeitlichen Verlauf von Be-
funden soll ein Benutzer über den momentanen Zustand einer
Patientin und die Vorgeschichte unterrichtet werden.
Im Fall der CTG-Ereignisse wird in Textform über den Verlauf
des CTG berichtet (s.6.5.3.). Wenn diese Zusammenstellung
angefordert ist, wird der Bericht mit jedem neuen erkannten
Ereignis (d.h. automatisch) ergänzt.
Andere Verlaufskurven enthält das Partogramm, das über den
Geburtsfortschritt im Lauf der Zeit informiert. Muttermundsweite, Tiefertreten des fetalen Kopfes, sowie Portiolänge
und Rotation des Kopfes werden in Kurvenform dokumentiert
(s. 7.2.3.). Diese Ausgabe auf einen FS-Monitor kann ein
Benutzer jederzeit im Dialog anfordern.
Ebenfalls auf FS-Monitor erhältlich sind die Verlaufskurven
der mütterlichen Vitalparameter (Puls, Blutdruck, Temperatur).
Eine andere Form der Zusammenstellung ist die Momentaufnahme,
mit der über den aktuellen Wert verschiedener Parameter informiert wird. Ein Beispiel dafür ist der unten wiedergegebe-
ne Aufnahmebefund, der d   geburtshilflichen Basisdaten mit
 der Patientenbeschreibung bei Kreißsaaleintritt kombiniert.

Tab. 21 . Zusammenstellung  von geburtshilfl. Basisdaten und Aufnahmebefund.

```
BETT 6      AUFNAHMEBEFUND      15.41/16/ 3/78
MUELLER,MARIA        26/ 1/-1

1;1  1-PARA,  2-GRAV.                         geburtshilfliche
2;1 4o.SSWO.+ o TAGE                          Basisdaten

=3;1===3;2===3;3===3;4===3;5=========3;6=     Termine
VORL.P. L.P KONZ. TEST+ 1.K.B HEUTE   E.T.
§§/§§  9/ 6 21/ 6 25/ 7  2/11 16/ 3 16/ 3

  §§§§ ! o !    12     46     146    280     280     SS-Tage      ⟩ Basis =
  §§§-3 ! o !   1 5    6 4    2o 6   4o o    4o o     SS-Wo+Tage   ⟩ L.P.

  §§§-3   o o   1 5    6 4    2o 6   4o o !4o o       SS-Wo+Tage   ⟩ Basis =
   §§§§     o     12     46     146    280 ! 280      SS-Tage      ⟩ E.T.

==4;1=========4;2===========4;3======4;4=
GROESSE       GEWICHT       LEIB.UMF.  VATER         mütterl. Basisdaten
  168 CM    54.o/ 66.o KG    62/1o4 CM   28 J

5;1  EINWEISUNGSGRUND
SPONT.WEH.BEG,

-5o;ID : AENDERE/ o: AUSGANG :
```

## 7.2.    Dokumentation

Eine weitere Aufgabe des Systems ist die Dokumentation aller
Entbindungen. Diese Dokumentation besteht aus den Beschrei-
bungen von :
1.) dem Zustand der Patientin vor Kreißsaal-Eintritt, (s.1.3.2.)
2.) dem Aufenthalt im Kreißsaal (s. 1.3.3.), sowie
3.) dem Zustand von Patientin und Neugeborenem nach der Ent-
    bindung.
Alle Daten zu Punkt 1   und 3 (Befunde ohne Wiederholung) müs-
sen vor Entlassung der Patientin vollständig ausgefüllt werden.
Die Eingabe der zeitbezogenen Daten geschieht real-time im
Kreißsaal. Diese Eingabe ist fakultativ und ereignisabhängig
(Befunde mit Wiederholung).
Die vollständige Dokumentation einer Entbindung wird nur dann
ausgegeben, wenn die Daten zu Punkt 1 und 3 vollständig ein-
gegeben sind. Dies wird von einem Dialogprogramm überprüft.
Davon sind die Ausgabe von Anamnese und von dem Verlauf des
Kreißsaal-Aufenthaltes ausgenommen.
Die Dokumentation kann nur über die Dialoggeräte in der Zen-
trale angefordert werden, dem Standort der hardcopy-Ausgabe-
geräte. (aus Sicherheitsgründen).
Außer dem Geburtsblatt mit Anamnese, Entbindungsverlauf und
-beschreibung enthält die Dokumentation Verlaufsblätter über
die vaginalen Untersuchungsbefunde und die CTG-Ereignisse.
Auf Wunsch werden Arztbriefe ausgedruckt, die an den einweisenden Arzt geschickt werden.
Bei vollständigem Datensatz (s. Teil A) ruft dieses Dialogprogramm die entsprechenden Hintergrundprogramm für die Ausgabe auf (s. Teil B).
Diese Programme haben alle dieselbe Priorität (99) (; Ausnahme : Partogramm (1oo)); diese ist niederer als die der
Datenaufnahme, des Dialogs und der Auswertung. Deshalb behindert die Dokumentation nicht die real-time Aufgaben.
Dadurch, daß die Ausgabe über einen eigenen Laufbereich (BG)
abgewickelt wird, entsteht keine zusätzliche Belastung des
Betriebssystems.

Diagramm 27 . Prüfung des Datensatzes auf Vollständigkeit.
Dialogprogramm für die Anforderung der Patientendokumentation
Teil A : Prüfung des Datensatzes auf vollständige Eingabe.
Dieses Dialogprogramm kann <u>nicht</u> in den Kreißsälen aufgerufen
werden, sondern nur in der Zentrale, dem Standort der hardcopy-
Ausgabegeräte.

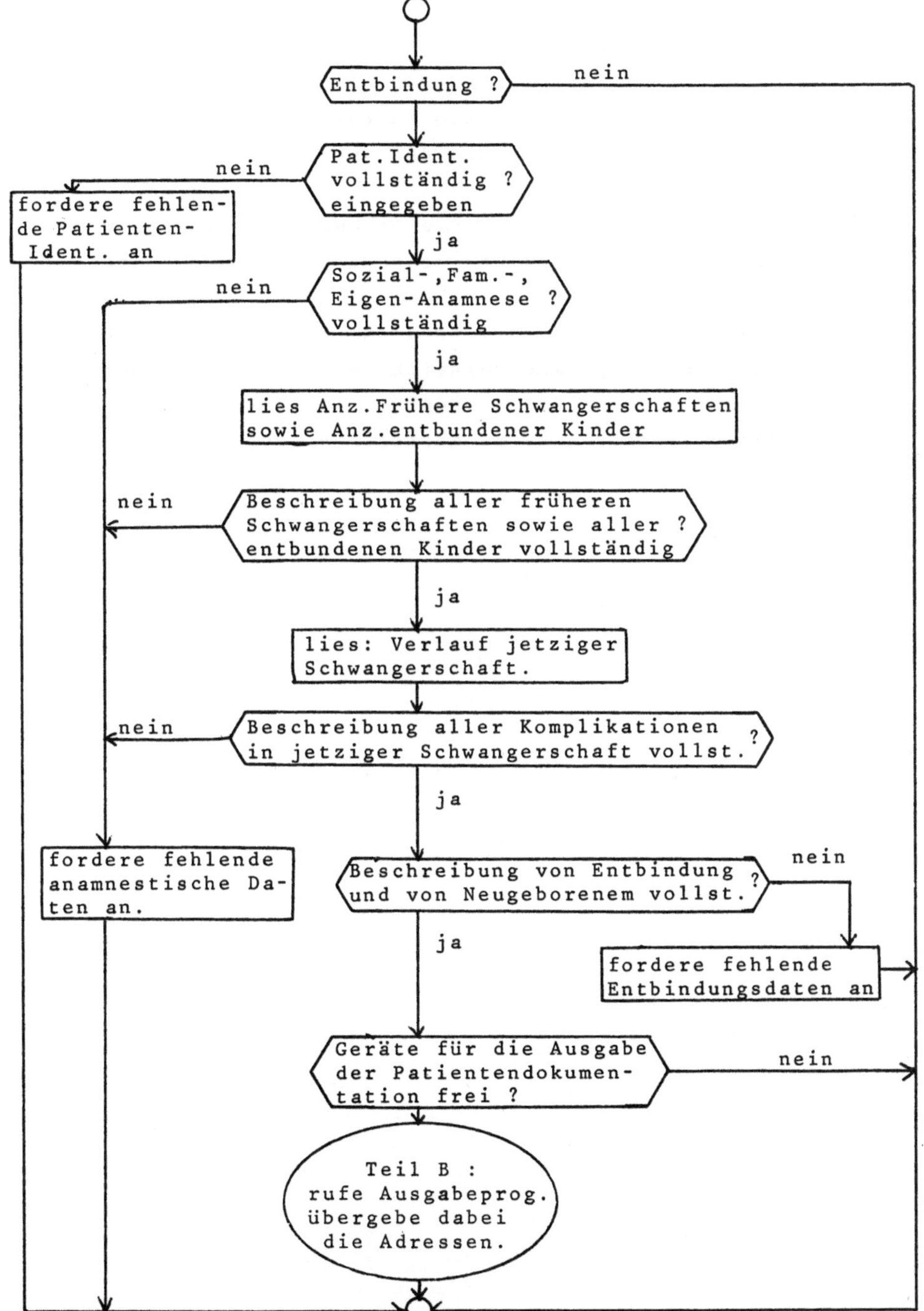

Die erste Handlung jedes Dokumentationsprogrammes besteht
darin :
1.  den Laufbereich (BG) exklusiv für dieses Programm zu
    reservieren; dadurch wird verhindert, daß die Programme
    untereinander konkurrieren (unnötiger Zeitverlust),  und
2.  die hardcopy-Ausgabegeräte
    - Zeilendrucker,
    - Zeichengerät und
    - Datenübertragungsleitung
    exklusiv für dieses Programm zu reservieren;
    dies verhindert ein Mischen der Ausgabe für verschiedene
    Betten.
Damit wird gewährleistet, daß die Dokumentationsprogramme
in der gewünschten Reihenfolge nacheinander abgearbeitet
werden.
(Die Dokumentationsaufgaben mußten aus Speicherplatzgründen
auf verschiedene Programme verteilt werden; bei genügender
Größe des Laufbereichs könnte Punkt 1 und 2 innerhalb eines
Ausgabeprogramms über interne Abfragen geregelt werden.).

Tab. 22 . Ausgabe der Patientendokumentation. Nachdem das Dialogprogramm den Datensatz auf Vollständigkeit geprüft hat wird die Dokumentation von mehreren Hintergrundprogrammen durchgeführt.

| angeforderte Dokumentation | gerufenes Prog. (Laufbereich, Priorität) | beim Aufruf an das Prog.Übergebene Parameter | (evtl.) Ruf an weiteres Prog. |
|---|---|---|---|
| Arztbriefe | BGWAZ   (BG, 97) | 1. Adr.v.Verwaltg Dialogdaten<br>2. 1   (lfde Nr)<br>3. Anz. Kinder bei der Entbdg<br>4. 1   (lfde Nr)<br>5. Anz. gewünschter Briefe | BGW2Z   (BG, 97) |
| Anamnese | BGWNA   (BG, 99)<br>BGWA1   (BG, 99)<br>BGWA2   (BG, 99)<br>BGWA3   (BG, 99) | 1. Adr.v.Verwaltg Dialogdaten | |
| Geburtsverlauf | BGWLP   (BG, 99) | 1. Adr.v.Verwaltg Dialogdaten | BGWFG   (FG, 97) |
| Beschreibung der Entbindung | BGW18   (BG, 99)<br>BGW28   (BG, 99)<br>BGW38   (BG, 99) | 1. Adr.v.Verwaltg Dialogdaten<br>2. 1   (lfde Nr.)<br>3. Anz. Kinder bei der Entbdg | |
| Kurzbericht über die Geburt | BGWo4   (BG, 99) | 1. Adr.v.Verwaltg Dialogdaten | |
| CTG-Ausgabe (Text) | BGW16   (BG, 99) | 1. Adr.v.Verwaltg Dialogdaten<br>2. Adr.v.Verwaltg Ereignis- " | |
| Partogramm | PARTO   (BG,1oo) | 1. Adr.v.Verwaltg Dialogdaten | AXPLT   (BG, 98) |
| CTG-Diagramm | BGWCT  .(BG, 99) | 1. Adr.v.Verwaltg Dialogdaten<br>2. Adr.v.Verwaltg Ereignis-" | BGWAX   (BG, 98) |
| Daten- übertragung | PATRA   (BG, 99) | 1. Adr.v.Verwaltg Dialogdaten<br>2. Adr.v.Verwaltg Biosignal-"<br>3. Bett-Nr. | PALET   (FG, 85) |

## 7.2.1.    Arztbrief

Diese Aufgabe wird von 2 Hintergrundprogrammen übernommen,
da der Laufbereich zu klein ist. Beim Aufruf wird die Adresse
der Bettfile auf Magnetplatte, die Anzahl Kinder bei dieser
Entbindung, sowie die Anzahl gewünschter Arztbriefe übergeben.
Das erste Programm übernimmt die Ausgabe des Briefkopfes, der
Patientendaten, sowie die Beschreibung des Neugeborenen. Die
Ausgabe der kindlichen Daten wird dabei entsprechend der Anzahl
entbundener Kinder wiederholt.
Das zweite Programm wird vom ersten gerufen und ist für die
Beschreibung der Entbindung zuständig.
Falls mehrere Arztbriefe gewünscht  werden, wird diese Schleife
entsprechend oft wiederholt.
Ausgegeben werden nur ausgewählte Minimaldaten von Schwangerer,
Entbindung und Neugeborenem. Ein Teil davon wird außerdem nur
ausgegeben, wenn die Werte von der Norm abweichen. Diese Para-
meter sind in der folgenden Aufzählung durch (+) markiert.
( s.: Beispiel eines Arztbriefes )


von der Patientin wird ausgegeben:
- Nachname, Vorname, Geburtsdatum, Straße, Nr, PLZ, Wohnort,
  Entbindungsdatum, SS-Woche+Tage bei Entbindung, Geburtenbuch-
  nummer (lfde Nr der Entbdg; hausintern), sowie maximal eine
  Zeile Klartext : Besonderheiten.

von jedem entbundenen Kind wird ausgegeben :
- Geschlecht, Länge, Gewicht, Percentile, Kopfumfang, 1', 5', lo'
  Apgar-Wert, Reifegrad (Clifford), Nabelschnur pH-Wert: arteriell
  und venös,
  Fruchttod (+), Verlegung in Kinderklinik (+), Krankheiten des
  Neugeborenen (+), Fehl/Mißbildungen (+).

die Entbindung wird beschrieben durch :
- die Art des Geburtsbeginns, die Lage des Feten, der Entbindungsmodus, die Indikation zur operativen Entbindung (+),
  Geburtsverletzungen, Nachtastung (+).

Tab. 23 . Patientendokumentation : Beispiel eines Arztbriefes.
Aus den gespeicherten Befunden wird auf Anforderung ein Brief zusammen-
gestellt, der an den einweisenden Arzt  geschickt wird. Dieser Brief enthält Minimaldaten von Schwangerer, Entbindung und Neugeborenem.

```
UNIVERSITAETS-FRAUENKLINIK           6900 HEIDELBERG, DEN   9. 9.83
DIREKTOR: PROF.DR.F.KUBLI                  VOSS-STR.9

  SEHR GEEHRTE FRAU KOLLEGA, SEHR GEEHRTER HERR KOLLEGE .

  WIR DANKEN IHNEN FUER DIE FREUNDLICHE UEBERWEISUNG IHRER PATIENTIN


  ███████████████████       * : 24. 7.55,  WOHNHAFT IN :
  =====================
  ██████  ████             11
  ██  ████████             , DIE AM   9. 9.83 IN DER 40.SSW.+ 4 TAGE

                           BEI UNS ENTBUNDEN HAT. GEB.BUCH NR:   917/83

SCHWANGERSCHAFTSKOMPLIKATIONEN :
HEPATITIS IN FRUEH SS/25.SSW BLUTUNGEN/TERMINUEBERSCHREITUNG

KIND 1 :
========

GESCHL:    WEIBL.       GROESSE   :    50 CM    GEWICHT    :     2730 G
           -----------            ----------               ----------
PERC.  :   5< P.< 10    KO UMFANG:   31.0 CM    APGAR-SCORE:   9/10/10
           -----------            ----------               ----------
REIFE  : UEBERREIF      NS-PH ART.:   7.33      NS-PH VENE :   7.39
           -----------            ----------               ----------
BLUTGR:                RH-FAKTOR :               W.A.R.    :
           -----------            ----------               ----------
KRANKHEIT:
           ----------------------------------------------------------
MISSBILDG:
           ----------------------------------------------------------
GEBURT      :
============

EINLEITG.: SPONTANER WEHENBEG.
           ----------------------------------------------------------
LAGE     : I. VO.HHL
           ----------------------------------------------------------
MODUS    : SPONTANGEBURT
           ----------------------------------------------------------
VERLETZG : MEDIANE EPISIOTOMIE
           ----------------------------------------------------------
WOCHE   :
========    KOMPLIZIERT/UNAUFFAELLIG    HB:         URICULT: POS/NEG
           -----------------------------------   ------       --------


           ----------------------------------------------------------

.................... (OBERARZT)  ..................... (ASS.ARZT)
```

7.2.2.    Geburtsblatt

Das Geburtsblatt besteht aus 3 Teilen : der Anamnese (einschließ-
lich Patientenidentifikation), dem Geburtsverlauf, sowie der
Beschreibung von Entbindung und Neugeborenem.
Zusätzlich ausgegeben wird ein Kurzbericht, der in wenigen
Zeilen schnell informiert.
Die Ausgabe von Anamnese und Patienten-ID wird von 4 Program-
men übernommen. Über den größten Teil der Anamnese wird nur
berichtet, wenn Komplikationen  oder Besonderheiten vorliegen.
Diese Punkte sind in der folgenden Aufzählung durch (+) markiert.

Patientenidentifikation und Minimaldaten :    (BGWNA)
- Nachname, Vorname, Mädchenname,
   Straße, Nr, PLZ, Wohnort, Telefon,
   Geburtsdatum, PLZ, Geburtsort,
   Heiratsjahr, Beruf, Kostenträger,
   Nachname, Vorname des Ehemannes (nächsten Angeh.),
   Blutgruppe, Rh-Faktor schwangere und Ehemann,
   Besonderheiten,
- Parität, Gravidität, SS-Woche+Tage bei Entbindung,
   Datum letzte Periode, è. ¬chneter Termin.

Sozial-, Familien- und Eigen-Anamnese :    (BGWA1)
- Nationalität, Art und Umfang einer Tätigkeit in der Schwanger-
   schaft (+),
- Familienanamnese (+) : Mehrlinge, Diabetes, Hypertonie, TB,
   Nerven/Gemütsleiden, Tumorerkrankungen, Mißbildungen, sonstiges.
- Eigenanamnese (+) : Infekte, Erkrankunken an Herz, Lunge,
   Magen/Darm, Leber/Galle/Pankreas, neurologische E., ortho-
   paedische, urolog., endokrine, venerische, haematologische,
   gynaekologische Erkrankungen.

Frühere Schwangerschaften und Kinder (+) :    (BGWA2)
- Datum der Entbindung, Komplikationen, Entbindungsmodus,
   Helfer, Lage des Feten, Gewicht, Geschlecht, Verlegung,
   Zustand des Kindes (heute).

Verlauf der jetzigen Schwangerschaft :     (BGWA3)
- Anzahl der Kontrollen während der Schwangerschaft,
- Pathologie in der Schwangerschaft (+) : EPH, Diabetes,
  Rh/ABo-Inkompatibiltät, Placenta-Insuffizienz, stationäre
  Hyperemesis, Blutungen, Harnwegsinfekt, Frühgeburtsbestre-
  bungen, Retardierungsverdacht, gynaekologisches Risiko,
  Terminunklarheit, sonstiges.

Die **Eingabe** der Anamnesedaten erfolgt im Dialog, wobei der
Untersucher durch die Fragenkataloge geleitet wird; der Ein-
gebende muß dabei alle Fragen beantworten (**nicht** fakultativ).
Dadurch,daß in der **Dokumentation** nur die Besonderheiten er-
wähnt werden, reduziert sich das Anamneseblatt im speziellen
Fall (meist) auf wenige Zeilen (Als Beispiel wurde aus Demon-
strationszwecken eine Patientin mit pathologischen Schwangerschaftsverlauf gewählt.).

Im zweiten Teil des Geburtsblattes werden in chronologischer
Form alle während des Kreißsaalaufenthaltes registrierten Ereignisse (Untersuchungen, Medikation,...) aufgeführt.
Für jeden eingegebenen Befund wird ein Befundkopf ausgegeben :
Eingabezeit (Stunde, Minute) und Name des Befundtyps.
Daran schließen sich 1-2 Zeilen Befundbeschreibung an :
aktuellér Wert der Parameter und deren Bedeutung.
Diese Aufgaben teilen sich 2 Programme. Die Kontrolle darüber
hat das Hintergrundprogramm (BGWLP) für die Ausgabe der Befundköpfe. Dieses durchläuft die zeitbezogene 'allg.Verwaltung'
der Rekord-Köpfe (s. 4.2.1.). Für jeden hier vermerkten Rekord wird
der Befundkopf ausgegeben und anschließend für die Ausgabe der Parameterwerte  das zweite Programm (BGWFG; Vordergrundprogramm)
gerufen. Diese Schleife wird für alle gespeicherten Rekord-
Köpfe wiederholt.

Den Schluß der Dokumentation bildet die Beschreibung von
Entbindung und Neugeborenem.
Es wird berichtet über:
- Modus des Geburtsbeginns und ggf. Indikation (falls nicht spontan),
  Wehendauer, Geburtsdauer, Lage des Feten,
  Entbindungsmodus und ggf. Indikation zur op. Entbindung,
  Placenta, Nabelschnur, Verletzungen (+),
  Beschreibung des Kindes : Reife, Maße, fetal outcome,
  Zustand des Kindes : Reanimation (+), Verlegung (+),
  Fruchttod (+), Krankeiten und Mißbildungen (+).
(Teile der Ausgabe entfallen (+), wenn die Datenwerte der Norm
entsprechen).

Diagramm 28 . Patientendokumentation : Ausgabe des Geburtsverlaufs.
Diese Aufgabe teilen sich 2 Programme : ein Hintergrundprogramm (BGWLP)
gibt die Befundköpfe aus und steuert die Wiedergabe der zugehörigen
Parameterwerte (Ruf an Vordergrundprogramm BGWFG).

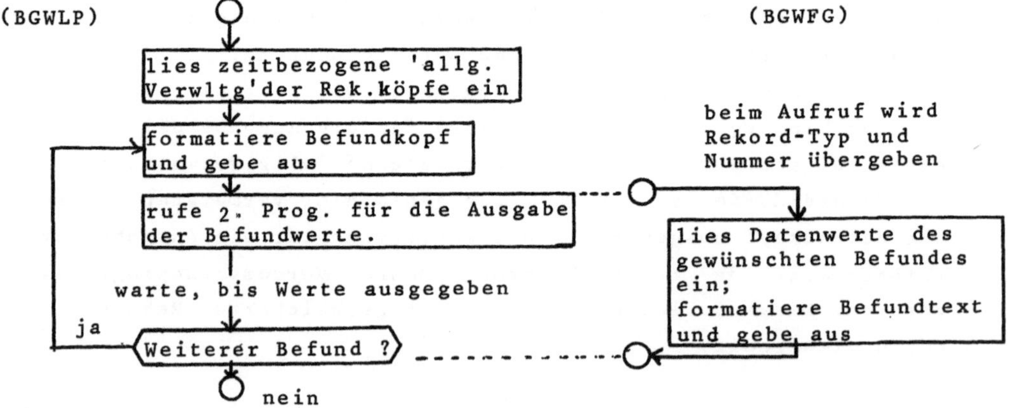

Tab. 24 . Patientendokumentation : Beispiel für ein  Anamneseblatt.
Nach Patientenidentifikation und geburtshilflichen Basisdaten werden
Sozial- Familien- und Eigenanamnese wiedergegeben. Dann folgen Befunde
über frühere Schwangerschaften und Kinder. Am Schluß wird über die
Pathologie in der jetzigen Schwangerschaft berichtet. Über die meisten
Punkte wird nur berichtet, wenn die Befunde von der Norm abweichen.

```
ANAMNESE    :      ██████████        GEB :  9/ 9/83  NR:   917/83

==========================================================================
FRAU:   ████████           ,████████
AUS :   ████████      ██, ████ ████████           TEL.:        0.
GEB.:   24. 7.1955      IN : 6901 ████████
VERH:       0           BERUF : GOLDSCHIEDIN       , KASSE: AOK
ARZT:   DR                        ,████████
AUS :   ████████████, 6900 HEIDELBERG ZIEGELHAU TEL.:         0.
BLGR:   A2        ,   POSITIV    ,  -         ,  -
KOMP:   HEPATITIS IN FRUEH SS 25 SSW BLUTUNGEN TERMINUEBERSCHREITUNG
PAR.:    0 / 1     SSWO = 40+ 4     LP = 28 / 11 / 82     ET =  5 /  9 / 83
==========================================================================

SOZIAL  --------------------------. ------------------------------------
        NATIONALITAET: DEUTSCH
FAM.    ----------------------------------------------------------------
        MEHRLINGE     :VATER ,        ,
EIGEN   ----------------------------------------------------------------
        INFEKTE   :   MASERN      , ROETELN     , WINDPOCKEN  , MUMPS
        LEBER/GALL:   HEPATITIS    ,            ,            ,
------------------------------------------------------------------------
        J E T Z I G E    S S
BETREU  ----------------------------------------------------------------
        10 X FACHARZT
------------------------------------------------------------------------
        S S    P A T H O L O G I E
--------------------------------------------------******* BLUTUNGEN    **
        DIAGNOSE  :   PLAC.PRAEV.MARGINAL.
        SCREENING : U.S.       ,
        STAT.AUFN.: VON  6,83    BIS  6,83
------------------------------------------------------------******* HARNWEGSINFEKT  **
        KLIN.SYMPT:   DRUCKEMPF.NIERENLAG.
        SCREENING : HARNSTATUS,URICULT
        STAT.AUFN.: VON  5,83    BIS  5,83
        THERAPIE  : ANTIBIOT. ,
************************************************************************
```

Tab. 25 . Patientendokumentation : Beispiel eines Geburtsblattes.
Die verlaufsbeschreibenden Befunde werden chronologisch aufgelistet.

```
GEBURTSVERLAUF :  ███████████████       GEB : 19.52 /  9/ 9/83  NR:   917/83

=============================================================================


 5.56 : AUFNAHME      +---------------------------+-------------------------
 8 59 : VERLEGT       +---------------------------+-------------------------
 9. 0 : CTG BEGINN    +---------------------------+-------------------------
 9. 0 : UNT.BEFUND    +---------------------------+-------------------------
                      !PORTIO: 1.0 CM, MITTEL, MITTEL, MM  2.0 / LS -4, SL  1
                      ! FRUCHTBLASE           :        KBS
 9. 1 : INFUSION      +---------------------------+-------------------------
                      !   GLUKOSE      5 %      500.00  M-L        -1  MIN
 9. 1 : INFUSION      +---------------------------+-------------------------
                      !   OXYTOCIN              1.00  M-E/MIN      -1  MIN
 9. 2 : URIN          +---------------------------+-------------------------
                      ! MENGE IN ML    (-: KATH) :           200.  ML
 9. 2 : BLUTDRUCK     +---------------------------+-------------------------
                      ! SYST./ DIASTOL. DRUCK    :       120 /  80    MMHG
 9. 2 : PULS          +---------------------------+-------------------------
                      !   PULS                   :            80.  /MIN
 9. 2 : TEMPERATUR    +---------------------------+-------------------------
                      !   TEMPERATUR             :          36.8   GRAD C
 9. 2 : VARIA         +---------------------------+-------------------------
                      !   .                      :      SEITENLAGE LI.
10. 6 : UNT.BEFUND    +---------------------------+-------------------------
                      !PORTIO: 0.0 CM, WEICH , ZENTR., MM  2.0 / LS -4, SL  1
10. 6 : FORTRAL       +---------------------------+-------------------------
                      !   FORTRAL      IM       30.00  M-G
10. 6 : BUSCOPAN      +---------------------------+-------------------------
                      !   BUSCOPAN     IM        2.00  M-L
11.20 : UNT.BEFUND    +---------------------------+-------------------------
                      !PORTIO: 0.0 CM, MITTEL, MITTEL, MM  3.0 / LS -4, SL  1
11.22 : DOLANTIN      +---------------------------+-------------------------
                      !   DOLANTIN     IM      100.00  M-G
13.29 : EPIDURAL A    +---------------------------+-------------------------
                      !   CARBOSTESI  + ADREN    .50  % KONZ.     20  M-L
14.13 : UNT.BEFUND    +---------------------------+-------------------------
                      !PORTIO: 0.0 CM, WEICH , ZENTR., MM  6.0 / LS -3, SL  1
15.19 : UNT.BEFUND    +---------------------------+-------------------------
                      !PORTIO: 0.0 CM, WEICH , ZENTR., MM  6.5 / LS -3, SL  1
16.10 : UNT.BEFUND    +---------------------------+-------------------------
                      !PORTIO: 0.0 CM, WEICH , ZENTR., MM  6.5 / LS -3, SL  1
16.10 : EPIDURAL A    +---------------------------+-------------------------
                      !   CARBOSTESI  + ADREN    .25  % KONZ.     10  M-L
16.39 : URIN          +---------------------------+-------------------------
                      ! MENGE IN ML    (-: KATH) :          -500.  ML
16.40 : MONZAL        +---------------------------+-------------------------
                      !   MONZAL       IV        1.00  AMP.
16.55 : UNT.BEFUND    +---------------------------+-------------------------
                      !PORTIO: 0.0 CM, WEICH , ZENTR., MM  6.5 / LS -3, SL  1
17.58 : CTG ENDE      +---------------------------+-------------------------
18.23 : BINOTAL       +---------------------------+-------------------------
                      !   BINOTAL      IV        5.00  G
18.32 : EPIDURAL A    +---------------------------+-------------------------
                      !   CARBOSTESI  + ADREN    .25  % KONZ.     10  M-L
18.32 : UNT.BEFUND    +---------------------------+-------------------------
                      !PORTIO: 0.0 CM, WEICH , ZENTR., MM  9.0 / LS  0, SL  1
18.33 : BLUTDRUCK     +---------------------------+-------------------------
                      ! SYST./ DIASTOL. DRUCK    :        90 /  60    MMHG
```

Tab. 25 / Teil 2 . Beispiel eines Geburtsblattes (Fortsetzung).

```
18.33 ! PULS        +--------------------------+--------------------------
                    !  PULS                    !          84.   /MIN
18.33 ! TEMPERATUR  +--------------------------+--------------------------
                    !  TEMPERATUR              !          37.5  GRAD C
18.40 ! URIN        +--------------------------+--------------------------
                    !  MENGE IN ML    (-! KATH)!         -50.   ML
19.10 ! UNT.BEFUND  +--------------------------+--------------------------
                    !PORTIO! 0.0 CM, WEICH , ZENTR., MM 10.0 / LS  1, SL  1
19.28 ! UNT.BEFUND  +--------------------------+--------------------------
                    !PORTIO! 0.0 CM, WEICH , ZENTR., MM 10.0 / LS  2, SL  1
19.46 ! UNT.BEFUND  +--------------------------+--------------------------
                    !PORTIO! 0.0 CM, WEICH , ZENTR., MM 10.0 / LS  4, SL  1
19.52 ! ENTBINDUNG  +--------------------------+--------------------------
22. 7 ! ENTLASSUNG  +--------------------------+--------------------------
                    +=========================+===========================
```

Tab. 26 . Patientendokumentation : Beispiel eines Entbindungsblattes.
Dieses Blatt enthält alle zustandsbeschreibenden Befunde, mit denen über die
Art der Entbindung sowie über das Neugeborene berichtet wird.

```
GEBURTSBEFUND  :  ███████████        GEB :  9/ 9/83  NR:   917/83

===================================================================

EINLTG  +--------------------------+----------------------------------
        !  MODUS                   : SPONTANER WEHENBEG. ,
DAUER   +--------------------------+----------------------------------
        !  WEHENBEGINN             :  7.30/ 9/ 9/83
        !  EP , AP , PP            : 12 H 12 MIN ,  0 H 10 MIN ,  0 H 10 MIN
LAGE    +--------------------------+----------------------------------
        !                          : I. VO.HHL
MODUS   +--------------------------+----------------------------------
        !  MODUS, ARZT, HEBAMME    : SPONTANGEBURT        VON : 111 , 184
PLAC.   +--------------------------+----------------------------------
        !  NACHGEB. PERIODE        :  0 H  5 MIN
        !  LOESUNG DER PLACENTA    : MEDIKAMENTE          , CORD-TRACTION
        !  DURCHM. , GEWICHT       :  20/ 21 CM   ,     500 G
        !  BESONDERH. PLACENTA     : INFARKTE             ,
N.S.    +--------------------------+----------------------------------
        !ART: PH,PO2,PCO2,BE,BIC:  7.33 ,   15.5 ,   41.7 ,  -3.6 ,   20.8
        !VEN: PH,PO2,PCO2,BE,BIC:  7.39 ,   23.9 ,   32.5 ,  -3.4 ,   20.9
        !  LAENGE , ANSATZ         :   58 CM , ZENTRAL
VERLETZ +--------------------------+----------------------------------
        !  DAMM/BLASE/REKTUM       : MEDIANE EPISIOTOMIE ,
REIFE   +--------------------------+----------------------------------
        !  GESCHLECHT , REIFE      : WEIBL.                  CLIFF 1
        !                          :          UEBERREIFE  , KEINE  VERNIX
        !                          : KEINE  WOLLHAARE   , WENIG  FETTPOLSTER
GROESSE +--------------------------+----------------------------------
        !  GROESSE,GEWICHT,PERC.:     50 CM ,   2730 G    5 < P. < 10
        !  1',5',10' APGAR         :  9, 10, 10
MASSE   +--------------------------+----------------------------------
        !  UMFANG SB FO MO         :  -.1,   31.0,   -.1
        !  DURCHM.SB BF BP FO MO:     -.1,   -.1,   9.5,   -.1,   -.1
REANIM. +--------------------------+----------------------------------
        !  RACHEN,MAGEN,TRACHEA    :  1 ML   2 ML   0 ML  ABGESAUGT
ZUSTAND +--------------------------+----------------------------------
        +==========================+================================
```

Tab. 27 . Patientendokumentation : Beispiel eines Kurzberichts.
Minimalinformation über Anamnese, Geburtsverlauf, Entbindung und Neugeborenes.

```
███████████           , 28 J  PARA/GRAV.:     0/ 1  SS-W :  40+ 4
GEB.NR.:  917/83                       L.P.  : 28/11/82 E.T. :  5/ 9/83
SSKOMPL: HEPATITIS IN FRUEH SS/25.SSW BLUTUNGEN/TERMINUEBERSCHREITUNG
GEBURT : 19.52/ 9/ 9/83            KIND  :  WEIBL.   REIFE: UEBERREIF
MODUS  : SPONTANGEBURT             GROESSE:   50 CM  NS-PH:  7.33/7.39
INDIK. :              ,            GEWICHT:  2730 G  APGAR:  9/10/10
VERLETZ: MEDIANE EPI.,             PERC.  :  5<P.<10
```

7.2.3.    Verlaufsblatt Untersuchungsbefunde

Dieses Verlaufsblatt (Partogramm) dokumentiert den mechani-
schen Geburtsfortschritt.  Dazu werden über der Zeitachse
die Werte der vaginalen Untersuchungen aufgetragen: zum einen
die Muttermundsweite - ansteigend von o bis lo cm, zum anderen
der Höhenstand des fetalen Kopfes - fallend von -4 bis 4 bei
Entbindung. Zusätzlich ist auf der Höhenstandskurve Zeitpunkt
und Art des Blasensprungs dokumentiert :   (12)
- VBS :        vorzeitiger
- SBS : für  spontaner   Blasensprung .
- KBS :        künstlicher
Durch die Symbole Si an den Markierungspunkten der Muttermunds-
kurve soll die momentane Stellung des fetalen Kopfes (und damit
die Rotation) wiedergegeben werden:  i in Si hat dabei den
Wert 1 bis 12, entsprechend der Stellung der kleinen Fontanelle
('Uhrzeit').
Jeweils eine der 6 waagrechten Hilfslinien - o,2,4,6,8,lo cm MM -
ist für einen Medikationstyp reserviert - Narkose, Lokal-Anaesthesie,
Analgetika/Sedativa, Antibiotika, Antihypertensiva und Infusionen-.
Durch vertikale Striche  uf diesen Linien wird dann angezeigt,
daß ein Medikament dieses Typs verabreicht wurde.  (6o)
Darüber wird der Verlauf einer Oxytocin-Infusion wiedergegeben.
Dazu ist in ausgewählten Kreißsälen ein an der Klinik entwickel-
ter automatischer Tropfenzähler installiert, der über den
Analog/Digital-Konverter an den Computer angeschlossen ist. (1)
Das Programm OXYT (s. 5.1.1.) liest die vom Gerät ermittelten
Infusionsmengen alle 2 Minuten ab und speichert die Datenwerte
wie Dialogdaten (Rekord-Typ : 39o).
Den Kopf des Verlaufsblattes bilden Patienten-Name und Minimal-
daten.

Tab. 28 . Patientendokumentation : Beispiel eines Partogramms. Dieses Verlaufsblatt kombiniert die vaginalen Untersuchungen mit der Medikation während der Geburt und  mit geburtshilflichen Minimaldaten von der Patientin.

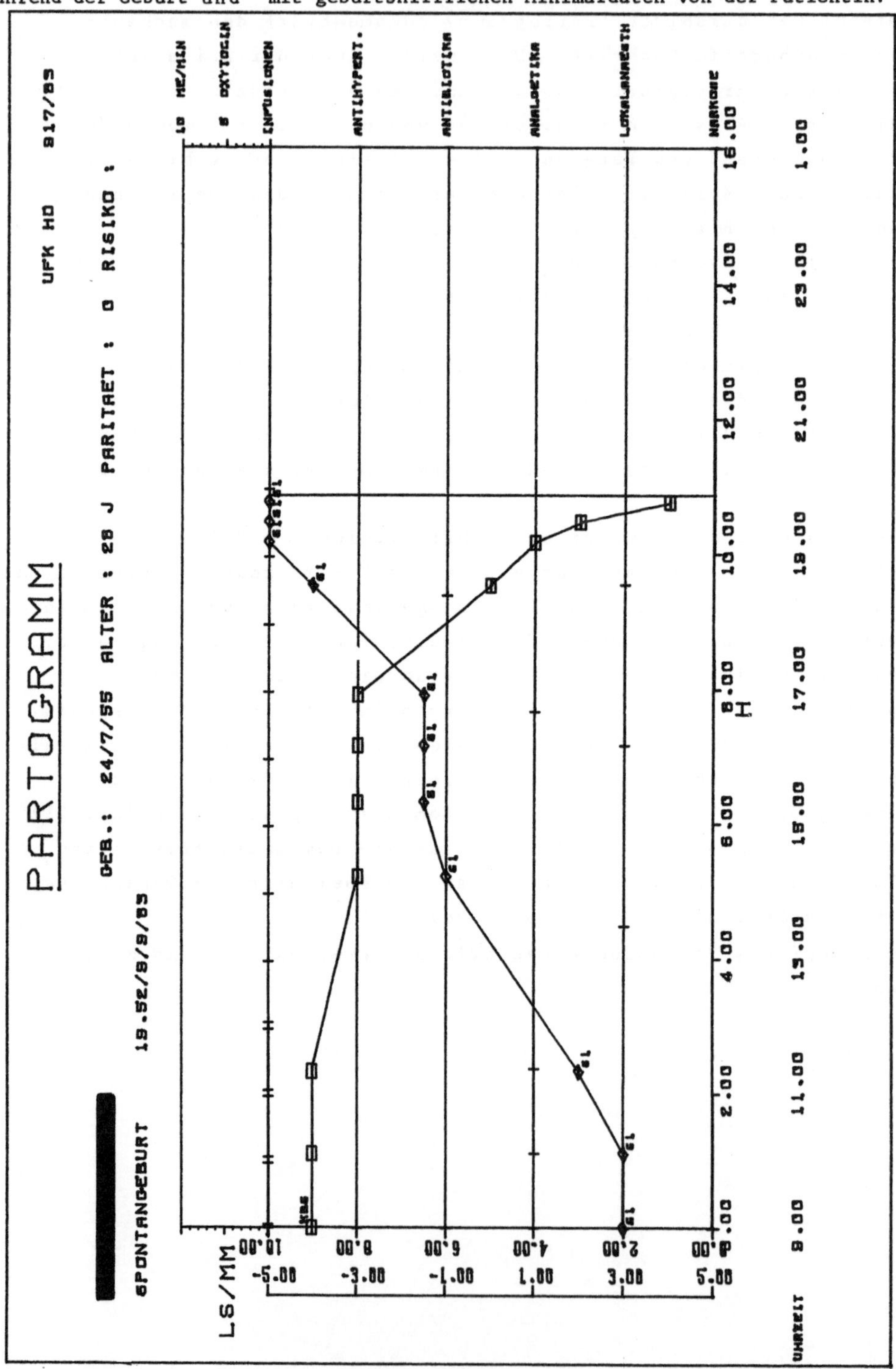

## 7.2.4.    Verlaufsblatt CTG-Ereignisse

Im CTG-Diagramm sollen die von der Auswertung erkannten Ereignisse anschaulich präsentiert werden. Man erhält damit eine
stark komprimierte Darstellung des Biosignal-Verlaufs.
Wiedergegeben werden im Diagramm die Ereignisse :
- 5 Minuten auf Basislinie (Basislinien-Einheit),
- Akzelerationen und Dezelerationen, sowie
- Wehen (einschl. Basaltonusverlauf).

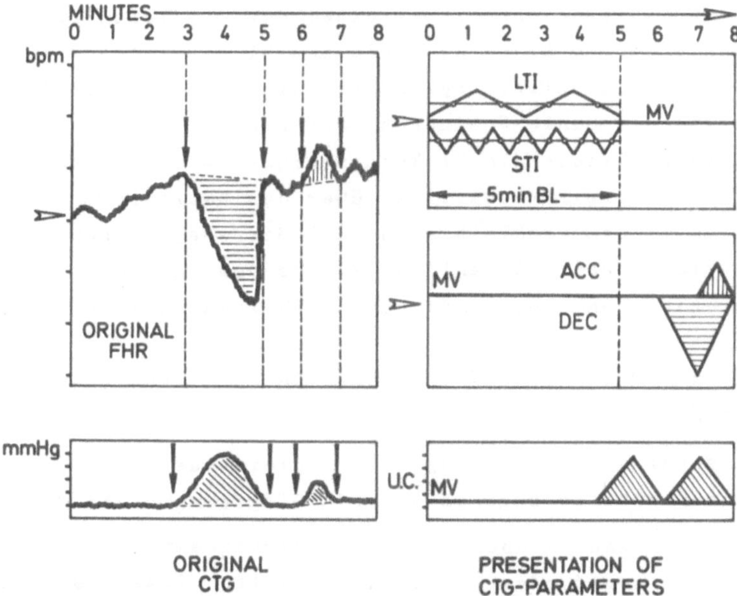


Abb. 12 . Datenreduktion : Präsentation der berechneten Parameter.
Die während einer Basislinieneinheit (linke Seite) berechneten CTG-
Parameter werden stilisiert wiedergegeben (rechte Seite) :
- eine waagrechte Linie charakterisiert das Basislinienverhalten,
  Höhe = Mittelwert der Herzfrequenz (MV) und
  Länge = Dauer der Basislinieneinheit (hier: 8 min.);
- die Zickzacklinie darüber (Länge: 5 min) beschreibt das Verhalten der
  Langzeit-Irregularität (LTI),
  Höhe = Irregularitätsfläche und
  Anzahl der Auf- und Abstriche = Anzahl Nulldurchgänge;
- die Zickzacklinie darunter beschreibt das Verhalten der Kurzzeit-Irregularität; (STI) in gleicher Weise;
- über bzw. unter dem verbleibenden Teil der waagrechten Linie werden die
  Akzelerationen bzw. Dezelerationen während der Basislinieneinheit
  beschrieben,
  Höhe = mittlere Fläche, Länge = Gesamtdauer und Anzahl;
- der Verlauf der Wehendruckkurve in dieser Zeit wird wiedergegeben durch
  den Basaltonus (MV) sowie Anzahl, Gesamtdauer und Gesamtfläche der Wehen.

Dazu wird das CTG in aufeinanderfolgende Basislinieneinheiten zerlegt. (15, 16)

Das Verhalten von Basislinie und Irregularität einerseits, von Dezelerationen und Akzelerationen andererseits, sowie von Basaltonus und Wehen wird stilisiert wiedergegeben (s. Abb. 12.).

Das Verhalten der Herzfrequenz während einer Basislinieneinheit wird dabei folgendermaßen charakterisiert :

Die Länge einer waagrechten Linie entspricht der Dauer der BL-Einheit (= 5 min + Dauer Dev.) und die Höhe dem Mittelwert der Herzfrequenz. Oberhalb dieser Strecke wird durch eine Zick-Zack-Linie die Langzeit-Irregularität repräsentiert : Spitze-Spitze-Abstand entspricht dabei der mittleren Irregularitätsfläche pro Minute ,   die Anzahl der Auf-und-Abstriche der Anzahl Nulldurchgänge pro Minute (s. 6.3.3.) und die Länge der Linie 5 Minuten Echtzeit.

Analog charakterisiert die Zick-Zack-Linie darunter das Verhalten der Kurzzeit-Irregularität über der Basislinie.

Über bzw. unter dem verbleibenden Teil der waagrechten Linie werden mittlere Dauer, Anzahl und Fläche der Akzelerationen bzw. Dezelerationen während der Basislinien-Einheit stilisiert wiedergegeben.

Basaltonus und Wehenverlauf innerhalb der BL-Einheit werden analog repräsentiert.

Die zusammengefügten Zeichnungen für aufeinanderfolgende Basislinien-Einheiten ergeben das CTG-Diagramm (s.Abb.13unten).

Dieses Diagramm kann - ebenso wie das Partogramm- im Kreißsaal jederzeit angefordert werden. Mit Hilfe dieser Darstellung können auf einem Blatt (s.Beispiel) lo Stunden CTG-Verlauf dargestellt werden, wofür im Original bei einer Papiergeschwindigkeit von 2 cm /min   12 Meter CTG-Papier benötigt werden.

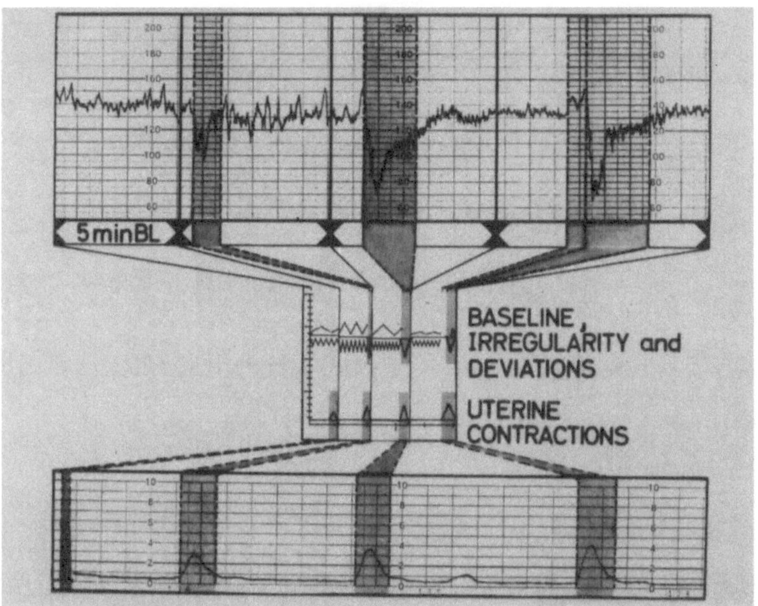



Abb. 13 . Datenreduktion : Zusammensetzung des CTG-Diagramms.
Reduktion der Biosignaldaten mit Hilfe der vom Programm berechneten Parameter. Die Herzfrequenzkurve wird vom Programm in aufeinanderfolgende
Basislinieneinheiten (hier: 4) zerlegt. Für jede dieser Einheiten wird
das Verhalten von Basislinie, Irregularität, Deviationen und Wehendruck
stilisiert wiedergegeben (s. Abb. 12.).

Tab. 29 . Patientendokumentation : Beispiel eines CTG-Diagramms. Diese
reduzierte Darstellung des CTG-Verlaufs präsentiert die von dem Auswertungsprogramm erkannten Ereignisse.

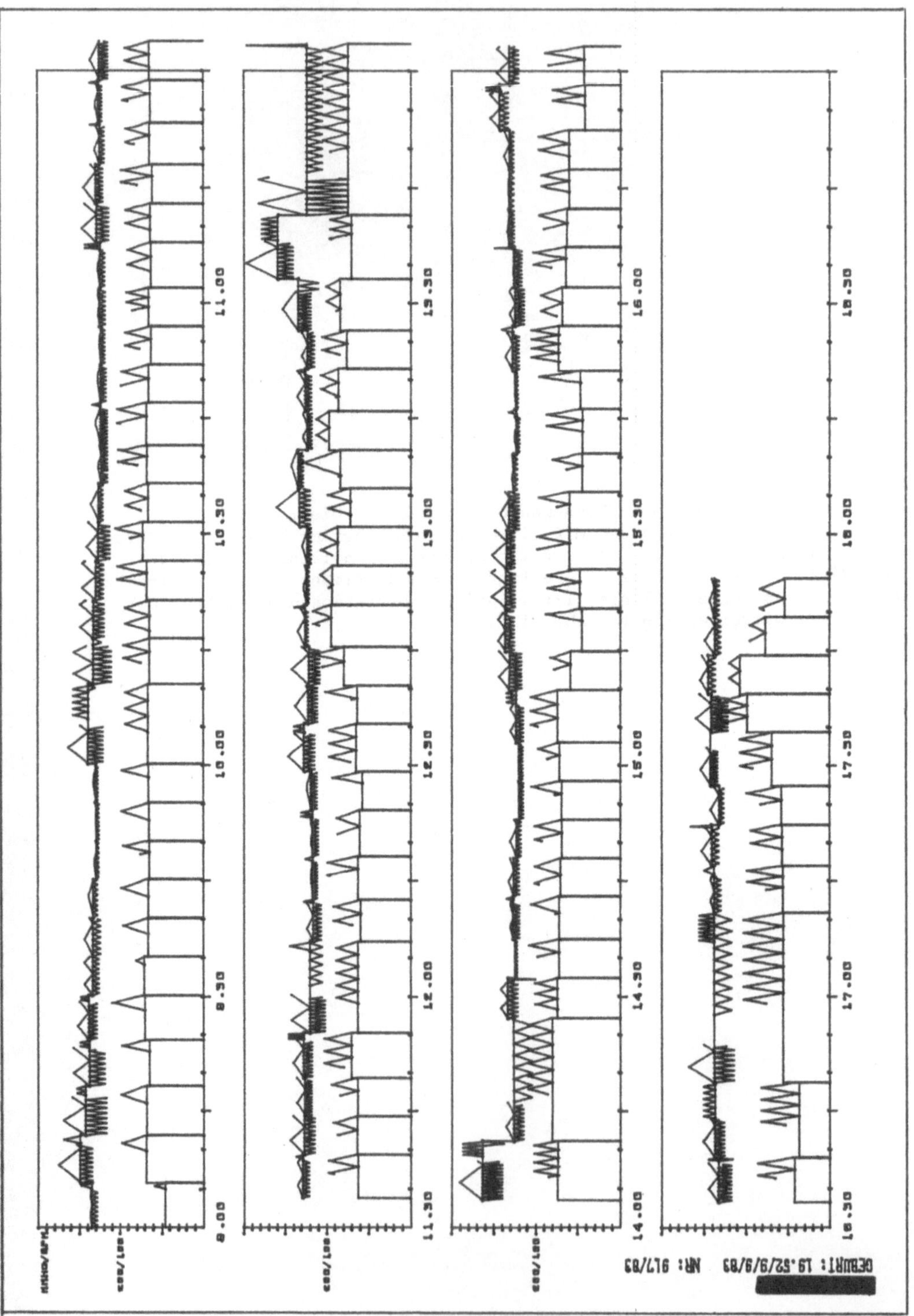

## 7.3.    Datenübertragung

Damit wird ein vollständiger Datensatz (s. 7.2.) einer entbundenen Patientin vom Kreißsaalsystem zum Archivsystem übertragen.
Die Patientin muß dazu vorher aus einem Kreißsaalbett in ein
'virtuelles' Bett (9-16) verlegt werden. Im empfangenden Archivsystem muß das Programm PAGET aktiv sein, das ein Magnetbandgerät für sich reserviert.
Der Datensatz wird in Portionen von jeweils 256 Byte übertragen.
Die Übertragungsgeschwindigkeit (seriell) beträgt dabei 34.4
KiloByte pro Sekunde.
Am Ende der Übertragung wird der Datensatz im Kreißsaalsystem
gelöscht. Dazu wird vom Übertragungsprogramm (PATRA) ein Vordergrundprogramm gleicner Priorität wie der Dialog gerufen. Dieses
gibt die zur Speicherung des Datensatzes verwendeten Speicherspuren wieder frei und setzt im cpu-Speicher die bettenbezogenen
Zeiger (s. 3.2.2.) zurück.
Die Übertragung eines Datensatzes wird wie die Dokumentation
im Dialog angewählt. Auf eine automatische Datenübertragung nach
Ausgabe der Dokumentation wurde aus folgenden Gründen verzichtet :
- überprüfe Datensatz v̇  Übertragung und korrigiere evtl.
  Datenwerte im Kreißsaal,
- bei Stromausfall und anschließendem Re-start in einem der
  Systeme  ist der momentane Zustand der Datenübertragung
  schwer rekonstruierbar.
- eine Datenübertragung behindert unnötig gleichzeitig ablaufende
  Aufgaben im Archivsystem.

Diagramm 29 .          Datenübertragung (Entlassung von Patientin aus System)

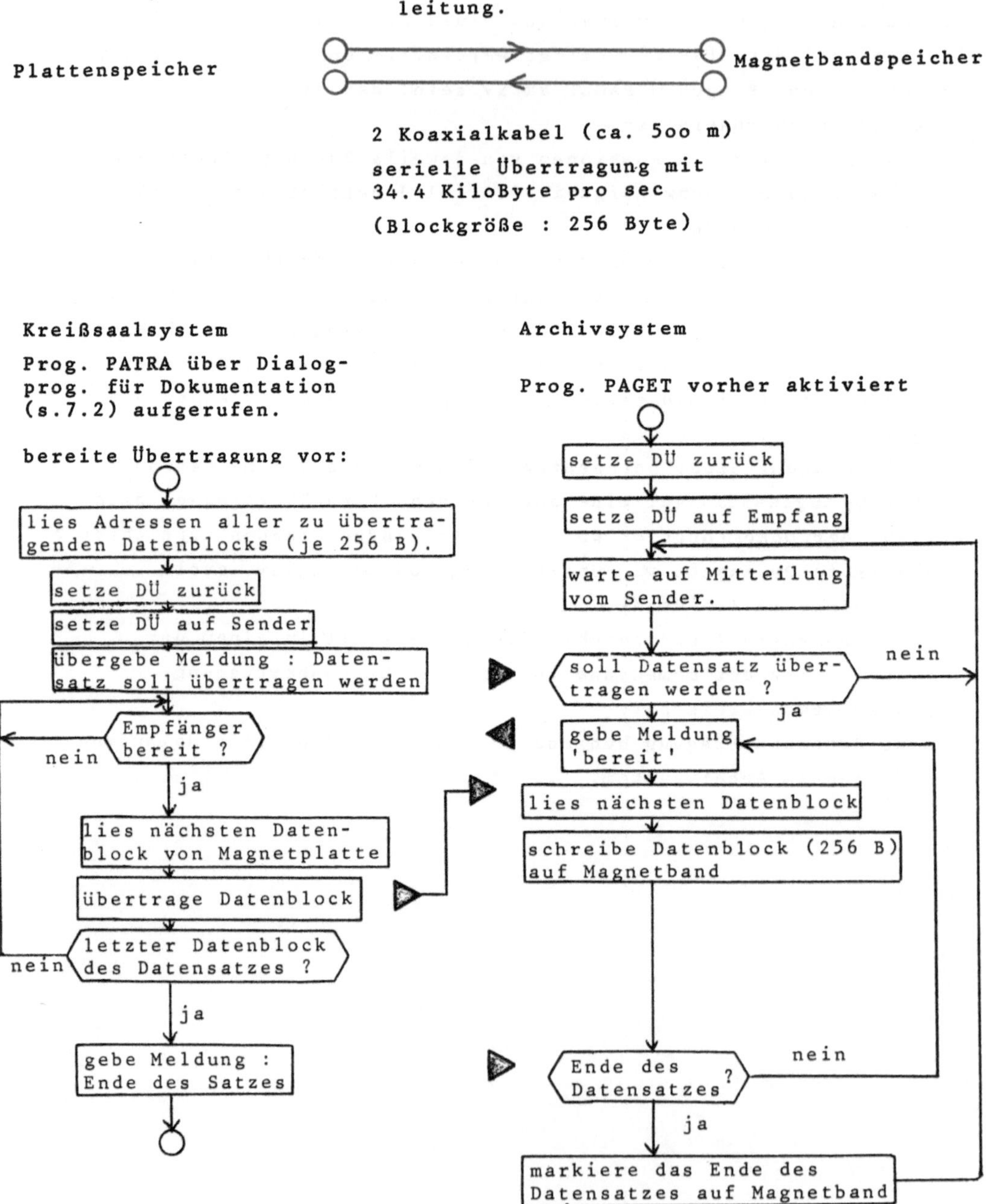


rufe Programm PALET :

PALET gibt den zur Speicherung
des Datensatzes verwendeten
Speicherplatz wieder frei.

## 8.    Dateien

Durch Überspielen der vollständigen Datensätze (s. 7.3.)
entsteht eine sequentielle CTG-Datei auf Magnetband.
Die Länge eines Datensatzes hängt dabei maßgeblich von der
Dauer des aufgenommenen CTG's ab, da alle CTG-Rohdaten zusätzlich zu den Dialogdaten und CTG-Ereignisdaten archiviert
werden. Ein Magnetband (24oo Fuß) enthält dann die Datensätze
von ca. 1oo Entbindungen.
Diese preiswerteste Form der Archivierung (DM o.25/Pat.) ist
jedoch nur zur langfristigen Datensicherung geeignet.
Deshalb wurde keine schnelle Zugriffsmöglichkeit implementiert.
Die    CTG-Datei auf Magnetband wird nur verwendet für Entwicklungsaufgaben, zum Rückschreiben des Original-CTG's, sowie
zur Erzeugung einer Geburtsblatt-Datei.
In der Geburtsblatt-Datei wird auf das Original-CTG verzichtet.
Anstelle des CTG's werden die von der Auswertung erkannten
Ereignisdaten verwendet. Dadurch reduziert sich der Speicheraufwand erheblich. Bei Verwendung derselben Speicherstruktur
wie im Kreißsaal ist es dann möglich,ca 14oo Datensätze auf
einer 5o MegaByte Wechselplatte unterzubringen. Dies entspricht
der Anzahl von Entbindungen in einem Jahr  (DM o.42/Pat.).
Deshalb wurde über eine kleine Wechselplatte (2.5 MegaByte)
ein schneller Zugriff auf Geburtsblatt- und Ereignisdaten or-
ganisiert. (s. 8.2.2.).
Für statistische Zwecke ist jedoch auch diese Form der Archivierung ungenügend :
- Bei Untersuchungen über mehrere Jahre muß die Platte gewechselt werden.
- Der Zugriff auf die Datenwerte ist konzipiert für die Auswahl
  von einzelnen Werten. Die Überprüfung eines Datensatzes kann
  dadurch mehrere Sekunden dauern, was bei einem Durchlauf über
  mehrere Jahre nicht akzeptiert werden kann.
- Von manchen Befunden interessiert nicht der einzelne Wert,
  sondern der Verlauf ( Untersuchungsbefunde, CTG-Ereignisse).
  Diese Verläufe von verschiedenen Datensätzen müssen vergleich-
  bar gemacht werden. Dies geschieht in der Statistik-Datei
  durch Normierung auf feste Zeitabstände (Interpolation der
  Werte).

Aufbau der Dateien



Tab. 3o.    Dateien : Aufbau der Dateien, Ausgehend von der CTG-Datei auf Magnetband werden Geburtsblatt- und Statistik-Dateien abgeleitet.

| Name der Datei | enthaltene Daten | Speichermedium | Anz.Datensätze | Zugriff | über |
|---|---|---|---|---|---|
| CTG-Datei ▼ | Dialog-Daten, Ereignis-Daten, CTG-Rohdaten | Magnetband | loo | sequentiell | Papier |
| Geburtsblatt-Datei ▼ | Dialog-Daten, Ereignis-Daten | 5o MB Wechsel-platte | 14oo | selektiv | 2.5 MB Wechsel-platte |
| Statistik-Datei | ausgewählte Dialog-Daten u. Ereignisdaten | 5o MB Wechsel-platte | 32ooo — 194ooo (je nach Länge) | selektiv | 2.5 MB Wechsel-platte |

Der selektive Zugriff geschieht über eine (kleine) 2.5 MB Wechselplatte, die in gepacktem und geordnetem Format die Köpfe und Adressen der Datensätze auf der großen (5o MB) Wechselplatte enthält. Such- und Ordnungskriterium sind hierbei in der angegebenen Reihenfolge :

Nachname, Vorname, Mädchenname, Entbindungs-Tag, -Monat, -Jahr, Geburts-Tag, -Monat, -Jahr

Diese Daten werden gepackt und zusammen mit der Adresse des Datensatzes in der Suchplatte eingeordnet. Die kleine Wechselplatte kann dann bis zu 77ooo dieser Rekord-Köpfe enthalten.

Für diesen Zweck werden aus der Geburtsblatt-Datei Statistik-
Dateien abgeleitet. Diese enthalten zum einen ausgewählte
Daten und zum anderen aus den Originaldaten abgeleitete Verlaufsbeschreibungen. Die Länge der so erzeugten Datensätze
ist fest (vorher gewählt) und variiert je nach Bedarf zwischen
128 Datenwerten bis 768 Datenwerten (hardware der Magnetplatte).
Je nach Länge können so auf einer 5o MB Wechselplatte bis zu
194ooo Datensätze untergebracht werden.
Sämtliche Dateien werden imArchivsystem geführt.
Än Massenspeichern sind hier installiert :
- eine feste Platte (2.5 MB) für das System,
- eine (zugeh.) Wechselplatte (2.5 MB)
  für die Register, Statistikdateien oder Programme,
- eine große Wechselplatte (5o MB)
  für die Geburtsblatt-Datei,
  für die versch. Statistik-Dateien,
  für Programme,
- ein Magnetbandgerät
  für die CTG-Datei,
  für Datensicherung.
Auf diesem Mehrzwecksystem werden außerdem noch Forschungs- und
Entwicklungsaufgaben durchgeführt.
Ein Wechsel innerhalb dieser verschiedenartigen Aufgaben ver-
langt entsprechende Aktionen eines Operators : Bandwechsel,
Plattenwechsel, Programmwechsel.
Zugang zu den Daten ist also nur über einen Operator möglich.
Außerdem sind sämtliche angeschlossenen Terminals in abgeschlossenen Räumen installiert, die nur befugten Personen
zugänglich sind. Da weiterhin kein Modem-Anschluß nach außen
existiert, ist der Datenschutz damit gewährleistet. (3)

## 8.1.    CTG-Datei

Die CTG-Datei ist die maximale Datei aller vollständigen
Datensätze, aus der alle anderen Dateien abgeleitet werden.

### 8.1.1.    Aufbau der CTG-Datei

Die CTG-Datei entsteht durch sukzessive Sicherung der aus
dem Kreißsaal überspielten vollständigen Datensätze auf das
Magnetband im Archivsystem (s. 7.3., 8.).
Jeder Datensatz besteht dabei aus einer variablen Anzahl von
Daten-Rekords (mind. 146, s.u.). Das Ende eines Satzes auf
Magnetband wird durch ein 'end-of-file' gekennzeichnet (zur
Trennung der Datensätze).
Länge des Satzes = 146 + m x 48 + n x 48     Rekords,
mit : m,n = o,1,...    und    m = Anz.Speicherspuren für Original-CTG
$\qquad\qquad\qquad\qquad$ n = "$\qquad\qquad\qquad$ CTG-Ereignisdaten.
Jeder Rekord ist 128 Worte lang (256 Byte).

Tab. 31. CTG-Datei : Format eines Datensatzes auf Magnetband.
Die aufeinanderfolgenden Rekords eines Datensatzes haben folgende Bedeutung :

| lfde Nr | Bedeutung | Format |
|---|---|---|
| 1 | Patientenbeschreibung | s. unten |
| 2 - 49 | nicht benutzt | |
| 5o - 97 | Verwaltung der Dialogdaten | s. 4.2. |
| 98 - 145 | Datenrekords (Dialogdaten) | s. 4.2. |
| 146 | Verwaltung der Biosignaldaten :<br>enthält Länge Orig.CTG : m Spuren<br>sowie Länge CTG-Ereign.: n Spuren | s. 5.2.1.,<br>6.5.1. |
| Falls kein CTG aufgenommen wurde, ist Datensatz hier beendet. | | |
| 147 - 146+m•48 | Original-CTG  (m: Anz. Spuren) | s. 5.2.1. |
| 147+m•48 - 146+(m+n)•48 | CTG-Ereignisdaten (n: Anz. Spuren) | s. 6.5.1. |

Der erste Rekord des Datensatzes enthält eine Patientenbeschreibung .(Text und Zeiten), die aus Teilen der Dialogdaten
(von PATRA, s. 7.3.) zusammengesetzt ist .


Tab. 32 . CTG-Datei : Zugriff auf die Datei. Der erste Rekord eines Datensatzes auf Magnetband enthält in gepacktem Format ausgewählte Patientendaten anhand derer auf die files zugegriffen wird.

| Wort | Bedeutung |
|---|---|
| 1 - 5 | keine Bedeutung (= o) |
| 6 | Geburtenbuch-Nummer (pro Jahr) |
| 7 | Jahr der Entbindung |
| 8 | Geburtenbuch-Nummer (pro Monat) |
| 9 | Monat der Entbindung |
| lo - 11 | Aufnahmezeit in den Kreißsaal<br>(lo) = Jahr (xx), Tag im Jahr<br>(11) = Stunde , Minute |
| 12 - 13 | Datum und Uhrzeit der Entbindung<br>(Format wie oben) |
| 14 - 15 | Datum ͜ 4 Uhrzeit der Entlassung<br>aus dem Kreißsaal (wie oben) |
| 16 - 21 | nicht benutzt |
| 22 - 6o | Nachname, Vorname, Mädchenname<br>(insgesamt 78 ASCII-Zeichen) |
| 61 - 75 | Straßenname<br>(insgesamt 3o ASCII-Zeichen) |
| 76 | Straßen Nr. |
| 77 | PLZ des Wohnorts |
| 78 - 92 | Wohnort<br>(insgesamt 3o ASCII-Zeichen) |
| 93, 94, 95 | Geburtstag, -Monat, -Jahr der Mutter |
| 96 | PLZ des Geburtsortes (Mutter) |
| 97 - 128 | nicht benutzt |

## 8.1.2.    Zugriff auf die CTG-Datei

Die CTG-Datei dient folgenden 3 Zwecken :
- langfristige Datensicherung,
- Ableitung der Geburtsblatt-Datei,
- Ausgabe (, sowie Verarbeitung) des Original-CTG's.
Der Zugriff auf eine Patientin in der sequentiellen Datei
geschieht über den ersten Rekord des Datensatzes (s. 8.1.1.),
in dem die wesentlichen Patientenmerkmale enthalten sind.
Diese Magnetband-Kontrolle wird vom Programm MTPAT ausgeführt.
Mit dem Programm WODOK (+ WODPX) kann aus der CTG-Datei direkt
eine Statistik-Datei erzeugt werden  (; der übliche Weg geht
über die Geburtsblatt-Datei, s. 8.3.1.).
Das Programm MTPAT ermöglicht neben der Magnetband-Kontrolle :
- die Erstellung von Patienten-Verzeichnissen,
- den Aufbau der Geburtsblatt-Datei (s. 8.2.1.),
- die Wiedergabe von Original-CTG's, sowie
- die Anwendung der (veränderten) CTG-Auswertung auf das
  gespeicherte CTG (s. 9.2.).
Zur Ausgabe der Original-CTG's wird ein umgebauter CTG-Recorder
mit Schrittmotor verwendet  Die Geschwindigkeit des Schreibers
wird vom Rechner gesteuert (über Pulse; max. 15 cm/min).
Ein 2-Kanal-Digital/Analog-Wandler versorgt den Schreiber
mit den benötigten Spannungen (für Herzfrequenz und Wehendruck).
Da der Rechner die Pulssignale für den Schrittmotor liefert,
ist die cpu während der Ausgabezeit blockiert für andere Aufgaben. Andererseits ist es aber gerade dadurch möglich, vor
der Ausgabe die Datenwerte zu verarbeiten (Auswertung) und
die Original-Werte des CTG's mit den Ereignisdaten zu mischen
(Markierungen auf dem CTG-Papier).
Dies wurde bei der Untersuchung über die Qualität der CTG-
Auswertung angewendet  (s. 9.2.).

## 8.2.    Geburtsblatt-Datei

Die CTG-Datei wird sequentiell auf Magnetband gespeichert.
Das Wiederfinden einer Geburtsbeschreibung ist dadurch sehr
zeitaufwendig. Deshalb wird aus der CTG-Datei eine Geburtsblatt-Datei auf Magnetplatte abgeleitet.

### 8.2.1.    Aufbau der Geburtsblatt-Datei

Zu frei wählbaren Zeitpunkten wird diese Datei auf den neuesten Stand gebracht. Dazu werden von den neuen Entbindungen
Geburtsblattdaten und CTG-Ereignisdaten vom Magnetbandarchiv
auf Magnetplatte geschrieben (MTPAT). Das Original-CTG entfällt.
Bei der Übertragung auf Platte wird das ursprüngliche file-
Format des Datensatzes im Kreißsaal wiederhergestellt:
Rekord Nummer 5o bis 97 des Datensatzes auf Band wird in
die Verwaltungsspur und Nummer 98 bis 145 in die Datenspur
übertragen. Darauf folgen o bis n Spuren für die CTG-Ereignisdaten.
Die Verwaltung der Date  ätze auf Platte wird in Spur Nummer o
auf der Patientenplatte durchgeführt.
Aus Gründen der Kompatibilität mit der kleinen Wechselplatte
(2o3 Spuren, 2.5 MB) wird die große Wechselplatte (5o MB)
logisch in 2o kleine Platten a 2.5 MB unterteilt.
Jede Patientenplatte ist damit die logische Einheit von 2o3
aufeinanderfolgenden Spuren (12 KB).


Tab. 33 . Geburtsblatt-Datei. Die Datensätze werden auf Patientenplatten
gespeichert. Eine Patientenplatte besteht aus 2o3 aufeinanderfolgenden
Spuren (12 KB). Jeder Datensatz benötigt mindestens 2 Spuren.
In der ersten Spur werden die Datensätze auf der Patientenplatte verwaltet.
Es werden 16 Worte benötigt, um die Adresse eines Datensatzes zu verwalten.

Diese Verwaltung der Patientenplatte in Spur Nummer o enthält folgende
Information :

```
1.) allg. Verwaltung :  Wort   1: lfde Nummer dieser Pat.Platte

                               2: Anzahl Pat. auf Platte

                               3: Nummer der nächsten freien

                                  Spur auf der Platte.

2.) Verwaltung der Datensätze auf Platte :  16 Worte/Datensatz

     beginnend mit Wort Nr. 65 auf Platte
```

Tab. 34 . Geburtsblatt-Datei : Zugriff auf einen Datensatz. Ein Datensatz
wird in Spur Nummer o verwaltet (s. Tab.33.). Diese Verwaltung enthält die
Plattenadressen von Dialog-daten-, CTG-Rohdaten- und Ereignisdatenverwal-
tungen für diesen Datensatz.

| Wort | Bedeutung | |
|---|---|---|
| 1 | Nummer der Verwaltgs-Spur für diesen Datensatz | |
| 2 - 3 | nicht benutzt | |
| 4 | Spur-Nummer | Adresse in Ereignisdatei für |
| 5 | sector-Nummer | die Speicherung der nächsten Parametergruppe |
| 6 | Offset im Sector (= Wortadresse des nächsten freien Wortes) | |
| 7 | Adresse des Spurnummern-Wortes (relativ zu Wort 7 : 1-7) | |
| 8 | Spurnummer 1 | für die Speicherung der |
| 9 ⋮ | Spurnummer 2 | Ereignisparameter verwen- dete Spuren (normalerweise 1 Spur, max. 2) |
| 14 | Spurnummer 7 | siehe auch 6.5.1. |
| 15 | -1 (Ende) | |
| 16 | nicht benutzt | |

Eine Patientenplatte enthält durchschnittlich 7o Datensätze
und eine 5o MB Wechselplatte damit ca 14oo Datensätze - etwa
1 Jahr -.
Da die file-Struktur vom Kreißsaal übertragen wird, können für
den selektiven Zugriff auf Einzelbefunde in einem Datensatz
diesselben Routinen verwendet werden (s. 4.2.2. und 6.5.2.).
Für die selektive Auswahl eines der gespeicherten Datensätze
wurde auf der kleinen Wechselplatte ein Inhaltsverzeichnis
der Geburtsblatt-Datei angelegt. Diese enthält in geordnetem
und gepacktem Format die Köpfe und Adressen aller Datensätze
auf den Patientenplatten.

## 8.2.2.  Zugriff auf die Geburtsblatt-Datei

Das Register für die Datensätze auf den Patientenplatten
residiert auf einer kleinen Wechselplatte (2o3 Spuren, 2.5 MB).
Damit ist das Register extern (nicht zusammen mit den Daten).
Dies ermöglicht den Zugriff auf das Register auch bei Wechsel
der Patientenplatte. Außerdem kann die volle Kapazität der
großen Patientenplatten ausgenutzt werden.
Das Register wird zu frei wählbaren Zeitpunkten erweitert
(durch das Programm COMBI). Es enthält für jeden Datensatz
auf einer Patientenplatte einen Kopf von 16 Worten Länge.
Dieser wird aus dem Namen, Datum, sowie Adresse des Datensatzes gebildet. Die ASCII-Zeichen werden dabei in jeweils
5 bit eines Wortes gepackt (Routine REDUC):
A bis Z wird in 2 bis 27 kodiert, '-' in 1 und alle restlichen
Zeichen in o. Dadurch können 3 Zeichen in ein 16 bit Wort gepackt werden. Dieses Wort hat einen Zahlwert. Durch geordne-
ten Vergleich (Wort 1 bis 12 des Kopfes) wird dann der gewünschte Kopf ermittelt  (Routine RECPT , MASK).

Tab. 35 . Geburtsblatt-Datei : Zugriff auf einen Datensatz. Für jeden gespeicherten Datensatz wird auf einer Registerplatte (Inhaltsverzeichnis)
ein Kopf angelegt, der in gepacktem Format Name, Geburtsdatum sowie die
Adresse des Datensatzes auf einer Patientenplatte enthält.

| Wort | Kopf des Datensatzes auf der Registerplatte |
|------|---------------------------------------------|
| 1 | Nachname : Zeichen 1, 2, 3  (kodiert) |
| 2 | "              4, 5, 6 |
| 3 | "              7, 8, 9 |
| 4 | "              lo,11,12 |
| 5 | Vorname   : Zeichen 1, 2, 3 |
| 6 | "              4, 5, 6 |
| 7 | "              7, 8, 9 |
| 8 | Mädchenname : Zeichen 1, 2, 3 |
| 9 | "              4, 5, 6 |
| lo | "              7, 8, 9 |
| 11 | "              lo,11,12 |
| 12 | Geb.Jahr (xx): bit 9-15 / <br> Geb.Monat    : bit 5- 8 / <br> Geb.Tag      : bit o- 4 / |

Wort 1 bis 12 des Kopfes bilden die Such- und Ordnungskriterien.
Wort 13 bis 16 enthalten die Adresse des Datensatzes auf der
Patientenplatte, sowie zusätzliche Merkmale :

| Tab.35./2. Kopf eines Datensatzes im Register | | |
|---|---|---|
| | 13 | Entbindungsdatum (Format wie Wort 12) |
| | 14 | Geb. Buch Nummer (/Jahr) dieser Entbindung |
| | 15 | Nummer der Patientenplatt$^e$ |
| | 16 | Spurnummer der Verwaltung des Datensatzes |

Adresse

Entsprechend dem Wert von Wort 1 bis 12 werden die Köpfe in
einer 'Kopf'-Spur einsortiert. Eine Kopfspur kann bis zu
383 Köpfen (a 16 Worten) enthalten.
In Wort 1 bis 16 der Kopfspur werden die darin enthaltenen
Köpfe verwaltet :

| Tab.36. Verwaltung der Daten- köpfe in einer Spur der Regis- terplatte. | | |
|---|---|---|
| | 1 | Adresse des nächsten freien Wortes in der Kopfspur (: 17 bis 6128) |
| | 2 | Anzahl Köpfe, die in dieser Spur gespeichert sind |
| | 3-16 | hier nicht benutzt : enthalten sonst Information über die Bedeutung der einzelnen Parameter eines Kopfes (s.8.3.2.) |

Das Register besteht dann aus einer variablen Anzahl von
Kopfspuren, die bei Bedarf erweitert werden. Die allgemeine
Verwaltung des Registers, d.h. die Verwaltung aller Kopfspuren
wird in Spur Nummer o des Registers durchgeführt. Dieses enthält die Anzahl (fortlaufender) Kopfspuren auf der Registerplatte, sowie für jede verwendete Kopfspur die Werte des jeweils ersten Kopfes.

| Tab.37. Verwaltung der Regis- terplatte in Spur o. Organisati- on der Kopf- spuren. | Wort | Verwaltung des Registers in Spur o |
|---|---|---|
| | 1 | Nummer der letzten Kopfspur (1 bis 2o2) (beginnen mit Spur 1; werden fortlaufend bei Bedarf erhöht). |
| | 17-32 | Werte des ersten Kopfes in Kopfspur Nummer 1 |
| | 33-48 | "        ersten        2 |
| | ⋮ | |

Diagramm 3o .    Geburtsblatt-Datei : Einsortieren eines Kopfes
in das Register

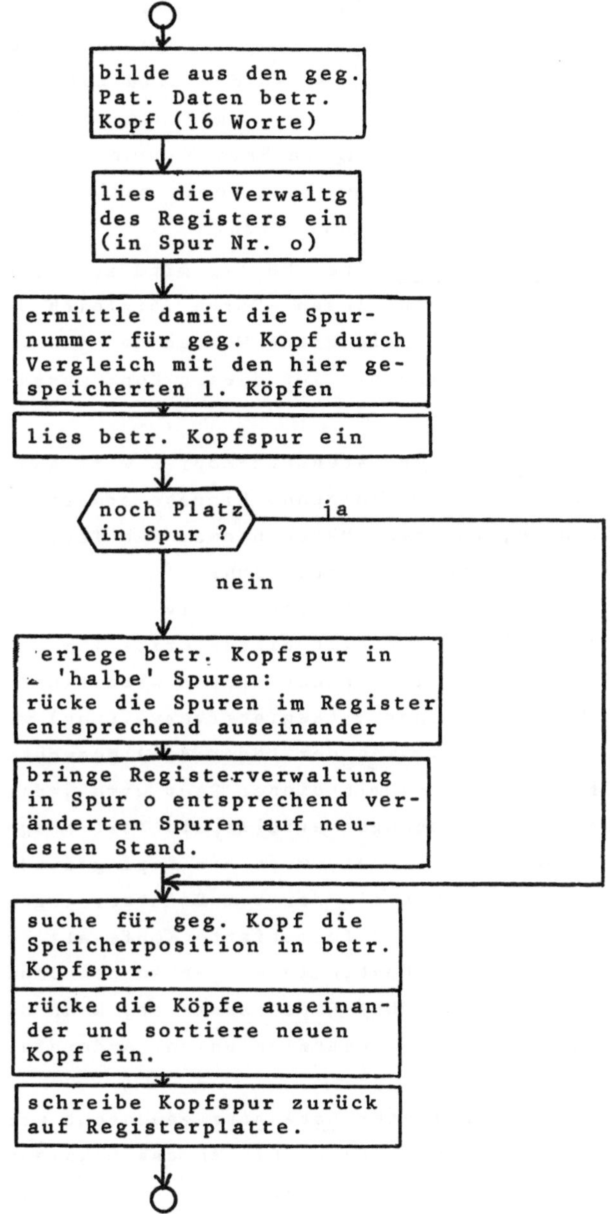

Zu Beginn des Registeraufbaus besteht das Register aus einer
'leeren' Kopfspur. In diese werden die neuen Köpfe einsortiert.
Wenn eine Spur überläuft, wird diese halbiert (siehe Flußdiagramm) : die betreffende Kopfspur wird zerlegt in zwei benachbarte Kopfspuren; vorher wurden alle folgenden Kopfspuren um
eine Spur weiter geschoben, um Platz zu machen. Danach wird
die Registerverwaltung in Spur Nummer o auf den neuesten Stand
gebracht. Das Register kann somit maximal 77366 (= 2o2 Spuren
a 383 Köpfe ) Köpfe enthalten.

Beim Einsortieren eines Kopfes wird zuerst die Registerverwaltung (Spur o) eingelesen. Durch Vergleich des gegebenen Kopfes
mit den dort gespeicherten Werten des jeweils ersten Kopfes
aller Spuren wird die für diesen Kopf zuständige Kopfspur ermittelt.

Beim Suchen eines Datensatz-Kopfes wird analog verfahren (SERCH).
Vom Benutzer wird folgende Eingabe erwartet :
  Nachname, Vorname, Mädchenname, Geb.Tag, -Monat, -Jahr,
  Entbindungstag, -Monat, -Jahr .
Dabei ist jede Eingabe fakultativ : durch Eingabe eines ',' an
einer Position entfällt dieses Kriterium bei der folgenden Suche.
Aus den gegebenen Patientendaten wird ein Kopf gebildet.
Mit Hilfe von Spur o (Registerverwaltung) wird die Kopfspur er-
mittelt, in der sich der (oder die) gesuchte(n) Kopf(e) befinden
sollte. Beginnend mit dieser Spur wird jeder Kopf, der die ge-
forderten Bedingungen erfüllt, als Text ausgegeben (Bildschirm).
Die Suche ist beendet, wenn ein Kopf gefunden ist, der 'echt'
größere Werte hat als der vom Benutzer engegebene.
Es werden maximal 9 formatierte Köpfe als Text ausgegeben.
Danach wird die Kontrolle wieder an den Benutzer übergeben.
Falls der gewünschte Kopf dabei ist, kann der Benutzer den
entsprechenden Datensatz anwählen. Andernfalls wird weiterge-
sucht.
Falls ein bestimmter Datensatz gewünscht wird, geht die Kontrolle von SERCH nach PATFI. An das Dokumentationsprogramm PATFI
wird dabei vom Suchprogramm SERCH die Adresse des gewünschten
Datensatzes übergeben (Wort 15 und 16 des Kopfes).
Falls der Plattenspeicher mit Patientenplatten aktiviert ist,
wird dieser nach der gewünschten Platten-Nummer durchsucht.

Diagramm 31 .     Geburtsblatt-Datei : Suchen eines Kopfes im Register

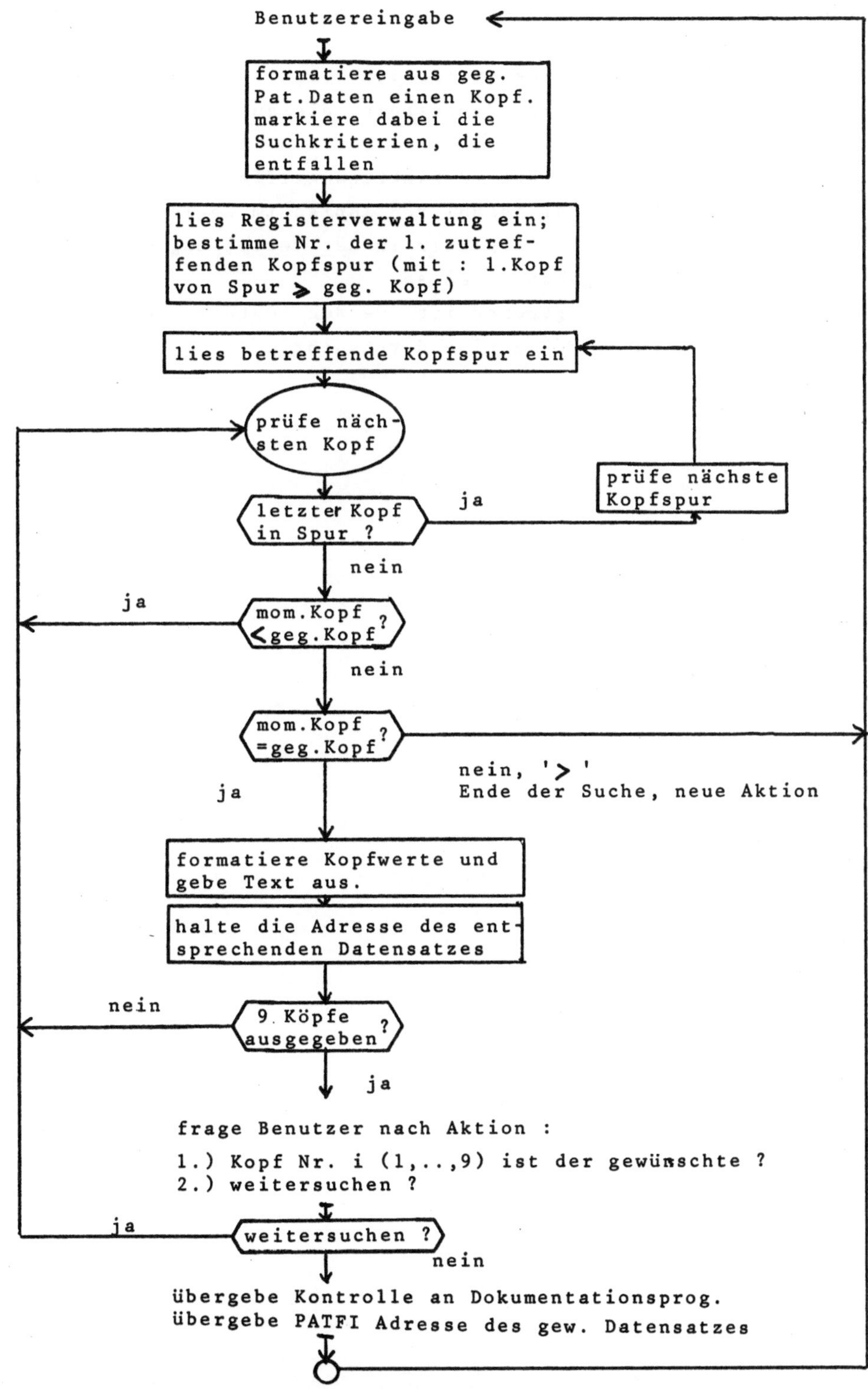

Wenn die gewünschte Platte nicht enthalten ist, muß die Patientenplatte gewechselt werden.

Die Dokumentationsmöglichkeiten (von PATFI) entsprechen denen
im Kreißsaal.

Die gewählte Registerstruktur hat den Vorteil, daß (bei bekann-
tem Namen) sowohl die Einordnungszeit, als auch die Suchzeit
für einen Kopf

- weniger als 1 sec beträgt (2 Plattenzugriffe) und vor allem
- unabhängig ist von der Anzahl von Köpfen im Register.
- Außerdem paßt sich das Register in der Verteilung der Köpfe
  automatisch den Gegebenheiten an.

Wenn der Name <u>nicht</u> angegeben ist, werden (entsprechend der Struktur) alle Kopfspuren sukzessive durchsucht.

## 8.3.    Statistik-Datei

Im Gegensatz zu den beiden anderen Dateien steht hier das
Kollektiv und nicht der einzelne Datensatz im Vordergrund.
Entsprechend wurde auch keine selektive Struktur gewählt,
sondern die Datensätze sequentiell abgelegt.
Mit Hilfe der Datei sollen Statistiken sowohl für die Rou-
tine als auch für Forschung möglich sein.


### 8.3.1.    Aufbau der Statistik-Datei

Eine Statistik-Datei wird aus der Geburtsblatt-Datei herge-
leitet, indem ausgewählte Parameter des Datensatzes zu einem
neuen Datensatz zusammengefaßt werden.
Zusätzlich kann der neue Datensatz von den Originaldaten abgeleitete, normierte Verlaufsbeschreibungen enthalten.
Die Länge eines Datensatzes ist fest - vorher gewählt - und
wird der Platten-hardware angepaßt : 128, 384 oder 768 Werte.
Die Bedeutung der darin enthaltenen Parameter ist festgelegt
durch das (spezielle) Programm, mit dem die Datei erzeugt wird.
Die neuen Datensätze werden auf Magnetband zwischengespeichert,
denn auf der Wechselplatte residiert die Geburtsblatt-Datei.
Nach Plattenwechsel werden die neuen Datensätze an die bestehende Statistikdatei angehängt und diese damit auf den neuesten Stand gebracht (in größeren Zeitabständen).
Je nach Art und Umfang der Daten in der Statistikdatei kann
das Erzeugen eines neuen Datensatzes (PREPC) 2 - 3o Sekunden
dauern. Die nachträgliche Konstruktion einer Datei über mehrere Jahre kann also Tage in Anspruch nehmen. Dies wird jedoch
gerechtfertigt durch die extrem kurzen Laufzeiten der Statistikprogramme : ein Durchlauf über 5 Jahre dauert je nach
Länge der Datensätze zwischen 3o und 6o Sekunden (s. 8.3.2.).
Außerdem wird die gängige Statistikdatei nahezu allen Aufgaben gerecht.
Die Datensätze werden auf eine logische Platteneinheit - Teil
der Wechselplatte von 2.5 MB - geschrieben. Wenn eine logische
Einheit voll ist, wird die folgende Einheit zur Speicherung
des Datensatzes verwendet.

Eine Datei geht also über mehrere (logische) Platteneinheiten.
Verwaltet wird die Datei in den ersten 256 Worten der ersten
Platte. Diese enthält im Wesentlichen : die Adresse des ers.ten,
sowie des letzten Datensatzes auf Platte, sowie die Länge eines
Datensatzes.

Tab. 38 . Statistik-Datei : Verwaltung der Datei. Eine Statistik-Datei besteht
aus aufeinanderfolgenden Datensätzen von fester Länge (:128, 384, 768 Worte).
In der ersten Spur der Statistikplatte werden die Datensätze verwaltet :

| Wort | Bedeutung |
|---|---|
| 1 | Spurnummer (o-2o2)      Adresse für Speicherung von <u>nächstem</u> |
| 2 | Sector-Nummer      Datensatz; Nummer der Platteneinheit in |
| 3 | Spurnummern-Adresse      Wort Nr. 256. <br> Wird bei Überschreiten der Plattengrenze weiter erhöht. |
| 4 | Spurnummern-Adresse der <u>letzten</u> verwendbaren Spur (= Spur 2o2 von letzter Platte) |
| 5 | Spurnummer      Adresse von <u>erstem</u> Datensatz auf der |
| 6 | Sector-Nummer      1. Platteneinheit. |
| 7-244 | nicht benutzt |
| 245 | Anzahl gespeicherter Pat. mit 1 Datensatz ('Einlinge') |
| 246 |    "     ('Zwillinge')      2 Datensätzen |
| 247 |    "     ('Drillinge')      3   " |
| 248 |    "     ('Vierlinge')      4   " |
| 249 |    "     ('Fünflinge')      5   " |
| 25o | Anzahl gespeicherter Patienten |
| 251 | Anzahl gespeicherter Datensätze ('Kinder') |
| 252 | nicht benutzt |
| 253 |    " |
| 254 | Länge eines Datensatzes (2, 6, 12 Sectoren) |
| 255 | nicht benutzt |
| 256 | Nummer der <u>momentan</u> verwendeten Platteneinheit (f. Speicherung v. nächstem Datensatz) |

Für jedes entbundene <u>Kind</u> wird ein Datensatz gespeichert. Eine Mehrlingsgeburt wird also mit entsprechend vielen Datensätzen dokumentiert. Um Kinder und Patienten-Datensätze unterscheiden zu können, haben in <u>allen</u> Statistikdateien die ersten 11 Worte eines Datensatzes diesselbe Bedeutung ,

Tab. 39 . Statistik-Datei : Format eines Datensatzes. Für alle Statistik-dateien ist die Bedeutung von Wort 1-11 des Datensatzes festgelegt.

| Wort | Bedeutung der Parameter eines Datensatzes |
|------|-------------------------------------------|
| 1 | Jahr der Entbindung  (xx) |
| 2 | lfde Nummer der Entbindung (/Jahr) |
| 3 | oberes Byte :  lfde Nr.des Kindes  bei der Entbindung  /  unteres Byte :  Anzahl Kinder bei  dieser Entbindung |
| 4-1o | Nachname, Vorname (12 ASCII-Zeichen) |
| 11 | Kollektiv-Zeiger :  falls > o, gehört dieser Datensatz zu  einem Unterkollektiv. |

Anhand der ersten 3 Worte kann man feststellen, ob die Datensätze zu verschiedenen Entbindungen gehören.

Wort 11 enthält einen Kollektiv-Zeiger, mit dem ein Teil der Datensätze als Unterkollektiv markiert werden kann.

## 8.3.2. Zugriff auf die Statistik-Datei

Analog zur Geburtsblatt-Datei wurde auch hier über ein Register
ein *selektiver* Zugriff auf *einzelne* Datensätze ermöglicht.
Dieses Register ist ebenfalls auf einer externen Wechselplatte
enthalten. Bis auf Wort 14 bis 16 ist auch die Bedeutung der
Kopfdaten diesselbe; diese Worte enthalten die Adresse des
Datensatzes.

Tab.4o.
Statistik-da-
tei. Kopf ei-
nes Datensat-
zes in Regis-
terplatte.
(s. Tab.35/2).

| Wort | Bedeutung | |
|---|---|---|
| 14 | lfde Nummer des Datensatzes von dieser Pat. (Ordnungszahl) | |
| 15 | Nummer der log.Speichereinheit | für diesen Datensatz |
| 16 | oberes Byte : Sector-Nummer | unteres Byte : Spur-Nummer |

Beim ersten Aufruf des Programms für den Registeraufbau wird
ein 'Reset'-Programm gerufen. Dieses fragt nach der Struktur
des Registers und der Datei. Damit kann die Bedeutung der Parameter in Wort 1 bis 13 bis Kopfes frei gewählt werden. Diese
Bedeutung wird am Anfang jeder Kopfspur (Wort 3-16; s. 8.2.2.),
sowie in der Allg. Verwaltungsspur gehalten (Wort 3-16, Spur o).
Wesentlich wichtiger als dieser selektive Zugriff ist jedoch
der *sequentielle Durchlauf* über eine Datei. Das Ziel dabei ist
es, möglichst schnell Verteilungen und Listen erstellen zu
können.
Zur Optimierung der Geschwindigkeit werden die Aufgaben bei
einem Durchlauf auf 3 verschiedene Programme verteilt.
Die Kontrolle darüber hat ein Hauptprogramm (HFAST), das mit
dem Benutzer kommuniziert. Dieses setzt die Puffer und Zeiger
zurück und fragt nach den Bedingungen, die das zu untersuchen-
de Kollektiv erfüllen muß, sowie nach der Art der auszuführen-
den (statistischen) Aufgabe. Dies kann im Dialog über den
Bildschirm präzisiert werden oder von einer file auf Papier,
Mini-cartridge oder Platte eingelesen werden.
Danach wird die Kontrolle an das eigentliche Prüfprogramm
übergeben. Dieses liest die Bedingungen (von Platte) ein und
startet den sequentiellen Durchlauf. (CHECK).

Diagramm 32 .    Statistik-Datei : sequentieller Durchlauf

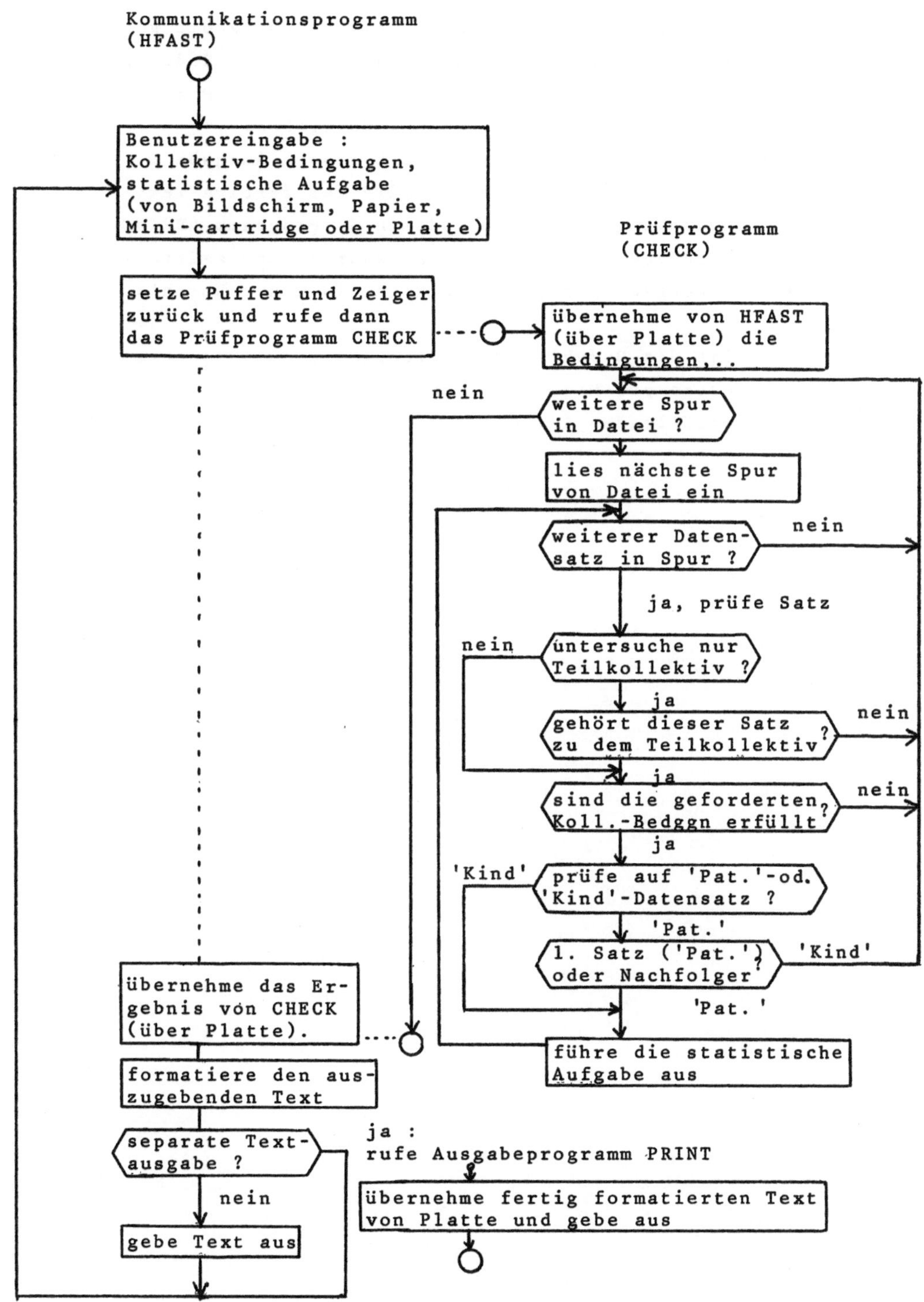

Um die Anzahl von Plattenzugriff zu minimieren, wird jedes-
mal die größtmögliche Menge von Platte eingelesen : 1 Spur.
Dies sind je nach Länge eines Datensatzes 12 bis 48 Datensätze. Für jeden Satz wird die Kollektivzugehörigkeit geprüft und die statistische Aufgabe ausgeführt. Am Ende des
Durchlaufs wird das ermittelte Ergebnis (über die Platte)
an das Kommunikationsprogramm (HFAST) übergeben.
Dieses formatiert den Text und steuert dessen Ausgabe :
bei längerer Textausgabe (1 Seite) wird der fertige Text
auf Platte zwischengespeichert und ein 3. Programm (PRINT)
für dessen hardcopy-Ausgabe gerufen. Während der zeitintensiven Druckerausgabe wird dann bereits ein neuer Durchlauf
gestartet.
Dadurch steigt die Durchlaufgeschwindigkeit auf 9ooo bis
2oooo Datensätze pro Minute, abhängig von der Satzlänge
und der zu erfüllenden Aufgabe.

9.    Datenqualität

Das vorgestellte System wird seit Januar 1977 im Kreißsaal
der Universitäts-Frauenklinik Heidelberg betrieben.
Gleichzeitig wird noch das herkömmliche Geburtsblatt geführt
und ebenfalls archiviert.
Um die Anwendbarkeit, die Akzeptanz und den Nutzen des Systems
zu messen, wurden die mit Hilfe des Systems erhobenen Daten
verglichen mit den in der herkömmlichen Dokumentation nieder-
geschriebenen Daten. Anhand einer 3-Jahres Stichprobe konnte
man am Ende des Zeitraums eine Gleichwertigkeit der 2 Dokumentationssysteme feststellen. Dabei gilt für die fakultative Eingabe :
- signifikanter Anstieg ( $X^2$=7.74, p<o.ol) der im Dialog erhobenen Verlaufsbeschreibung, sowie
- hochsignifikanter Abfall des im herkömmlichen Blatt notierten
  Geburtsverlaufs ($X^2$=22.1, p<o.ool).
Ebenfalls mit einer vergleichenden Untersuchung wurde die
Qualität der CTG-Auswertung (= Ereignisdaten) gemessen.
Dazu wurden 2o CTG's von 5 verschiedenen Beobachtern beschrieben  - unabhängig vom Computer. Die von den Beobachtern er-
kannten Akzelerationen     Dezelerationen (Ereignisse) wurden
den von der CTG-Auswertung ermittelten gegenübergestellt.
Dabei wurden nicht die beschreibenden Parameter verglichen,
sondern nur die Ereignisse selbst (s. 9.2.).
Da die Beobachter sehr verschieden beurteilten, wurden nur die
Deviationen als von der Auswertung zu erreichendes Ziel fest-
gesetzt, die von allen Beobachtern erkannt worden waren.
Davon hatte die Auswertung 65 % erreicht.
In umgekehrter Richtung wurde die von der CTG-Auswertung er-
kannte Menge von Ereignissen als 1oo % festgesetzt. 17 % dieser
Deviationen waren von keinem der Beobachter erkannt worden.


9.1.    Qualität der Dialogdaten

Für eine vergleichende Untersuchung der 2 Dokumentationssysteme (Papier und Computer) wurden jeweils 2o Entbindungen
aus den Jahren 1977, 1978 und 1979 zufällig ausgewählt.
Als herkömmliche Dokumentation wurden alle archivierten Blätter
verwendet, einschließlich der Notizen auf dem Original-CTG
(Medikation, Bemerkungen,..).

Die v<u>ollständige</u> Dokumentation besteht aus allen Daten, die
in mindestens einem der Systeme aufgeführt sind. Bei Diskrepanzen der Befundwerte wurde die herkömmliche Dokumentation
als 'richtig' gewertet. Im Folgenden beziehen sich 'Anzahl'
und 'Prozent' auf Befunde, nicht auf einzelne Parameterwerte.
Der Vergleich gliedert sich in 3 Teile :
- Anamnese und Patientenbeschreibung,          (Befundanzahl variabel)
- Geburtsverlauf (fakultative Eingabe), sowie          ( " )
- Beschreibung von Entbindung und Neugeborenem.   (1o Befunde/Entbdg.)
Bei Anamnese und Entbindungsbeschreibung (Befunde <u>ohne</u> Wieder-
holung) wurde jeder Befund im Computerblatt als falsch gewertet,
bei dem mindestens 1 Parameter vom herkömmlich archivierten
Befund abweicht. (wurde für diese Teile zusätzlich untersucht).
Entsprechend der Konzeption des Systems - 'Computerblatt wurde
aus dem herkömmlichen abgeleitet' - zeigt auch der Vergleich :

- eine leichte Verbesserung der herkömmlichen Dokumentation,
- Gleichwertigkeit beider Systeme am Ende des untersuchten
  Zeitraums, sowie
- Abnahme der im Computer 'falsch' registrierten Befunde
  (Trainingseffekt, Adaption). (65)

Dabei enthält eine Dokumentation 1oo % der Befunde, wenn sie
<u>alle</u> möglichen Befunde enthält (= Gleichheit der 2 Systeme).

Tab. 41 . Qualität der Dialogdaten. Aus den Jahren 1977 bis 1979 wurden jeweils
2o Geburtsblätter zufällig ausgewählt. Für diese Patienten wurden die auf Papier
und im Computer dokumentierten Befunde miteinander verglichen. Für die <u>zustands-</u>
<u>beschreibenden</u> Parameter zeigt sich die Gleichwertigkeit der 2 Dokumentations-
systeme.

| relative Dokumenta-<br>tionsqualität<br>(1oo % = Summe Bef.) | Jahr | 1977 | 1978 | 1979 |
|---|---|---|---|---|
| Anamnese und<br>Patientenbeschrbg· | falsch (Comp.)<br>Computer<br>herkömml. | 1.3<br>99.5<br>98.1 | 1.6<br>99.6<br>97.8 | .9<br>99.5<br>97.6 |
| Beschreibg von Ent-<br>bindg und Neugeb. | falsch (Comp.)<br>Computer<br>herkömml. | 4.2<br>99.5<br>96.7 | 3.5<br>99.6<br>98.3 | 3.2<br>98.6<br>99.o |

Interessanter ist die Dokumentation des Geburts<u>verlaufs</u>.
Die hier untersuchten Befundtypen wiederholen sich im Lauf
der Entbindung ¬nur die Parameterwerte ändern sich (z.B. vag.
Untersuchung, Vitalparameter). Entsprechend ist es auch schwer
festzustellen, ob ein Befund 'falsch' ist. Auf diese Zusatz-
untersuchung wurde deshalb verzichtet.
Bei der herkömmlichen Dokumentation wird ein großer Teil
der Befunde auf dem Original-CTG notiert (Medikation, Bemerkungen).
Als <u>vollständige</u> Dokumentation wurde wieder die Menge <u>aller</u>
in mindestens einer Dokumentation erwähnten Befunde verwendet.

Tab. 42 . Qualität der Dialogdaten: Vergleich der <u>verlaufsbeschreibenden</u>
Parameter für die Stichprobe (s.Tab.41.). Am Ende des Untersuchungszeit-
raumes sind beide Dokumentationssysteme gleichwertig (81 %).

| absolute + relative Dokumentations- Qualität : Verlauf | 1977 | 1978 | 1979 |
|---|---|---|---|
| vollständige Dokumentation (1oo %) | 449 | 379 | 325 |
| Computer-Dokum. | 326 (74.8 %) | 281 (71.3 %) | 264 (81.2 %) |
| herkömml. Dokum. | 417 (92.9 %) | 317 (81.o %) | 266 (81.8 %) |

Dabei beeindruckt zuerst die rapide Abnahme der Anzahl verlaufsbeschreibender Befunde im untersuchten Zeitraum : -37 % bei
der herkömmlichen Dokumentation und  -19 % im Computer.

Tab. 43 . Qualität der Dialogdaten : Vergleich der verlaufsbeschreibenden
Parameter. Abhängig vom Bereich nimmt die Anzahl der im Computer dokumentierten Befunde im untersuchten Zeitraum ab (Meßparameter werden bevorzugt).

| Anzahl Befunde zu \ Jahr | 1977 | 1978 | 1979 | relative Abnahme |
|---|---|---|---|---|
| Meßgrößen (vag.Unters, Vital-Param.) | 2o6 | 2o1 | 184 | - 1o.7 % |
| Medikation | 189 | 128 | 118 | - 37.6 % |
| Bemerkungen | 54 | 5o | 23 | - 57.4 % |

Die geringe Veränderung bei Meßgrößen-Befunden (vag. Untersuchungen, Vitalparameter) ist auf eine Reduzierung der Anzahl vaginaler Untersuchungen während der Entbindung zurück-
zuführen. (61)
Die drastische Verringerung der Medikations-Befunde spiegelt
die vorsichtigere Verabreichung von Oxytocin-Infusionen wieder.
Bei 'Bemerkungen der Hebamme' ist die Hauptursache wohl nicht
eine Reduzierung von bemerkenswerten Ereignissen,sondern
eine zurückgehende Motivation des Personals (auch wegen
Belegschaftsreduzierung).

Nach Klärung der Abnahme der Anzahl verlaufsbeschreibender
Befunde interessiert als zweites der Vergleich von Computer-
Dokumentation mit herkömmlicher Dokumentation (Relative Qualität).
Hier steigt bei der Computer-Dokumentation die Qualität signi-
fikant ($X^2$=7.74, p<o.o1) an von 74.8 % auf 81.2 % im untersuchten Zeitraum.
Gleichzeitig sinkt die Qualität der herkömmlichen Dokumentation hochsignifikant ($X^2$=22.1, p<o.oo1) von 92.9 % auf 81.8 %.
Es hat sich wahrscheinlich eine Zweiteilung der Dokumentation
manifestiert, bei der in der herkömmlichen Dokumentation mehr
die 'weichen' Daten ('Bemerkungen') notiert werden, während
der Computer bei den Meßgrößen bevorzugt wird.
Eine Aufschlüsselung nach Befundtypen ergab :   (s. Tabelle 44)
- für 'vag. Untersuchung' : am Ende des Zeitraums ist die Dokumentation im Computer vollständig, während die Qualität
  der herkömmlichen Dokumentation sinkt. (Computer zeichnet
  das Partogramm).
- für 'Vitalparameter' : wesentlich mehr Eingaben in den Computer als auf Papier; keine Veränderung im Lauf der Zeit.
- für 'Medikation ' : weniger auf Papier vermerkt.
- für 'Oxytocin-Infusion' : hauptsächlich auf CTG-Papier dokumentiert. Zum einen, weil am CTG die Wirkung der Infusion
  kontrolliert wird; zum anderen kann die Dosierung schnell und
  häufig wechseln (Eintippen zu mühsam). Zusätzlich sinkt die
  Anzahl der Computereingaben. (Abhilfe durch automatische
  Oxytocin- Datenaufnahme; s. 5.1.1.).

- für 'Bemerkungen der Hebamme' : hauptsächlich auf CTG-Papier
  dokumentiert; aus demselben Grund wie bei 'Oxytocin-Inf.'.
  Allerdings steigt die Anzahl der Eingaben in den Computer
  im Lauf der Zeit.

Tab. 44 . Qualität der Dialogdaten : Vergleich der verlaufsbeschreibenden
Parameter. Die relative Befundqualität in den 2 Dokumentationssystemen ist
abhängig von dem Befundbereich : Meßgrößen werden im Computer bevorzugt.

| relative Befund-Qualität | Jahr | 1977 | 1978 | 1979 |
|---|---|---|---|---|
| vaginale Unters. | Computer | 9o.9 % | 97.4 % | 99.o % |
| | herkömml. | 96.7 % | 75.7 % | 77.1 % |
| Vital-Parameter | Computer | 88.2 % | 83.7 % | 89.9 % |
| | herkömml. | 69.4 % | 69.8 % | 69.6 % |
| Medikation (ohne Oxyt.) | Computer | 85.5 % | 79.5 % | 81.7 % |
| | herkömml. | 98.2 % | 92.8 % | 86.6 % |
| Oxytocin-Infusion | Computer | 48.1 % | 35.6 % | 36.1 % |
| | herkömml. | loo.o % | 97.8 % | 94.4 % |
| Bemerkungen der Hebamme | Computer | 16.7 % | 3o.o % | 39.1 % |
| | herkömml. | loo.o % | loo.o % | loo.o % |

## 9.2.    Qualität der CTG-Auswertung

Um die Qualität der CTG-Auswertung zu untersuchen, wurden 2o
repräsentative CTG's von je 2 Stunden Dauer von 5 verschiedenen
Auswertern retrospektiv und unabhängig vom Computerprogramm
beschrieben. Dazu markierten die Auswerter auf der Originalkurve die erkannten Akzelerationen und Dezelerationen.

Tab. 45 . Qualität der CTG-Auswertung : Methodik. 2o CTG's von je 2 Stunden
Dauer wurden von 5 Auswertern beschrieben. Die vom Programm erkannten Ereignisse wurden mit diesen Deviationen verglichen.

| Auswerter / Anz.erk. | 1 | 2 | 3 | 4 | 5 | Computer |
|---|---|---|---|---|---|---|
| Akzelerationen | 464 | 35o | 419 | 498 | 536 | 234 |
| Dezelerationen | 4o7 | 272 | 365 | 358 | 37o | 29o |

Die CTG's wurden sehr unterschiedlich beschrieben (s.Tab.45.).
Deswegen wurde als loo %-Ziel für die Computer-Auswertung die
Menge der Ereignisse (Akzelerationen und Dezelerationen) fest-
gesetzt, die von <u>allen</u> 5 Auswertern gemeinsam erkannt wurden.
Von dieser Grundmenge hatte das Computerprogramm 65 % erkannt
(s. Tab.46.).

Tab. 46 . Qualität der CTG-Auswertung. 65 % der von allen 5 Auswertern gemeinsam erkannten Deviationen wurden auch vom Computerprogramm erkannt.

| erkannt von Ereignis | <u>allen</u> 5 Auswertern | <u>und</u> Computer | <u>und nicht</u> Computer | Computer |
|---|---|---|---|---|
| Akzeleration | 265 | 172 (65 %) | 93 | 234 |
| Dezeleration | 213 | 141 (66 %) | 72 | 29o |

Um eine genauere Aussage über die Qualität der <u>Dezelerations-</u>
erkennung zu erhalten, wurden die von allen 5 Auswertern erkannten Dezelerationen bezüglich Dauer und Amplitude der Dezeleration
untersucht (s. Abb. 14.).
Daraus ergab sich, daß hauptsächlich die flachen Dezelerationen
sowie die kurzen, tiefen Dezelerationen vom Computerprogramm
nicht erkannt wurden.
Gerade diese flachen Dezelerationen bei silentem Basislinien-
verlauf unter der Entbindung werden als pathologisches Zeichen
gewertet. Deshalb wurde versucht, das Auswertungsprogramm zu
verbessern. Das Programm wurde dazu folgendermaßen verändert :
- während einer Wehe werden die Konstanten Ci für die Deviationserkennung verringert (s. 6.2.1., Teil B1);
- um auch die kurzen, tiefen Dezelerationen zu erkennen, wurde
  eine zusätzliche Startmöglichkeit für Deviationen implementiert, bei der die Prüfung der langen Mittelwerte umgangen
  wird.

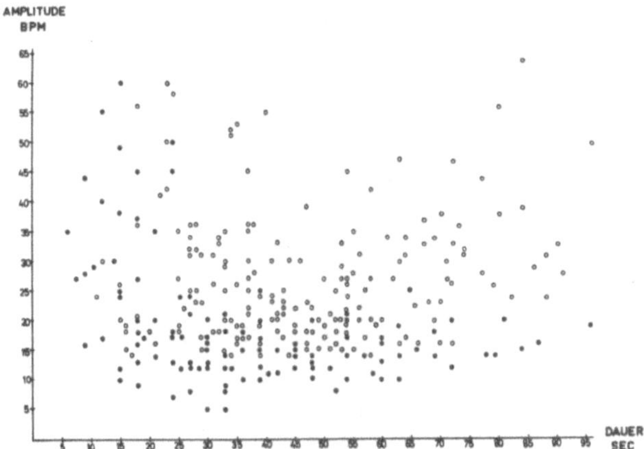

Abb. 14 . Wirkungsweise der CTG-Auswertung. Die von allen 5 Auswertern erkannten Dezelerationen sind nach Dauer (x-Achse) und Amplitude (y-Achse) aufgetragen. Die vom Computerprogramm erkannten Dezelerationen sind dabei durch Kreislinien und die nicht erkannten durch volle Kreise gekennzeichnet.

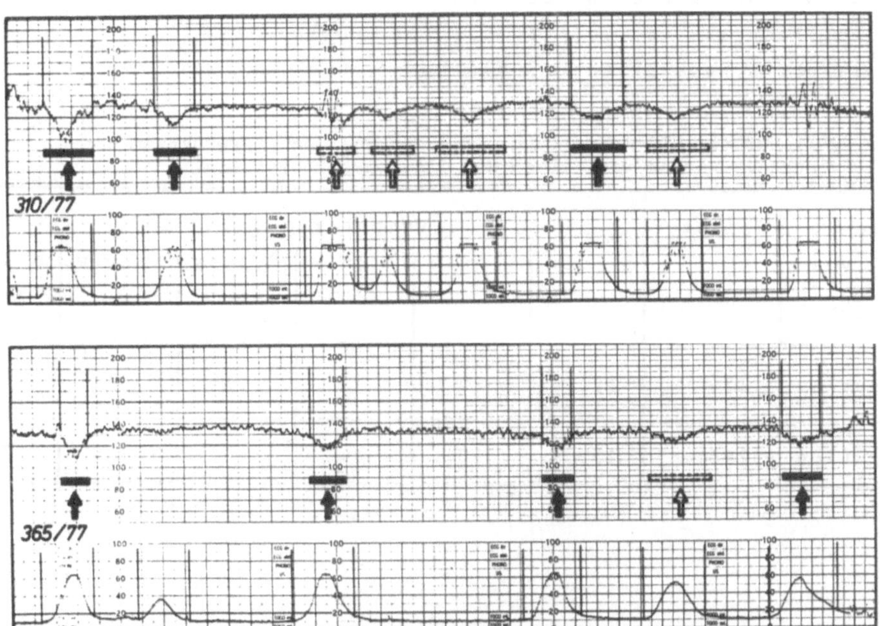

Abb. 15 . 2 Beispiele für die Wirkungsweise der CTG-Auswertung : die vom Programm erkannten Dezelerationen sind durch schwarze Balken markiert; mit weißen Balken sind diejenigen Dezelerationen gekennzeichnet, die zusätzlich dazu von den Beobachtern erkannt wurden.

Zusammen mit einer geringfügigen, allgemeinen Veränderung der
Startbedingungen bewirkte dies im untersuchten Kollektiv eine
Steigerung der Erkennungsrate auf 92 % (18).
Da diese Veränderungen jedoch auch die Anzahl der fälschlicher-
weise erkannten Dezelerationen erhöht, wurden diese Veränderungen
nicht im laufenden System implementiert.

Bei der Qualitätsuntersuchung der bestehenden CTG-Auswertung
in umgekehrter Richtung wird die Menge der vom Computer-Pro-
gramm erkannten Ereignisse als loo % festgesetzt (s. Tab.47.).
17 % dieser Deviationen waren von keinem der 5 Auswerter erkannt worden. Aber nur 5 % dieser Deviationen wurden nachträg-
lich als korrekt erkannt. Die Hauptursachen der falschen Erkennung waren :
- eine Verschiebung der Basislinie (69 %),
- Startproblem der Auswertung (14 %); ungünstiger Start des
  Programms innerhalb einer Deviation (s. 6.1.3.),
- hohe Artefaktrate (14 %), (s. 6.1.2.)  sowie
- ausgeprägte Irregularität (3 %).

Tab. 47 . Qualität der CTG-Auswertung. 17 % der vom Computerprogramm erkannten Deviationen wurden von einem der 5 Auswerter bestätigt.

| erkannt von Ereignis | Computer | Computer und | | | | | |
|---|---|---|---|---|---|---|---|
| | | 5 Ausw. | 4 Ausw. | 3 Ausw. | 2 Ausw. | 1 Ausw. | o Ausw. |
| Akzeleration | 234 | 191 | 23 | 8 | 3 | 1 | 8 |
| Dezeleration | 29o | 159 | 18 | 14 | 4 | 14 | 81 |

## lo.    Diskussion

Die automatische Überwachung von Schwangerer und Fetus während
der Entbindung mit Hilfe der vorgestellten CTG-Auswertung
nimmt eine dominante Position im Überwachungssystem ein.
Das Ziel der Arbeit jedoch war es, diese CTG-Auswertung in
ein umfassendes Informationssystem für das geburtshilfliche
Management während der Entbindung einzubauen (s. 1.1.).
Da zur Zeit der Systementwicklung keine Vorbilder greifbar
waren, mußten geburtshilflicher Stoff und Ablaufplanung selbst
strukturiert werden. Entsprechend ist auch die aufgeführte
Literatur keine vergleichende Literatur über ähnliche Vorhaben,
sondern Basis- und ergänzende Information aus den Bereichen
der Informatik und der Medizin. (s. lo.1.)

### lo.1.    Entstehungsgeschichte

Die Idee von einem umfassenden Informationssystem entstand aus
der Habilitationsschrift von Prof.Dr. H. Rüttgers. Dieser erste
Einsatz eines Rechners zur halbautomatischen CTG-Beschreibung
führte zu dem Wunsch na   einer automatischen CTG-Auswertung.
Während der Arbeiten zu dieser Auswertung (1972-1974) zeigte
sich, daß die Aussagekraft der CTG-Parameter sehr stark von
den umgebenden klinischen Parametern (patient und Verlauf)
abhängig ist. Damit ergab sich als Ziel ein umfassendes geburtshilfliches Dokumentationssystem, das neben den CTG-Ereignissen
auch die übrigen klinischen und paraklinischen Daten verwaltet.
Für die Beschaffung der dazu notwendigen hardware dienten als
Vorbilder bereits existierende ICU-Systeme, die von der Herstellerfirma (hp) in den USA angeboten wurden.
Bei der software jedoch ergaben sich damit Schwierigkeiten.
Das intendierte System war kein reines Datenverwaltungssystem,
sondern sollte die CTG-Daten von 8 Betten gleichzeitig auf-
nehmen und danach auswerten. Beim Versuch, allein die Datenaufnahme von den 8 Betten zu verwirklichen, wurden über 3o %
der cpu-Zeit allein für die Speicherung der aufgenommenen
Daten verbraucht. Für die zusätzliche rechenzeitintensive
Auswertung und die Verwaltung der manuell eingegebenen Daten
war  dies nicht tragbar.

Der hohe Zeitverbrauch ergab sich aus der Systemphilosophie,
alle Verwaltungsaufgaben über die Magnetplatte abzuwickeln.
Dies ermöglicht zwar einen vielseitigen Einsatz für verschiedene Aufgaben, verlangsamt durch die vielen Plattenzugriffe
für Verwaltungsaufgaben jedoch die Reaktionszeit und damit
die Leistung beträchtlich. (25, 49)
Bei der danach begonnenen Eigenentwicklung stand entsprechend
die Idee im Vordergrund, die Zahl der Plattenzugriffe möglichst
gering zu halten. Deshalb wurden folgende Punkte verwirklicht :
- die Programme für die CTG-Datenaufnahme (s. 5.) und für die
  Mehrbenutzerstruktur  (s. 3.3.) sind cpu-speicher-resident;
- die Dialogprogramme ('Anwender'-prog.) werden bei Unterbrechung (für Ein-/Ausgabe) nicht auf die Magnetplatte gerettet,
  sondern beendet; es werden nur Programmvariable in den Dialogpuffer im cpu-Speicher gerettet (s. 3.2.1.);
- Dialog- und Datenpuffer werden in einem gemeinsam genutzten
  Teil des cpu-Speichers verwaltet;
- die Plattenadressen der Bett-Dateien werden ebenfalls im
  cpu-Speicher gehalten; auf Magnetplatte gerettet werden diese
  Adressen nur bei Änderung der Werte (selten); die platten-
  residenten Teile der Verwaltung residieren in der <u>Mitte</u> der
  Platte, d.h. der Daten.
Um die Dialogwege möglichst kurz zu halten, wurde der Dialog
von Anfang an breit angelegt. Nach spätestens 2 Steuerungsein-
gaben können Daten zur Patientin ein- bzw. wiedergegeben werden.
Längere Dialogwege senken die Eingabehäufigkeit.
Außerdem wurde versucht, den geburtshilflichen Stoff in möglichst ähnliche  Bereiche zu gliedern und die Befunde möglichst
mit denselben Parametern zu beschreiben; z.B. wurde für sämtliche 'Komplikationen in der Schwangerschaft' dieselbe Be-
schreibungsstruktur verwendet (s. II) :
- klinische Symptome (Diagnose),
- Screening,
- stationäre Aufnahme, sowie
- Therapie.
Die Kataloge für Screening und Therapie sind dabei für alle Komplikationen dieselben (s. Anhang II), es wechseln nur die Kataloge der Symptome (Diagnosen).

Durchgängig wurde 'o' für 'nein' und '-1' für 'keine Angabe'
verwendet. Für alle Bereiche wurde eine ähnliche Präsentation
auf dem Bildschirm verwendet. Dieselbe Kontinuität wie für
die Eingabe der Patientendaten wurde auch für die Steuerungs-
daten angestrebt (z.B.: '-5o; ID' : Ändern / '-99; ID' : Löschen);
d.h. es wurde versucht, die Dialogsprache knapp zu halten und
für alle Bereiche einheitlich zu gestalten.
Das Betriebssystem sowie ein großer Teil der Dialogprogramme
wurde von Anfang 74 bis Ende 76 entwickelt. Ansprechpartner
für geburtshilfliche Fragestellungen war in dieser Zeit Prof.
Dr. H. Rüttgers und für die Programmierung Dr. H. Biesel (hp),
der auch das Rechnerprogramm für die CTG-Auswertung entwickelte.
Mit Fertigstellung des neuen Kreißsaales an der Universitäts-
frauenklinik in Heidelberg Ende 76 wurde auch dieses Informationssystem in Betrieb genommen.
Neben der Beseitigung von Anfangsproblemen mit dem System
wurde während des Jahres 77
- ein automatischer Wiederstart des Systems nach einem Stromausfall, sowie
- der Dialog für Ein-/Wiedergabe der anamnestischen Bereiche
in das laufende System implemetiert.
Der Komplex der anamnestischen Daten wurde gemeinsam mit
Dr. Staudach von der Landesfrauenklinik in Salzburg (Österreich)
strukturiert. (66)
Die Ordnung im Archivsystem, d.h. die Struktur der Dateien,
sowie zugehörige Statistikprogramme, wurden in den folgenden
Jahren entwickelt und anhand aktueller Fragestellungen immer
mehr den Problemen angepaßt.
Ebenfalls verändert im Lauf der Zeit wurden das Format von
Arztbrief und Geburtsblatt, sowie in geringem Umfang die
Struktur der Anamneseeingabe.

lo.2.    Funktion in der Routine

Da das Informationssystem zur Dokumentation <u>aller</u> Entbindungen
eingesetzt wird, muß das System 24 Stunden am Tag, 7 Tage in
der Woche ansprechbar sein, sowie auch genutzt werden.
Das System muß also folgende Eigenschaften aufweisen :
1. von der Geräte-seite her :
   - hohe Zuverlässigkeit im Dauerbetrieb (geringe Ausfallzeiten);
     ein längerer Ausfall des Systems stärkt eine bereits
     überwundene Abwehrhaltung des Personals.
2. von den Programmen her :
   - schnelle Reaktion des Systems;
   - einfache, leicht durchschaubare Stoffgliederung;
   - umfassendes Angebot von Zustandsbeschreibungen;
   - sofortige Plausibilitätskontrollen.
3. von der Personal-Seite her :
   - kurze Einarbeitungszeit; die Bedienung wird durch die
     Benutzung erlernt;
   - leicht verständliche Bedienung, die nicht zeitaufwendiger
     sein sollte, als die konventionelle Dokumentation.


Zum ersten Punkt, der verwendeten <u>hardware</u>,ist festzustellen,
daß entsprechend dem Dauereinsatz die Schwachstellen bei den
Geräten mit (mechanisch) bewegten Teilen liegen - das betrifft ins-
besondere die Magnetplatte. Der eingesetzte Analog-Digital-Kon-
verter reagiert empfindlich auf einen Stromausfall.
Bewährt haben sich die FS-Monitore - trotz eines leisen Pfeifens
(Zeilentrafo)- mit den zugehörigen robusten Tastenfeldern.
Ebenfalls störunanfällig (trotz Klinikrufanlage) ist das ver-
wendete System zur Datenübertragung.
Das Archivsystem befindet sich in einem nicht klimatisierten
Raum (Dachgeschoß). Entsprechend traten hier etwas häufiger
Fehler am Rechner (parity-error) oder an der Magnetplatte
(Überhitzung) auf.


Da das System lange von dem Einsatz simuliert werden konnte,
traten Fehler an der <u>software</u> nur in den ersten Wochen des
Einsatzes auf und konnten schnell behoben werden.
Wichtiger war es hier, die Eingabe benutzerfreundlich zu ge-

stalten, was auf eine Reduzierung des abgefragten Stoffes
(Anamnese) bzw. eine Verkürzung der Dialogwege hinauslief.
Beim Bereich 'Medikation' mußten zwischenzeitlich nicht mehr
gebräuchliche Medikamente ersetzt werden.
Arztbrief und Geburtsblatt wurden übersichtlicher gestaltet.

Die Qualität der angestrebten Dokumentation ist hauptsächlich
abhängig von der Bereitschaft des Personals (manware) , das
System im dafür notwendigen Umfang zu benutzen. Dafür muß
eine manchmal ablehnende Haltung gegenüber der vom System
geforderten Einordnung in vorgeschriebene Beschreibungs-
strukturen überwunden werden. Die oft vorherrschende Meinung,
daß eine exakte Beschreibung nur subjektiv - dem Einzelfall
angepaßt - möglich ist, muß geändert werden. Die Benutzer
sollen erkennen und akzeptieren, daß es möglich und sinnvoll
ist, mit vorgegebenen Beschreibungskatalogen für Symptome,
Diagnosen, Überwachung und Therapie den speziellen Einzelfall zu beschreiben.
Erreicht werden muß also die Bereitschaft des Personals, seine
Verhaltensweisen formalisieren bzw. in bestehende Beschrei-
bungsstrukturen einordnen zu lassen.

Die Steigerung der Datenqualität im Laufe der Jahre (s. 9.1.)
zeigt, daß die gesetzten Ziele zumindest teilweise erreicht
wurden.

## lo.3.    Nutzen für Management und Forschung

Der Vorteil des Systems für das klinische Management unter der
Entbindung besteht im wesentlichen in einer Standardisierung
der Patientenbeschreibungen, sowohl für die zustandsbeschreibenden Daten als auch für die verlaufsbeschreibenden.
Durch das geordnete Abfragen können keine Daten mehr vergessen
werden; falls dies doch geschieht, werden diese Daten am Ende
der Entbindung angefordert. Zusätzlich sind schon bei der
Dateneingabe Plausibilitätskontrollen möglich.Die Formalisierung
des Untersuchungsablaufs  bewirkt auch einen Lerneffekt beim
Untersucher. Am Ende der Entbindung übernimmt das System die
Dokumentationsarbeiten (nur für den vollständigen Datensatz).

Da der Aufenthalt der Patientin im Kreißsaal jedoch nur einige
Stunden dauert, fällt der langfristige Nutzen (Station, Archiv,
Forschung) mehr ins Gewicht.
Der Vorteil bei der Archivierung besteht darin, daß alle Ge-
burtsbeschreibungen vollständig sind. Außerdem sind alle Daten-
sätze an einer Stelle versammelt. Die gewählte Dateistruktur
gewährt einen schnellen Zugriff auf die gespeicherten Geburts-
blätter. Dabei können Da ensätze auch anhand von'weichen'
Kriterien wiedergefunden werden (Name nicht mehr bekannt).
Anschließend kann das Blatt sofort ausgedruckt werden.

Die größten Vorteile liegen in den erweiterten statistischen
Möglichkeiten (Forschung). Der schnelle sequentielle Durchlauf
über alle gespeicherten Datensätze ermöglicht Statistiken über
die gespeicherten Patientenmerkmale. Durch die Normierung
des Geburtsverlaufs (Partogramm, Kardiotokogramm) können auch
verlaufsbeschreibende Parameter miteinander verglichen werden.
Die Listenerstellung für Kollektive, die durch beliebige Patienten und Verlaufsmerkmale definiert wurden, vereinfacht
follow-up Studien.  (19, 43, 64)

11.    Zusammenfassung

Wegen der immer größer werdenden Menge von Informationen über
eine Patientin  wird eine Analyse der Beziehungen zwischen den
Informationen immer dringender notwendig.  Dafür müssen Methoden
der automatisierten Informationsverarbeitung entwickelt werden.
Dies ist zum einen notwendig, um Qualität und Wirkungsgrad ärzt-
licher Betreuung zu erhöhen, aber vor allem  um überhaupt erst
eine vergleichende Bewertung medizinischer Leistung zu ermög-
lichen. (1o, 51)
Diese Entwicklung war deshalb notwendig, um herauszufinden,
- wie der geburtshilfliche Stoff zu gliedern ist, um vergleich-
  bare Zustands- und Verlaufsbeschreibungen zu erhalten;
- wie ein Prozeßrechnersystem anzulegen ist, mit dem die gestell-
  ten Aufgaben (multi-user, 24 -Stundenbetrieb, Biosignalverarbeitung) genügend schnell und zuverlässig bewältigt werden
  können;
- daß der generelle Einsatz eines derartigen Informationssystems an einer geburtshilflichen Abteilung möglich und
  sinnvoll ist.
Für das angestrebte Informationssystem reicht die alleinige
Erfassung von Patientendatenstammsatz und erbrachter medizinischer Leistung nicht aus. Aus den gespeicherten Daten muß
der zeitliche Verlauf und der Zusammenhang von klinischen
Symptomen, Screening und Therapie rekonstruierbar sein.
Die Qualität der erhobenen klinischen Daten kann nur gesichert
werden, wenn diese Daten
- am Ort der Untersuchung,
- zum Zeitpunkt der Untersuchung, sowie
- vom Untersucher selbst
eingegeben werden.
Es erscheint schwer möglich, daß eine derart umfangreiche Echt-
zeit-Datenerhebung mit gleichzeitiger Biosignalverarbeitung durch
Zugriff auf eine Großrechenanlage zu bewältigen ist.
Für die online und real-time Datenerfassung und -Verarbeitung wurde deshalb ein komplettes geburtshilfliches Informationssystem
über einen Prozeßrechner  realisiert.
Erfaßt werden damit alle statischen (Anamnese) und dynamischen
(Untersuchungsbefund, Kardiotokogramm) Daten, die vor, während
und nach der Entbindung im Kreißsaal anfallen.

Das System ist auf die Praxis zugeschnitten. Das bedeutet, daß
Patient, Personal und Klinikverwaltung davon profitieren.
Dies wird erreicht durch
- eine funktionelle und systematische Gliederung des geburtshilflichen Stoffes, sowie durch
- eine automatisierte Verabeitung der Biosignale von Mutter
  und Fetus.
Das erstellte System ermöglicht allen befugten Benutzern einen
schnellen und gezielten Zugriff auf alle gespeicherten Patientenbeschreibungen.
Das verwendete Dialogsystem ist jederzeit von mehreren Benutzern
ansprechbar. Der Dialog des Untersuchers mit dem System geschieht
durch vordefinierte Frage/Antwort-Kataloge. Diese Kataloge bein-
halten neben meßbaren Größen die Eingabe von 'JA/NEIN'-Entschei-
dungen, sowie von subjektiven Beschreibungen (multiple-choice).
Die Grunddaten der Patientin werden dabei nur einmal abgefragt.
Die während des Kreißsaalaufenthaltes anfallenden Befunde werden zur Aktualisierung der Patientenbeschreibung
- sofort,
- am Ort der Untersuchung, sowie
- vom Untersucher selbst  ingegeben.
Die Eingabe dieser verlaufsbeschreibenden Daten ist dabei fakultativ und ereignisabhängig.Der Untersucher kann damit die
momentane klinische Situation exakt beschreiben.
Die chronologische Einordnung der Daten erfolgt durch den
Computer. Dadurch, daß das System die eigene Uhrzeit verwendet,
bleiben die Zeitbezüge auch bei verschiedenen Untersuchern gewahrt. Das ist besonders wichtig im Hinblick auf die Korrelation
der automatisch aufgenommenen Biosignale mit den klinischen Befunden.
Die von Mutter und Kind automatisch aufgenommenen Biosignale
(Kardiotokogramm) werden sofort von einem Rechnerprogramm ausgewertet, sowie übersichtlich dargestellt.
Durch die standardisierte Befragung und den standardisierten
Untersuchungsablauf wird die Eingabe aller Patientendaten gewährleistet.  Die formalisierte Befunderhebung bewirkt zusätzlich
einen Lerneffekt beim Benutzer.

Weitere Eigenschaften des Dialogsystems mit Echt-Zeit-Daten-
aufnahme sind :
- der Befundkomplex ist einfach anwählbar;
- die Frage/Antwort-Kataloge sind einfach darstellbar;
- eine Verzweigung ist entsprechend dem Einzelfall möglich,
  d.h. das System paßt sich dem Untersucher und dem speziellen
  Patienten an;
- es sind schon bei der Eingabe Plausibilitätskontrollen möglich;
- die eingegebenen Befunddaten sind sofort an vielen Stellen
  verfügbar;
- es ist sofort möglich, Trendverläufe zu erstellen;
- durch Zusammenfassung von verschiedenen Befunden kann ein
  aktuelles Risiko-scoring implementiert werden.

In dem System/Benutzer-Dialog setzt der Untersucher entsprechend
der Nachricht (dem Befund), die er mitteilen möchte, seine Aussage
zusammen, indem er aus den angebotenen Möglichkeiten die momentan
für ihn und die Patientin zutreffenden auswählt. Diese Präzi-
sierung des Nachrichten(Befund-)typs nimmt maximal 2 Dialog-
schritte in Anspruch. Die Fragen über die Patientin werden darauf folgend sukzessive vom System gestellt und nur die angebotenen Möglichkeiten werden als Antwort akzeptiert. Erst nach -
dem der Untersucher alle Fragen legal beantwortet hat, speichert
das System die Antwortdaten zusammen mit der momentanen Uhrzeit
sowie einer Kennzahl des Untersuchers als eine Nachricht (Befund)
in der Patientendokumentation. Die Nachricht wird dann vom System
sowohl chronologisch als auch bezüglich ihres Typs verwaltet.
Der Benutzer kann auf die gespeicherte Nachricht selektiv zugreifen (für Textausgabe, Änderung) und kann auch Zusammenstellungen in Form von Trendverläufen anfordern. Beides kann sowohl
auf einen Fernsehmonitor als auch auf Papier wiedergegeben werden.
Die Analogkurven der fetalen Herzfrequenz und des mütterlichen
Wehendrucks werden automatisch gespeichert, ausgewertet und reduziert. Das Auswerteprogramm zerlegt dazu die Herzfrequenzkurve in Grundfrequenzintervalle und in Deviationen, d.h. wehen-
abhängige Veränderungen der Grundfrequenz in Form von Dezelerationen (Herzfrequenzabfall) und Akzelerationen (Herzfrequenz-
anstieg). Das Verhalten der Grundfrequenz wird charakterisiert

durch den Mittelwert der Frequenz und die Irregularität.
Diese wird zerlegt in einen kurzfristigen und mittelfristigen
Anteil. Beide Anteile werden beschrieben durch die Fläche und
die Anzahl Nulldurchgänge pro Minute.
Eine Deviation wird definiert durch den Frequenzwert bei Beginn,
die Dauer, die maximale Amplitude und die Fläche (etc.).
Die Wehendruckkurve wird in Basaltonusabschnitte und in Wehen
zerlegt. Dabei werden für jede Wehe ähnliche beschreibende Parameter wie für die Deviationen berechnet.
Auf Wunsch werden die vom Programm erkannten Ereignisse automatisch (ereignisabhängig) auf einen Fernsehmonitor ausgegeben.
Außerdem kann der Benutzer jederzeit eine reduzierte Verlaufs-
kurve des Kardiotokogramms anfordern.
Eine Untersuchung über die Qualität der CTG-Auswertung ergab
eine 65 %ige Erkennungsrate für das Rechnerprogramm. Durch
Änderungen am Programm konnte die Erkennungsrate zwar auf über
9o % gesteigert werden, da dadurch jedoch auch die Anzahl der
fälschlicherweise erkannten Deviationen erhöht wurde, sind diese
Änderungen nicht in das laufende System implementiert worden.
Die Akzeptanz des Dialogsystems wurde anhand einer zufälligen
Stichprobe überprüft. Es zeigte sich hier im Laufe der Jahre
eine Qualitätssteigerung bei den manuell eingegebenen Daten.

Aus den eingegebenen Daten werden am Ende der Entbindung vom
System Arztbriefe, Geburtsblatt, sowie Verlaufsblätter erstellt
und ausgegeben. Dazu müssen aber sämtliche Daten eingegeben
worden sein. Etwa fehlende Grunddaten werden vom System automatisch und gezielt angefordert.
Die vollständigen Datensätze werden nach der Entbindung in ein
Archivsystem auf Magnetband überspielt. Daraus werden Dateien
für Archiv- und Forschungszwecke abgeleitet.
Der Vorteil der dadurch entstehenden Datei besteht - abgesehen
von vergleichbaren Geburtsbeschreibungen für statistische Zwecke
darin, daß Geburtsblätter schnell wiedergefunden werden können.
Dies ist auch dann möglich, wenn der Name der Patientin nicht
mehr bekannt ist, sondern nur 'weiche' Angaben über die Patientin bzw. den Geburtsverlauf gemacht werden können.

Anhang I : Fragenkataloge (Dialogbaum)     <u>Eingabe</u>

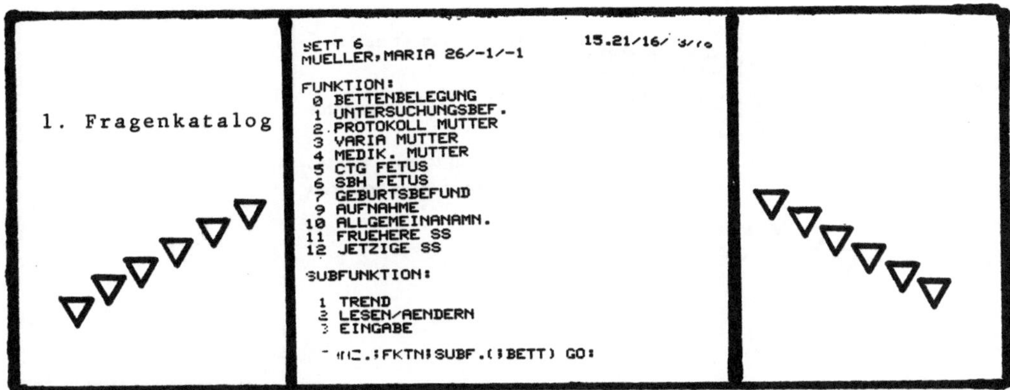



Nach Ausgabe des ersten Fragenkatalogs wird eine Steuerung des
Dialogs durch den Benutzer erwartet. Entsprechend dem angewähl-
ten Bereich können dann Patientendaten eingegeben werden, oder
es wird nach einer weiteren Verzweigung gefragt. Nachdem alle
Patientendaten eingegeben worden sind, kann sofort ein neuer
Dialog begonnen werden.

Im Folgenden sind (nahezu) alle möglichen Bildschirminhalte des
Dialogs wiedergegeben : zuerst die Fragenkataloge für die Einga-
be von Patientendaten, dann die Formate für die Wiedergabe in
Textform und zuletzt mögliche Verlaufskurven für die Trendausgabe.
Eine mögliche Verzweigung wird dabei durch einen Pfeil neben bzw.
über dem entsprechenden Bildschirminhalt angezeigt. Ein waagrech-
ter Pfeil markiert die Fortführung der Eingabe in einem folgenden
Bildschirminhalt. Ein Kreis zeigt das Ende der Dateneingabe an.

Verzweigung : vag. Untersuchungsbefund     ▽

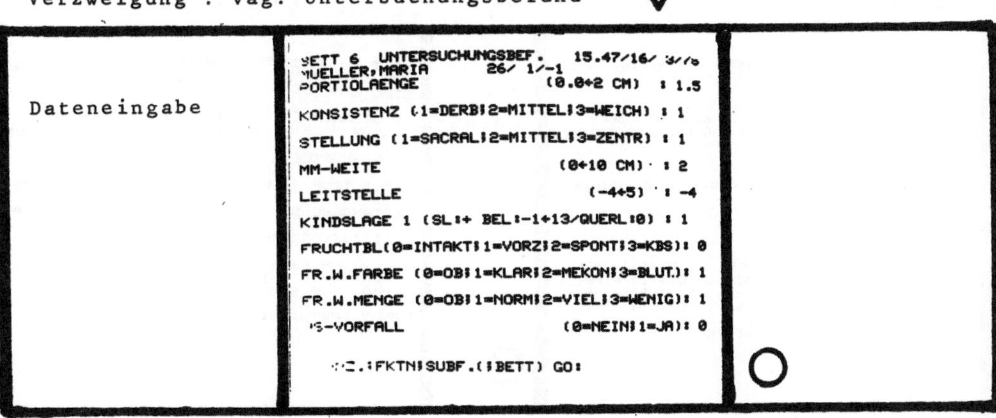

Anhang I : Fragenkataloge (Dialogbaum)     <u>Eingabe</u>

▽

Verzweigung : Protokoll Mutter

Fragenkatalog :
Protokoll Mutter

```
BETT 6     PROTOKOLL MUTTER    15.48/16/ 3/76
MUELLER,MARIA          26/ 1/-1
EINE EINGABE

 1 URINMENGE 2 URINBEF. 3 ROENTGEN.BEF.
 4 SBH        5 BLUTBILD 6 GERINNUNGSSTATUS

ODER MEHRERE

7;T.T TEMP  8;P PULS    9;R;R(MMHG) BLUTDR.

ZEITANGABE DURCH: -X(X=TAGE ZURUECK);ST.MI

(ZEIT;)EINGABEN:
```

▽ ▽ ▽     ▽ ▽ ▽

▽                              ▽

Verzweigung : Urinbefund          Verzweigung : röntgen.Bef.

```
BETT 6     PROTOKOLL MUTTER    15.49/16/ 3/76
MUELLER,MARIA          26/ 1/-1
EINE EINGABE

 1 URINMENGE 2 URINBEF. 3 ROENTGEN.BEF.
 4 SBH        5 BLUTBILD 6 GERINNUNGSSTATUS

ODER MEHRERE

7;T.T TEMP  8;P PULS    9;R;R(MMHG) BLUTDR.

ZEITANGABE DURCH: -X(X=TAGE ZURUECK);ST.MI

(ZEIT;)EINGABEN:
1
  MENGE IN ML (+: SPONT.; -: KATH.) = 400
  BEFUND VORHANDEN ? (0:NEIN;1:JA)  = 1
  EIWEISS (0,1,2,3)         (OB: -1) = 0
  ZUCKER  (0,1,2,3)         (OB: -1) = 0
  ACETON  (0:NEIN;1:JA)     (OB: -1) = 0
  BLUT    (0,1,2,3)         (OB: -1) = 0

  ENNZ.;FKTN;SUBF.(;BETT) GO:
```

Daten-
ein-
gabe

```
BETT 6     PROTOKOLL MUTTER    15.50/16/ 3/76
MUELLER,MARIA          26/ 1/-1
EINE EINGABE

 1 URINMENGE 2 URINBEF. 3 ROENTGEN.BEF.
 4 SBH        5 BLUTBILD 6 GERINNUNGSSTATUS

ODER MEHRERE

7;T.T TEMP  8;P PULS    9;R;R(MMHG) BLUTDR.

ZEITANGABE DURCH: -X(X=TAGE ZURUECK);ST.MI

(ZEIT;)EINGABEN:
3
SAGITT.EINGANGSDURCHM.       CM (OB:-1)= 11.5
SAGITT.AUSGANGSDURCHM.       CM (OB:-1)= 11.5
QUERDURCHM.BECKENEINGANG     CM (OB:-1)= 12
INTERSPINALABSTAND           CM (OB:-1)= 11
INTERTUBERALABSTAND          CM (OB:-1)= -1

  ENNZ.;FKTN;SUBF.(;BETT) GO:
```

○

▽                              ▽

Verzweigung : SBH-Mutter          Verzweigung : Blutbild

```
BETT 6     PROTOKOLL MUTTER    15.51/16/ 3/76
MUELLER,MARIA          26/ 1/-1
EINE EINGABE

 1 URINMENGE 2 URINBEF. 3 ROENTGEN.BEF.
 4 SBH        5 BLUTBILD 6 GERINNUNGSSTATUS

ODER MEHRERE

7;T.T.TEMP  8;P PULS    9;R;R(MMHG) BLUTDR.

ZEITANGABE DURCH: -X(X=TAGE ZURUECK);ST.MI

(ZEIT;)EINGABEN:
4
                PH       (OB:-1) = 7.41
        PO2 (IN TORR)    (OB:-1) = 60
        PCO2 (IN TORR)   (OB:-1) = -1
  BASE-EXCESS (-30 + 30) (OB:-1) = -1

  ENNZ.;FKTN;SUBF.(;BETT) GO:
```

Daten-
ein-
gabe

```
BETT 6     PROTOKOLL MUTTER    15.52/16/ 3/76
MUELLER,MARIA          26/ 1/-1
EINE EINGABE

 1 URINMENGE 2 URINBEF. 3 ROENTGEN.BEF.
 4 SBH        5 BLUTBILD 6 GERINNUNGSSTATUS

ODER MEHRERE

7;T.T TEMP  8;P PULS    9;R;R(MMHG) BLUTDR.

ZEITANGABE DURCH: -X(X=TAGE ZURUECK);ST.MI

(ZEIT;)EINGABEN:
5
      HB (3.0 - 20 G-%)      (OB:-1) = 12
   ERY (1.0 + 7 MIO/MM3)     (OB:-1) = 3
LEUKO (1.0 + 30 TSD/MM3)     (OB:-1) = -1

  KENNZ.;FKTN;SUBF.(;BETT) GO:
```

○

○

Anhang I : Fragenkataloge (Dialogbaum)    <u>Eingabe</u>

▽                                                    ▽

Verzweigung : Gerinnungsstatus        Verzweigung : Temp.,Puls,Blutdru

```
BETT 6    PROTOKOLL MUTTER    15.54/16/ 3/10
MUELLER,MARIA          26/ 1/-1
EINE EINGABE

 1 URINMENGE 2 URINBEF. 3 ROENTGEN.BEF.
 4 SBH       5 BLUTBILD 6 GERINNUNGSSTATUS

ODER MEHRERE

7;T.T TEMP  8;P PULS   9;R;R(MMHG) BLUTDR.

ZEITANGABE DURCH: -X(X=TAGE ZURUECK);ST.MI

(ZEIT;)EINGABEN:
6
TEG 1: R-ZEIT (SEC)           (OB: -1) = 15
       MAX.AMPLITUDE (MM) (OB: -1) = -1
FIBRINOGEN (MG-%)             (OB: -1) = -1
QUICK (%)                     (OB: -1) = -1
T-ZEIT (SEC)                  (OB: -1) = -1
THROMBOZ.(TSD/MM3)            (OB: -1) = -1
:LOTT-TEST (MIN)              (OB: -1) = -1
:LOTT-LYSE (MIN)              (OB: -1) = -1
```

Daten-
ein-
gabe

```
BETT 6    PROTOKOLL MUTTER    15.48/16/ 3/10
MUELLER,MARIA          26/ 1/-1
EINE EINGABE

 1 URINMENGE 2 URINBEF. 3 ROENTGEN.BEF.
 4 SBH       5 BLUTBILD 6 GERINNUNGSSTATUS

ODER MEHRERE

7;T.T TEMP  8;P PULS   9;R;R(MMHG) BLUTDR.

ZEITANGABE DURCH: -X(X=TAGE ZURUECK);ST.MI

(ZEIT;)EINGABEN:
7;36.8;8;80;9;130;110
```

▽

Verzeigung : Varia Mutter

Fragenkatalog :

Varia Mutter

oder

Dateneingabe

▽

```
BETT 6        VARIA MUTTER      15.57/16/ 3/10
MUELLER,MARIA          26/ 1/-1
EINE EINGABE

 1 FAHRT OP  2;X  IN KS,X  3 ENTLASSUNG

ODER MEHRERE

  4 ERBRICHT    5 SCHREIT   6 TOBT
  7 EKLAMPSIE   8 TETANIE   9 VENA-CAVA
LAGE
10 BECKENHOCH 11 RUECKEN   12 STEINSCHNITT
13 SEIT.RE.    14 SEIT.LI.

15 PRESST AKTIV    16 PRESST ZU FRUEH
17 BLUTET STARK    18 SECTIO-VORBERTG
19 KREUZBLUT       20 SONSTIGES
21 BESONDERE METHODEN
ZEITANGABE DURCH: -X(X=TAGE ZURUECK);ST.MI

(ZEIT;)EINGABEN:
11;15
```

▽

Verzweigung : Varia Mutter

```
BETT 6     VARIA MUTTER     15.58/16/ 3/10
MUELLER,MARIA          26/ 1/-1
EINE EINGABE

 1 FAHRT OP  2;X  IN KS X  3 ENTLASSUNG

ODER MEHRERE

  4 ERBRICHT    5 SCHREIT   6 TOBT
  7 EKLAMPSIE   8 TETANIE   9 VENA-CAVA
LAGE
10 BECKENHOCH 11 RUECKEN   12 STEINSCHNITT
13 SEIT.RE.    14 SEIT.LI.

15 PRESST AKTIV    16 PRESST ZU FRUEH
17 BLUTET STARK    18 SECTIO-VORBERTG
19 KREUZBLUT       20 SONSTIGES
21 BESONDERE METHODEN
 1 PSYCHOLOG.GEBURTSERLEICHT.  2 RFD
 3 MUETTERL.INTENSIVUEBERWACHG
 4 KONT.PH-MESSUNG             5 KONT.PO2
 5 TELEMETRIE

:INC.;FKTN;SUBF.(;BETT) GO:
```

Daten-
ein-
gabe

Anhang I : Fragenkataloge (Dialogbaum)     <u>Eingabe</u>

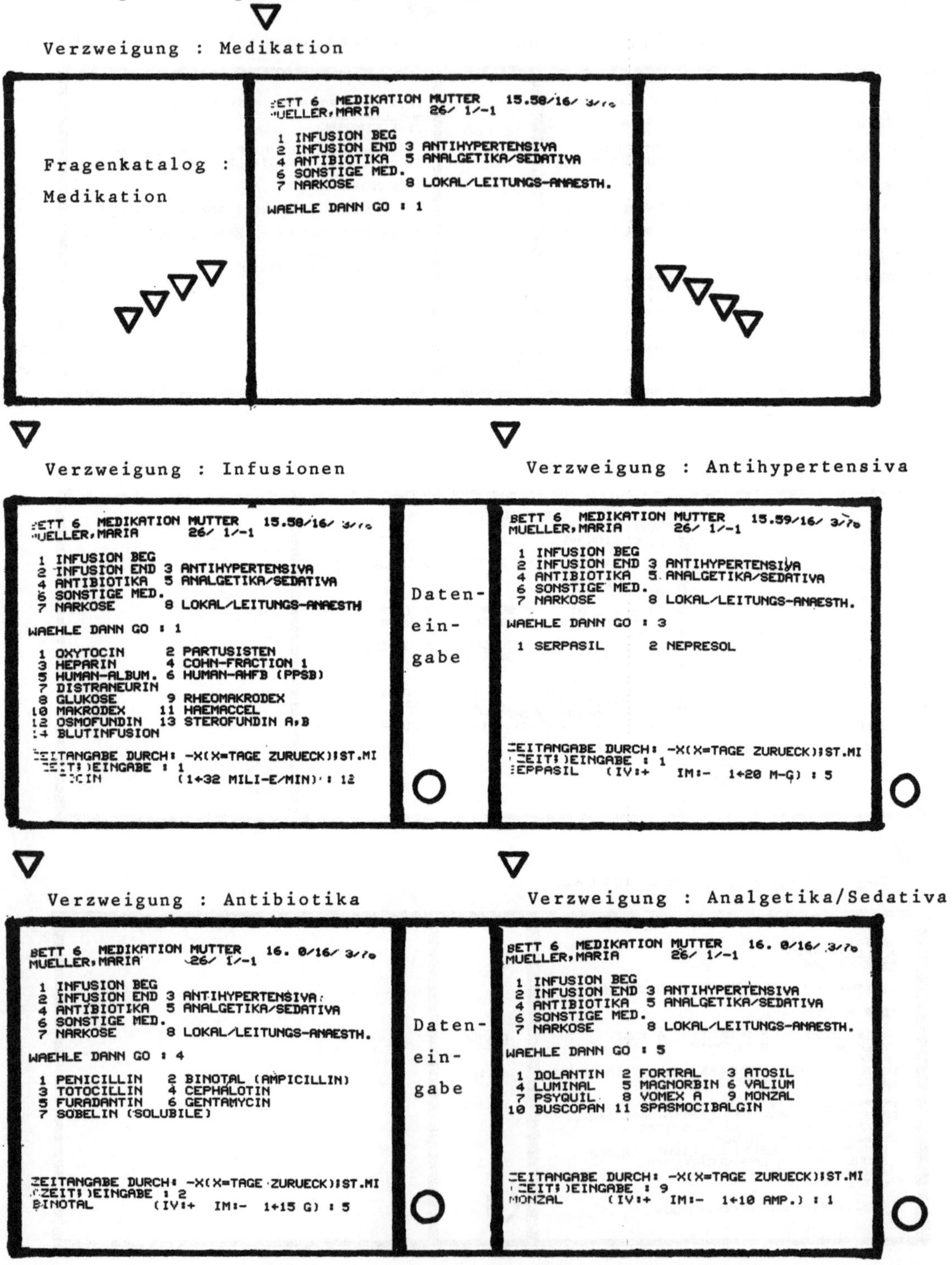

Verzweigung : Medikation





Verzweigung : Infusionen     Verzweigung : Antihypertensiva



Daten-
ein-
gabe



Verzweigung : Antibiotika     Verzweigung : Analgetika/Sedativa



Daten-
ein-
gabe

Anhang I : Fragenkataloge (Dialogbaum)    Eingabe

Verzweigung : sonstige Medikamente        Verzweigung : Narkose

```
BETT 6  MEDIKATION MUTTER    16. 1/16/ 3/10
MUELLER,MARIA          26/ 1/-1

  1 INFUSION BEG
  2 INFUSION END 3 ANTIHYPERTENSIVA
  4 ANTIBIOTIKA  5 ANALGETIKA/SEDATIVA
  6 SONSTIGE MED.
  7 NARKOSE        8 LOKAL/LEITUNGS-ANAESTH.

WAEHLE DANN GO : 6

  1 PARTUSISTEN  2 LASIX    3 MULTIBIONTA
  4 CALCIUM      5 LANITOP  6 LANICOR
  7 INSULIN      8 TRASYLOL 9 HEPARIN




ZEITANGABE DURCH: -X(X=TAGE ZURUECK);ST.MI
 ;ZEIT;)EINGABE : 3
 MULTIBIONTA       (IV:+  1+2 AMP.) : 1
```

Daten-
ein-
gabe

```
BETT 6  MEDIKATION MUTTER    16. 2/16/ 3/10
MUELLER,MARIA          26/ 1/-1

  1 INFUSION BEG
  2 INFUSION END 3 ANTIHYPERTENSIVA
  4 ANTIBIOTIKA  5 ANALGETIKA/SEDATIVA
  6 SONSTIGE MED.
  7 NARKOSE        8 LOKAL/LEITUNGS-ANAESTH.

WAEHLE DANN GO : 7

  1 TRAPANAL  2 BREVIMYTAL  3 ETOMIDATE
  4 SUCCINYL
  5 N20:02    6 02           7 HALOTHAN
  8 ALLOFERIN 9 FENTANYL    10 THALAMONAL
 11 DHB
 12 ATROPIN  13 MESTINON    14 LORFAN


ZEITANGABE DURCH: -X(X=TAGE ZURUECK);ST.MI
  ZEIT; )EINGABE :
```

Verzweigung : Lokal-/Leitungs-Anaesthesie

```
BETT 6  MEDIKATION.MUTTER    16. 2/16/ 3/10
MUELLER,MARIA          26/ 1/-1

  1 INFUSION BEG
  2 INFUSION END 3 ANTIHYPERTENSIVA
  4 ANTIBIOTIKA  5 ANALGETIKA/SEDATIVA
  6 SONSTIGE MED.
  7 NARKOSE        8 LOKAL/LEITUNGS O NAESTH.

WAEHLE DANN GO : 8

  1 LOKAL         2 PARACERVICAL
  3 PUDENDUS      4 EPIDURAL




ZEITANGABE DURCH: -X(X=TAGE ZURUECK);ST.MI
 ;ZEIT;)EINGABE :.4
 CARBOSTESIN    (KONZ.:  0.25+1.0 %) : .5
  ARB.(MIT:+ OHNE ADREN:- 10+35 M-L): 10
```

Daten-
ein-
gabe

Verzweigung : CTG-Kontrolle

Dateneingabe
(Steuerung)

```
BETT 6        CTG FETUS      16.55/16/ 3/10
MUELLER,MARIA          26/ 1/-1
BETT6 CTG AUS

  1 START CTG
  2 STOERUNG CTG
  3 WIEDERAUFN./AENDERUNG CTG
  4 BEENDE CTG

WAEHLE,DANN GO: 1
EINGABE SSW = 40
0 FHF AUS 1 PHONO 2 US 3 ABD. 4 DIR.: 4
0 WEHE AUS 1 EXTERN 2 INTERN :  2
AUFNAHMEDAUER IN STUNDEN (.4<T<15): 6
```

Anhang I : Fragenkataloge (Dialogbaum)     <u>Eingabe</u>

▽

Verzweigung : Säure-Basen-Haushalt Fetus

Fragenkatalog :
SBH-Fetus

▽

```
BETT 6         SBH FETUS
MUELLER,MARIA          26/ 1/-1   16.40/16/ 3/76
EINE EINGABE

  1   M B U
  2 NABELSCHNUR-UNTERSUCHUNG

ZEITANGABE DURCH: -X(X=TAGE ZURUECK);ST.MI
(ZEIT;)EINGABE  : 2
```

▽

▽                                               ▽

Verzweigung : Mikroblut-Unt.       Verzweigung : Nabelschnur-Unt.

```
BETT 6        SBH FETUS
MUELLER,MARIA          26/ 1/-1   11.13/29/ 3/76
EINE EINGABE

  1   M B U
  2 NABELSCHNUR-UNTERSUCHUNG

ZEITANGABE DURCH: -X(X=TAGE ZURUECK);ST MI
(ZEIT;)EINGABE : 1


        PH (6.60+7.80 /OB:-1) : 7.21
       PO2 ( 0+150 MMHG /OB:-1) : -1
       PCO2 (10+150 MMHG /OB:-1) : -1
       BASE-EXCESS (-30+30 /OB:-99):-99.0
STANDARD-BICARBONAT  (5+60 /OB:-1) : -1.0



KENNZ.;FKTN;SUBF.(;BETT) GO:
```

Daten-
ein-
gabe

○

```
BETT 6        SBH FETUS
MUELLER,MARIA          26/ 1/-1   16.40/16/ 3/76
EINE EINGABE

  1   M B U
  2 NABELSCHNUR-UNTERSUCHUNG

ZEITANGABE DURCH: -X(X=TAGE ZURUECK);ST.MI
(ZEIT;)EINGABE : 2

ARTERIE
        PH (6.60+7.80 /OB:-1) : 7.32
       PO2 ( 0+150 MMHG /OB:-1) : 11
       PCO2 (10+150 MMHG /OB:-1) : 22
       BASE-EXCESS (-30+30 /OB:-99):-12.3
STANDARD-BICARBONAT  (5+60 /OB:-1) : 15.1
VENE
        PH (6.60+7.80 /OB:-1) : 7.39
       PO2 ( 0+150 MMHG /OB:-1) : 15
       PCO2 (10+150 MMHG /OB:-1) : 18
       BASE-EXCESS (-30+30 /OB:-99):-10.8
STANDARD-BICARBONAT  (5+60 /OB:-1) : 16.1

     KENNZ.;FKTN;SUBF.(;BETT) GO:
```

○

▽

Verzweigung : Geburtsbefund

```
BETT 6     GEBURTSBEFUND
MUELLER,MARIA          26/ 1/-1   11.19/29/ 3/76
GEBURTSEINLEITUNG:
  1 SPONTANER WEHENBEGINN
  2 MEDIKAMENTOES I.V.
  3 NACH MM-DEHNUNG
  4 NACH BLASENSPRUNG
  5 AUSSERHALB EINGELEITET
  6 PRIMAERE SECTIO
  7 SONSTIGES

WAEHLE, DANN GO: 2;3
INDIK. ZUR EINLEITUNG:

  1 ELEKTIV            2 REIFE PORTIO
  3 PATH. A.P. CTG     4 RETARDIERUNG
  5 VORZ.BLASENSPRUNG  6 EPH-GESTOSE
  7 VAGINALE BLUTUNG   8 TERMINUEBERSCHR.


EINGABEN, DANN GO: 2;7
```

Daten-
ein-
gabe

```
BETT 6     GEBURTSBEFUND       16.41/16/ 3/76

WEHENBEGINN: -X(X=TAGE ZURUECK);ST.MI
  ODER:  1:KEINE  /  2:UNKLAR
WAEHLE, DANN GO: 0;11.30

DAUER EROEFFNUNGSPHASE   ( ST.MI ) : 1.30

DAUER AUSTREIBUNGSPHASE ( ST.MI ) :  .10

DAUER PRESS-PHASE       ( ST.MI ) :  .15
```

▷                                               ▷

Anhang I : Fragenkataloge (Dialogbaum)   *Eingabe*

Verzweigung : Geburtsbefund

```
BETT 6      GEBURTSBEFUND         16.43/16/ 3/76
KINDSLAGE BEI GEBURT:
VO.HHL     1 I.        2 II.
HI.HHL     3 I.        4 II.
 VO.HL     5 I.        6 II.
STIRN-L.   7 I.        8 II.
TIEFER QUERSTAND:
           9 I.       10 II.
GL        11 I.MA  12 II.MA  13 I.MP  14 II.MP
BEL       15 I.V   16 II.V   17 I.U   18 II.U
BEL-FUSS  19 I.V   20 II.V   21 I.U   22 II.U
FUSS      23 I.V   24 II.V   25 I.U   26 II.U
KNIEFUSS  27 I.V   28 II.V   29 I.U   30 II.U

QL:DORSO 31 ANTE 32 SUP.   33 INT. 34 POST.

HOHER GRADSTAND              35 O.A. 36 O.P.


WAEHLE, DANN GO: 1
LAGE VOR GEBURT ERKANNT (0:NEIN/1:JA): 1
WENDUNG ? (0:NEIN/1:MIT /2:OHNE ERFOLG): 0
```

Dateneingabe ▷

```
BETT 6      GEBURTSBEFUND       11.20/29/ 3/76
GEBURTSMODUS:
 0 SPONTANGEBURT

ABD.:
 1 PRIM.SECTIO
 2 SEC.SECTIO IN EP   3 SEC.SECTIO IN AP
 4 SEC.SECTIO N.FORCEPS

VAG.(SL):
 5 FORCEPS VON BB     6 FORCEPS VON BA
 7 FORCEPS VON BM     8 TRIAL FORCEPS
 9 SPIEGELENTB.      10 VAKV.BB
11 VAK.V.BA
12 VAKUUMEXTR.V.BM   13 FORCEPS NACH VAK.
14 SONSTIGES

VAG.(BEL):
15 BRACHT            16 VEIT-SMELLIE
17 KLASS.ARMLOESG.

WAEHLE, DANN GO: 5
```

▷

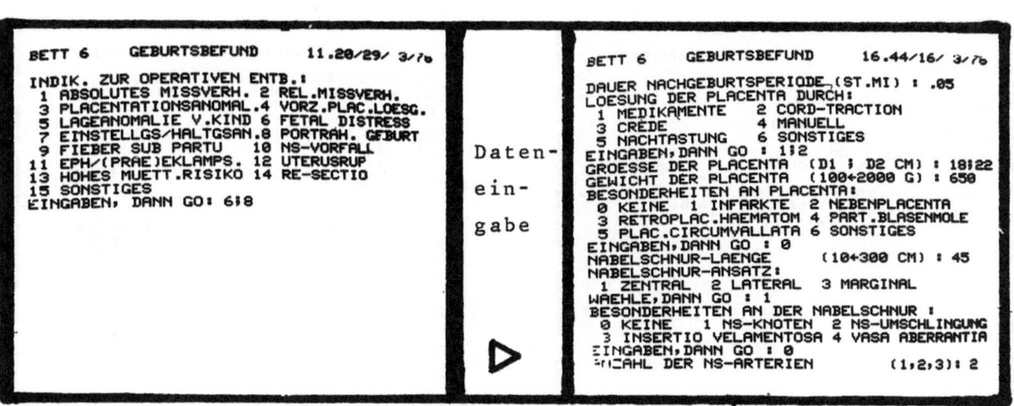

```
BETT 6      GEBURTSBEFUND       11.20/29/ 3/76
INDIK. ZUR OPERATIVEN ENTB.:
 1 ABSOLUTES MISSVERH. 2 REL.MISSVERH.
 3 PLACENTATIONSANOMAL.4 VORZ.PLAC.LOESG.
 5 LAGEANOMALIE V.KIND 6 FETAL DISTRESS
 7 EINSTELLGS/HALTGSAN.8 PORTRAH. GEBURT
 9 FIEBER SUB PARTU   10 NS-VORFALL
11 EPH/(PRAE)EKLAMPS. 12 UTERUSRUP
13 HOHES MUETT.RISIKO 14 RE-SECTIO
15 SONSTIGES
EINGABEN, DANN GO: 6;8
```

Dateneingabe ▷

```
BETT 6      GEBURTSBEFUND       16.44/16/ 3/76
DAUER NACHGEBURTSPERIODE (ST.MI) : .05
LOESUNG DER PLACENTA DURCH:
 1 MEDIKAMENTE     2 CORD-TRACTION
 3 CREDE           4 MANUELL
 5 NACHTASTUNG     6 SONSTIGES
EINGABEN,DANN GO : 1;2
GROESSE DER PLACENTA   (D1 ; D2 CM) : 18;22
GEWICHT DER PLACENTA   (100+2000 G) : 650
BESONDERHEITEN AN PLACENTA:
 0 KEINE   1 INFARKTE   2 NEBENPLACENTA
 3 RETROPLAC.HAEMATOM 4 PART.BLASENMOLE
 5 PLAC.CIRCUMVALLATA 6 SONSTIGES
EINGABEN,DANN GO : 0
NABELSCHNUR-LAENGE       (10+300 CM) : 45
NABELSCHNUR-ANSATZ:
 1 ZENTRAL  2 LATERAL  3 MARGINAL
WAEHLE,DANN GO : 1
BESONDERHEITEN AN DER NABELSCHNUR :
 0 KEINE    1 NS-KNOTEN  2 NS-UMSCHLINGUNG
 3 INSERTIO VELAMENTOSA 4 VASA ABERRANTIA
EINGABEN,DANN GO : 0
ANZAHL DER NS-ARTERIEN          (1,2,3): 2
```

▷

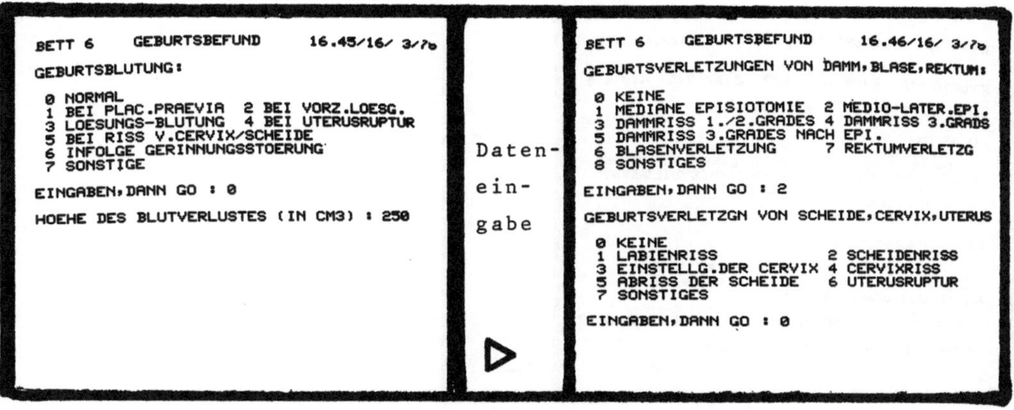

```
BETT 6      GEBURTSBEFUND       16.45/16/ 3/76
GEBURTSBLUTUNG:

 0 NORMAL
 1 BEI PLAC.PRAEVIA  2 BEI VORZ.LOESG.
 3 LOESUNGS-BLUTUNG  4 BEI UTERUSRUPTUR
 5 BEI RISS V.CERVIX/SCHEIDE
 6 INFOLGE GERINNUNGSSTOERUNG
 7 SONSTIGE

EINGABEN,DANN GO : 0

HOEHE DES BLUTVERLUSTES (IN CM3) : 250
```

Dateneingabe ▷

```
BETT 6      GEBURTSBEFUND       16.46/16/ 3/76
GEBURTSVERLETZUNGEN VON DAMM,BLASE,REKTUM:

 0 KEINE
 1 MEDIANE EPISIOTOMIE 2 MEDIO-LATER.EPI.
 3 DAMMRISS 1./2.GRADES 4 DAMMRISS 3.GRADS
 5 DAMMRISS 3.GRADES NACH EPI.
 6 BLASENVERLETZUNG      7 REKTUMVERLETZG
 8 SONSTIGES

EINGABEN,DANN GO : 2

GEBURTSVERLETZGN VON SCHEIDE,CERVIX,UTERUS

 0 KEINE
 1 LABIENRISS           2 SCHEIDENRISS
 3 EINSTELLG.DER CERVIX 4 CERVIXRISS
 5 ABRISS DER SCHEIDE   6 UTERUSRUPTUR
 7 SONSTIGES

EINGABEN,DANN GO : 0
```

▷

Anhang I : Fragenkataloge (Dialogbaum)    <u>Eingabe</u>

Verzweigung : Geburtsbefund

```
BETT 6      GEBURTSBEFUND      16.46/16/ 3/70

GESCHLECHT KIND (0:MAENNL./1:WEIBL.) : 0

REIFEZEICHEN:

 VERNIX (0:KEINER / 1:WENIG / 2:VIEL): 1
 HODEN/LABIEN:DESCEND./BEDECKEN (0/1) : 1
 FINGERNAEGEL UEBERRAGEN(0:NEIN/1:JA): 1
 UEBERREIFE             (0:NEIN/1:JA) : 0
 WOLLHAARE (0:KEINE/ 1:WENIG/ 2:VIEL): 1
 FETTPOLSTER (0:KEINE/1:WENIG/2:VIEL): 1

REIFE:

-2 UNREIF               -1 NAHEZU REIF
 0 REIF (CLIFF 0)
 1 UEBERREIF (CLIFF 1) 2 CLIFF 1-2
 3 CLIFF 2             4 CLIFF 2-3
 5 CLIFF 3             6 PAEDATROPHIE

WAEHLE,DANN GO : 0
```

```
BETT 6      GEBURTSBEFUND      16.47/16/ 3/70
LEBENSFRISCHE (APGAR)
PUNKTE:      0           1           2
KOLORIT:BLAU/WEISS EXTREMIT.BLAU  ROSIG
ATMUNG:   KEINE    UNREGELM. REGELM./SCHREI
TONUS:    SCHLAFF FLEXIONSBEW. SPONTANBEW.
REFLEXE:  KEINE    VERMINDERT HUSTEN/NIESEN
HERZSCHL.:KEINE    UNTER 100    UEBER 100
PUNKTE FUER:
 KOLORIT:ATMUNG:TONUS:REFLEXE:HERZSCHLAEGE

NACH  1 MINUTE  : 1:2:2:2:2      SUMME = 9
NACH  5 MINUTEN : 2:2:2:2:2      SUMME = 10
NACH 10 MINUTEN : 2:2:2:2:2
```

Daten-ein-gabe ▷

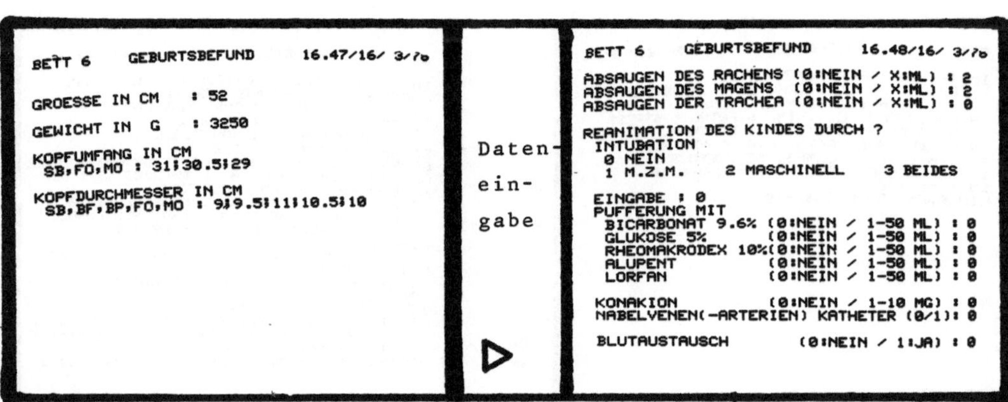



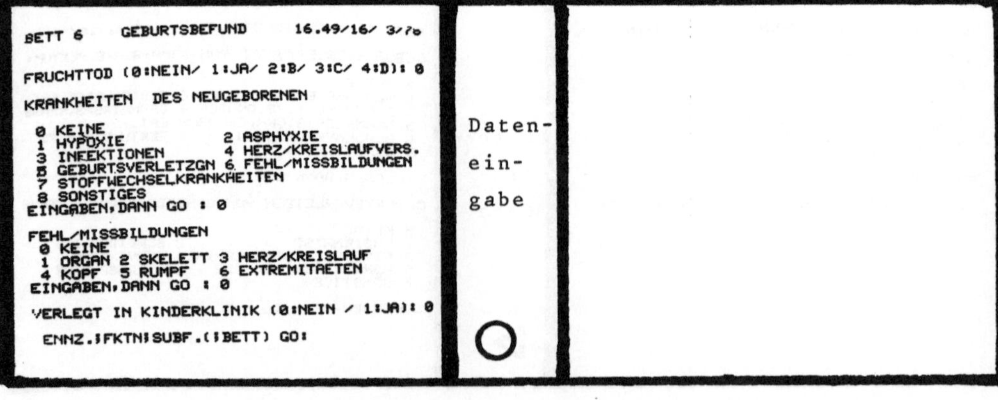

Anhang I : Fragenkataloge (Dialogbaum)          <u>Eingabe</u>

Verzweigung : Aufnahmebefund

```
BETT 6      AUFNAHMEBEFUND      15.25/16/ 3/76

PARITAET ;.GRAVIDITAET                : 1;2

SS-WOCHE ; (+) TAGE                   : 40;0

L.P. DATUM (-1 : KEINE ANGABE) : 9;6;77
  0 DATUM NICHT EXAKT            1 EXAKT   : 1
  0 BLUTUNG SCHWACH, ATYPISCH 1 NORMAL : 1
DATUM VORLETZTE PERIODE (-1:KA): -1
E.T. DATUM                       : 16;3;78

KONZEPTIONSDATUM   (-1:K.A.)     : 21;6;77

SS-TEST POS: -1 K.A. 0 NEG.,UNKLAR
   ODER DATUM                    : 25;7;77
1.K.B.      : -1 K.A. 0 KEINE FESTGESTELLT
   ODER DATUM                    : 2;11;77

GROESSE PAT.                 (CM): 168
GEWICHT PAT.: VOR SS;JETZT (KG): 54;66
LEIBESUMFANG: VOR SS;JETZT (KG): 62;104
ALTER VATER BEI KONZEPTION       : 28
```
```
BETT 6      AUFNAHMEBEFUND      15.31/16/ 3/76

EINWEISUNGSGRUND:     0 SPONT.WEHENBEGINN
  1 VORZ.BS + WEHEN   2 VORZ.BS OHNE WEHEN
  3 PROGRAMM.GEBURT   4 EINLEITG FET.INDIK.
  5 EINL.MUETT.INDIK.6 FRUEHGEB.(<= 37)
  7 BLUTUNG           8 VORZ.LOESUNG
  9 LAGEANOMALIE     10 AMNIOINFEKT.SYNDROM
 11 I.U. FRUCHTTOD   12 SONSTIGES
EINGABEN: 0
```

Daten-
ein-
gabe

Verzweigung : Sozial-/Familien-/Eigen-Anamnes

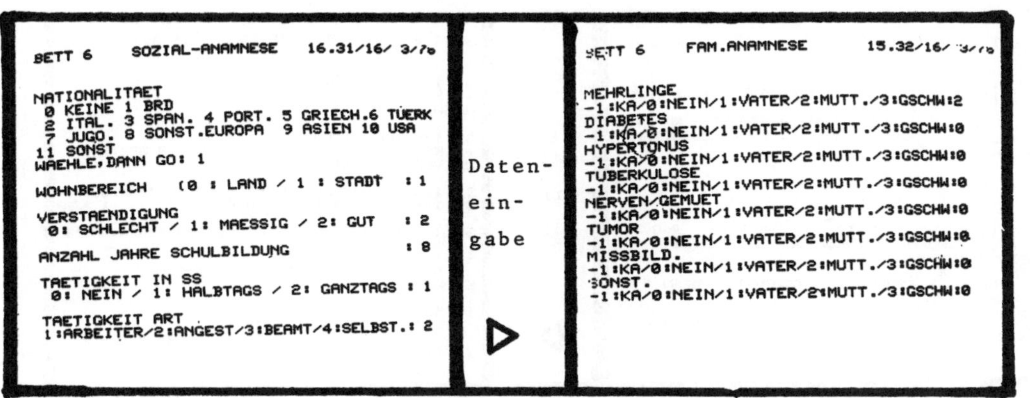




Daten-
ein-
gabe

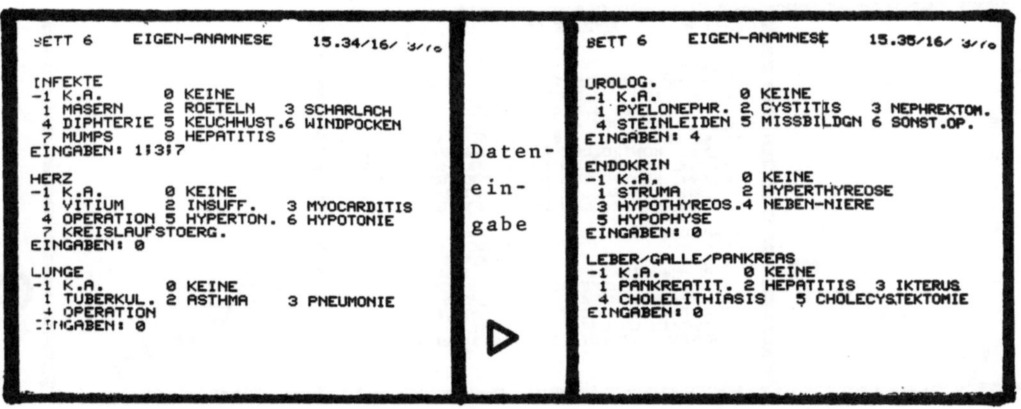




Daten-
ein-
gabe

Anhang I : Fragenkataloge (Dialogbaum)    Eingabe

Verzweigung : Sozial-/Familien-/Eigen-Anamnese

```
BETT 6      EIGEN-ANAMNESE      15.35/16/ 3/76

MAGEN/DARM
-1 K.A.                0 KEINE
 1 GASTRITIS          2 MAGENOP. 3 APPENDEKTOM.
 4 SONST.DARMOP.5 COLITIS
EINGABEN: 1

NEUROLOG.
-1 K.A.                0 KEINE
 1 EPILEPSIE         2 SCHIZOID 3 DEPRESSION
 4 POLIOMYELIT. 5 NEURITIS 6 HIRN-TRAUMA
EINGABEN: 0

ORTHOPAED.
-1 K.A.                0 KEINE
 1 RACHITIS          2 HUEFTLUX 3 KLUMPFUSS
 4 BECKENBRUCH       5 BECKENANOMALIE
EINGABEN: 0
```

```
BETT 6      EIGEN-ANAMNESE      15.36/16/ 3/76

VENERISCH
-1 K.A.                0 KEINE
 1 LUES                2 GO
EINGABEN: 0

HAEMATOLOG.
-1 K.A.                0 KEINE
 1 ANAEMIE           2 ANTIKOAGULANTIEN
 3 THALASAEMIE MINOR   4 TH.MAJOR
 5 GERINNUNGSSTOER.
EINGABEN: 0

GYN.
-1 K.A.                0 KEINE
 1 KOLPITIS          2 ADNEXITIS        3 ENDOMETRIT
 4 UTER.BICOLL.5 UTER.BICORM. 6 STRASSM.
 7 UTER.ANOM.   8 MESSER KONIS.9 E-KONISAT.
10 E-KOAGULAT.11 EKTOP.GRAV. 12 ZYSTENOP.
13 SALPINGOST.14 SCHEIDENSEP.15 MYOM-ENUKL
16 PLASTIK     17 KARZINOM      18 CERCLAGE
```

Dateneingabe

Verzweigung : frühere Schwangerschaften / Kinder

```
BETT 6      FRUEHERE SS      15.37/16/ 3/76

SS 1: BEENDET IN:   MONAT,JAHR (XX) : 4175
SS 1: KOMPL.
-1 K.A.   0 KEINE 1 EPH   2 DIABET.3 RH-INK
 4 BLUTG.5 PLAC.PRAEV.   6 FRUEHGEB.BESTR.
EINGABEN: 6

SS 1:FRUEHGEB.BESTR.       -1 K.A.   0 O.B.
 1 STAT.AUFN. 2 TOKOLYSE   3 CERCLAGE
EINGABEN: 2
SS 1:ENDE
1 PARTUS 2 FRUEHG.3 INTERRUPT.4 ABORT 5 EU
WAEHLE,DANN GO: 1
SS 1:HELFER
 1 ALLEIN 2 HEBAMME 3 ARZT 4 KLINIK 5 UFK
WAEHLE,DANN GO: 5
    ?:    ANZAHL DER KINDER    (-1 + 9) : :
```

```
BETT 6      FRUEHERE SS      15.38/16/ 3/76

SS 1/FET 1:LAGE
-1 K.A.   0 SL   1 BEL   2 QL
WAEHLE,DANN GO: 0

SS 1/KIND 1:ENTBDG
-1 KA 0 SPONT. 1 FORC. 2 VAK. 3 SECTIO
WAEHLE,DANN GO: 0

SS 1/KIND 1:GESCHLECHT(0:MAENN/1:WEIBL):1
SS 1/KIND 1:GEWICHT IN G              : 3500

SS 1/KIND 1:VERLEGT KI.KLI(0:NEIN/1:JA):0

SS 1/KIND 1:SCHADEN
 0 GESUND 1 MISSBILD.2 CEREBRAL
EINGABEN: 0

SS 1/KIND 1:ZUSTAND
 0 LEBT    OD.GESTORBEN
 1 I.U. 2 BIS 7.TAG 3 IM 1.JAHR 4 DANACH
WAEHLE,DANN GO: 0
```

Dateneingabe

Verzweigung : jetzige Schwangerschaft

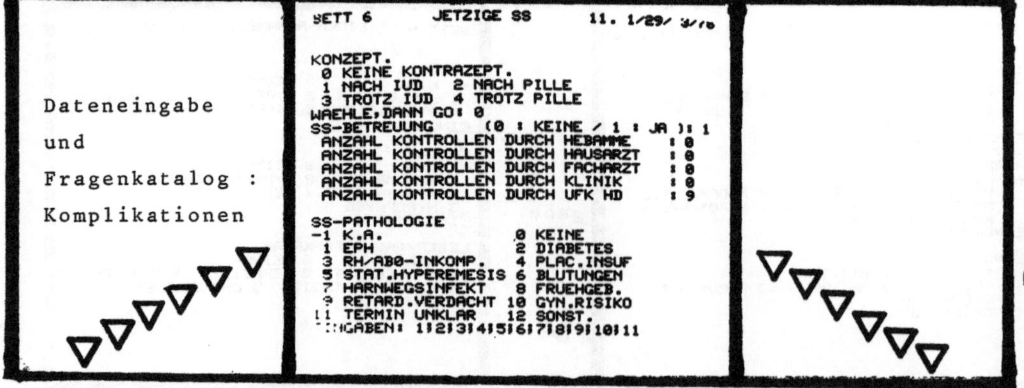


```
BETT 6      JETZIGE SS      11. 1/29/ 3/76

KONZEPT.
 0 KEINE KONTRAZEPT.
 1 NACH IUD   2 NACH PILLE
 3 TROTZ IUD 4 TROTZ PILLE
WAEHLE,DANN GO: 0
SS-BETREUUNG        (0 : KEINE / 1 : JA ): 1
 ANZAHL KONTROLLEN DURCH HEBAMME    : 0
 ANZAHL KONTROLLEN DURCH HAUSARZT   : 0
 ANZAHL KONTROLLEN DURCH FACHARZT   : 0
 ANZAHL KONTROLLEN DURCH KLINIK     : 0
 ANZAHL KONTROLLEN DURCH UFK HD     : 9

SS-PATHOLOGIE
-1 K.A.                0 KEINE
 1 EPH                 2 DIABETES
 3 RH/AB0-INKOMP.      4 PLAC.INSUF
 5 STAT.HYPEREMESIS 6 BLUTUNGEN
 7 HARNWEGSINFEKT   8 FRUEHGEB.
 9 RETARD.VERDACHT 10 GYN.RISIKO
11 TERMIN UNKLAR    12 SONST.
EINGABEN: 1|2|3|4|5|6|7|8|9|10|11
```

Anhang I : Fragenkataloge (Dialogbaum)    Eingabe

Verzweigung : EPH-Gestose



Verzweigung : Diabetes



Verzweigung : Rh-/ABo-Inkomp.



Verzweigung : Placenta-Insuff.



Verzweigung : stat.Hyperemesis



Verzweigung : Blutungen



Dateneingabe

Anhang I : Fragenkataloge (Dialogbaum)     <u>Eingabe</u>

▽

Verzweigung : Harnwegsinfekt

```
BETT 6        HARNWEGSINFEKT    11. 8/29/ 3/76

KLIN.SYMPTOME:     -1 K.A.   0 KEINE
 1 MIKTIONSBESCHW. 2 DRUCKEMPF.NIERENL.
 3 PYURIE          4 POLLAKISURIE
EINGABEN: 2

SCREENING: -1 K.A. 0 KEIN
 2 CTG-OST  3 U.S. 6 HARNSTAT.7 URICULT
EINGABEN: 6;7

STAT.AUFN.(VON(MO,JAHR),BIS): 3;78;3;78


THERAPIE: -1 K.A.        0 KEINE
 3 ANALGET. 5 SPASMOLYT. 6 ANTIBIOT.
EINGABEN: 5;6
```

Daten-
ein-
gabe

▽

Verzweigung : Frühgeburts-Bestrebg

```
BETT 6       FRUEHGEB.BESTRBG   11. 9/29/ 3/76

KLIN.SYMPTOME: -1 K.A.      0 KEINE
 1 VORZ.WEHEN    2 CERVIX-VERKUERZ.
 3 MM-ERWEITERG.4 ZEICHNEN 5 VORZ.BS
EINGABEN: 1;4

SCREENING:        -1 K.A.      0 KEIN
 1 VAG.UNTERS.  2 CTG-OST  3 U.S. 4 L/S-R.
EINGABEN: 1;3

STAT.AUFN.(VON(MO,JAHR),BIS): -1


THERAPIE:       -1 K.A.      0 KEINE
 1 TOKOLYSE      2 CERCLAGE 3 SEDATIVA
 7 LUNGENREIFUNG
EINGABEN: 1;7
```

▽

Verzweigung : Retard.-Verdacht

```
BETT 6      RETARD.VERDACHT    11.10/29/ 3/76

KLIN.SYMPTOME: -1 K.A.  0 KEINE
 1 DISKREP.FUNDUSSTAND 2 DISKR.BAUCHUMF.
 3 GEWICHTSSTILLSTAND  4 OLIGOHYDRAMNIE
 5 DISKR.BIP.0/THORAX  6 KLEINER BIP.0
 7 MANGELGEB.IN ANAMN.
EINGABEN: 2;5

SCREENING: -1 K.A.  0 KEIN
 2 CTG-OST  3 U.S.  4 L/S-R.  5 E3
16 RHEOBASE 17 SERUM HORMONPROFIL
EINGABEN: 3;16

STAT.AUFN.(VON(MO,JAHR),BIS): 3;78;3;78

THERAPIE:  -1 K.A.  0 KEINE
 1 TOKOLYSE  7 LUNGENREIFUNG
EINGABEN: 7
```

Daten-
ein-
gabe

▽

Verzweigung : gynäkolog. Risiko

```
BETT 6      GYN.ZUSATZRISIKO  11.11/29/ 3/76

DIAGNOSE:     -1 K.A.      0 KEINE
 1 MYOM        2 ZYSTE     3 BLUTENDE EKTOPIE
 4 UT.BICORN.5 MAMMA CA 6 CERVIX CA
 7 SCHEIDENSEPTUM       8 SCHEIDENENTZDG
EINGABEN: 2

STAT.AUFN.(VON(MO,JAHR),BIS): -1


THERAPIE:    -1 K.A.      0 KEINE
11 OPERATION
19 KONSERVATIV
EINGABEN: 19
```

▽

Verzweigung : Terminunklarheit

```
BETT 6      TERMINUNKLARHEIT  11.11/29/ 3/76

KLIN.SYMPTOME: -1 K.A.    0 UNKLARE L.P.
 DISKREPANZ SSWO MIT:
 1 1.KINDSBEW.  2 L/S-R. 3 BIP.0 VERLAUF
EINGABEN: 3

SCREENING:  -1 K.A.     0 KEIN
 3 BIP.0      4 L/S-R. 18 U.S.THORAX
19 FUNDUSSTAND
EINGABEN: 3;18

STAT.AUFN.(VON(MO,JAHR),BIS): 3;78;3;78
```

Daten-
ein-
gabe

Anhang I : Fragenkataloge (Dialogbaum)     <u>Wiedergabe / Text</u>

▽  Bettenbelegung

```
16.10/16/ 3/78   BELEGUNG

   NAME * ALTER * PARA * RISK * GEBURT
BETT
 1                    -1/-1/-1   0. 0/ 0
 2  Z.       ,ANDREA  21/-1/-1   0. 0/ 0
 3                    -1/-1/-1   0. 0/ 0
 4                    -1/-1/-1   0. 0/ 0
 5                    -1/-1/-1   0. 0/ 0
 6  MUELLER,MARIA     26/ 1/-1   0. 0/ 0
 7  B.        ,ULRIKE 27/-1/-1   0. 0/ 0
 8  L        ,CLAUDIA 31/ 0/-1 15.44/16
 9  L      ,INGRID    26/ 0/-1 16.30/15
10  B       ,RENATE   26/ 0/-1 19.30/15
11  H          ,ELKE  33/ 1/-1  4.36/16
12  M          ,ATHA  22/ 1/-1  6.32/16
13  F    ..,REGINE    37/ 1/10 11.53/16
14                    -1/-1/-1   0. 0/ 0
15                    -1/-1/-1   0. 0/ 0
16                    -1/-1/-1   0. 0/ 0


   ...:FKTN;SUBF.(;BETT) GO:
```

▽  Untersuchungsbefunde

```
BETT 6  UNTERSUCHUNGSBEF.    16. 9/16/ 3/78
MUELLER,MARIA        26/ 1/-1
BLASE INTAKT




-99 LOESCHE; -50;X AENDERE X;-1 VORHERG;
  0 NAECHSTER;X X-TER;128 LETZTER BEFUND;
```

```
BETT 6  UNTERSUCHUNGSBEF.    16. 9/16/ 3/78
MUELLER,MARIA        26/ 1/-1
BLASE INTAKT
 BEF.NR:    1 EINGEG:15.48/16/03/78 VON:121

 1 PORTIOL. = 1.5 CM  2 KONSISTENZ DERB

 3 STELLUNG    SACRAL  4 MM-WEITE = 2.0 CM

 5 LEITSTELLE     -4   6 KINDSL. 1  SL   1

                       7 FRUCHTBL. INTAKT

 8 FR.W.FARBE KLAR     9 FR.W.MENGE NORM.

10 NS-VORFALL : NEIN

-99 LOESCHE; -50;X AENDERE X;-1 VORHERG;
  0 NAECHSTER;X X-TER;128 LETZTER BEFUND;
```

▽  Protokoll Mutter

```
BETT 6     PROTOKOLL MUTTER     15.55/16/ 3/78
MUELLER,MARIA          26/ 1/-1
T    1 URIN 2 SBH   3 BLUTBILD 4 ROENTGEN.
 Y   5 TEMP 6 PULS 7 BLUTDRCK 8 GERINNUNG
  P
=ID====BESCHREIBUNG==EINGABEDATUM====KEN

1;   1   URINBEFUND      15.50/16/ 3/78   121
 MENG EIWS ZUCK ACET BLUT
  400   0    0    0    0
======


-99;ID: LOESCHE; -50;ID;X: AENDERE WERT# X
-1/0/X/128;(TYP): AUSGABE VON
VORHERG./NAECHST./X-TER/LETZTER EINGABE:
```

```
BETT 6     PROTOKOLL MUTTER     15.55/16/ 3/78
MUELLER,MARIA          26/ 1/-1
T    1 URIN 2 SBH   3 BLUTBILD 4 ROENTGEN.
 Y   5 TEMP 6 PULS 7 BLUTDRCK 8 GERINNUNG
  P
=ID====BESCHREIBUNG==EINGABEDATUM====KEN

1;   1   URINBEFUND      15.50/16/ 3/78   121
 MENG EIWS ZUCK ACET BLUT
  400   0    0    0    0

2;   1   SBH             15.51/16/ 3/78   121
 PH    PO2 PCO2   BE
7.41   60   -1    -1

3;   1   BLUTBILD        15.52/16/ 3/78   121
 HB    ERY LEUK
12.0  3.0 -1.0

-99;ID: LOESCHE; -50;ID;X: AENDERE WERT# X
-1/0/X/128;(TYP): AUSGABE VON
VORHERG./NAECHST./X-TER/LETZTER EINGABE:

EIN WEITERER BEF. VON TYP 1 VORHANDEN !
```

Anhang I : Fragenkataloge (Dialogbaum)   <u>Wiedergabe / Text</u>

▽   Varia Mutter





▽   Medikation





▽   CTG-Datenaufnahme (Zustand)

Anhang I : Fragenkataloge (Dialogbaum)     <u>Wiedergabe / Text</u>

▽ Säure-Basen-Haushalt Fetus

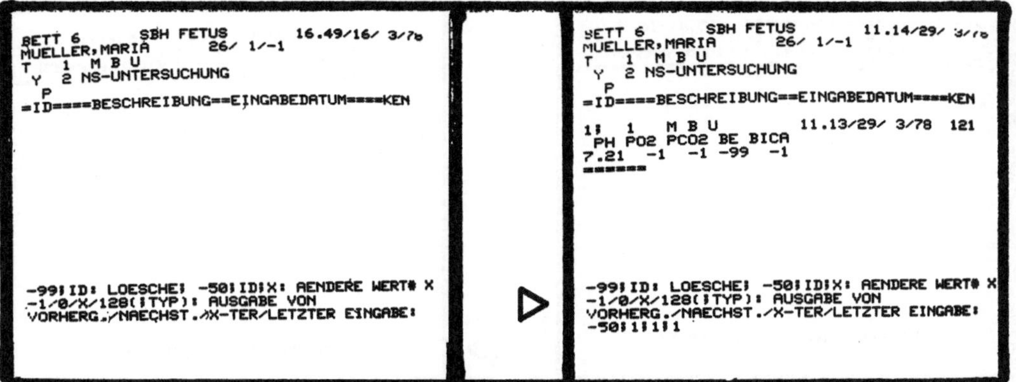


▽ Geburtsbefund

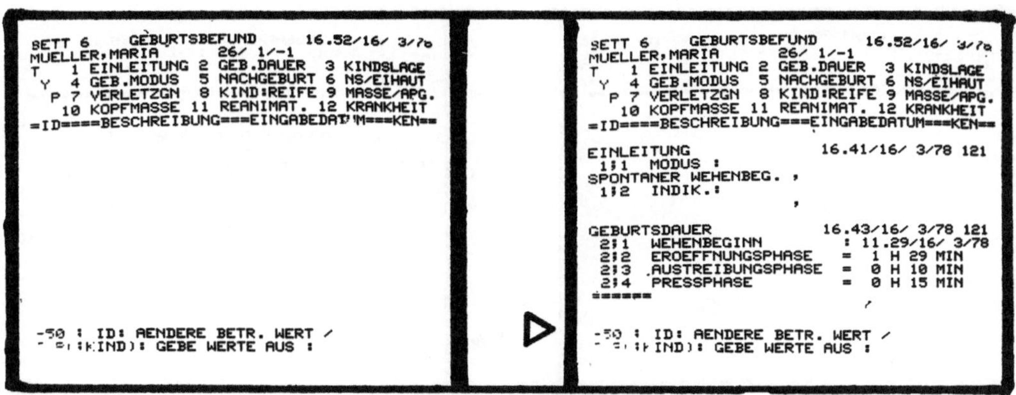


▽ Aufnahmebefund

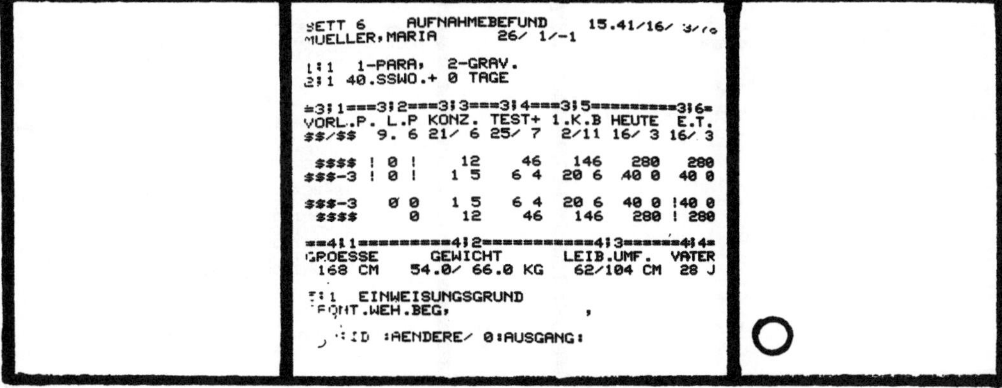

Anhang I : Fragenkataloge (Dialogbaum)    <u>Wiedergabe / Text</u>

▽  Allgemein-Anamnese

```
BETT 6  ALLGEMEINANAMNESE     15.41/16/ 3/76
MUELLER,MARIA       26/ 1/-1
TYP:  1 SOZIAL- 2 FAM.- 3 EIGEN ANAMNESE
=ID====BESCHREIBUNG=======================








-50:ID:AENDERE/ X: AUSGABE TYP X:
```

```
BETT 6  ALLGEMEINANAMNESE     15.41/16/ 3/76
MUELLER,MARIA       26/ 1/-1
TYP:  1 SOZIAL- 2 FAM.- 3 EIGEN ANAMNESE
=ID====BESCHREIBUNG=======================

         SOZIALANAMNESE
1:1  NATIONALITAET : BRD
1:2  WOHNBEREICH   : STADT
1:3  VERSTAENDIGUNG: GUT
1:4  JAHRE SCHULE  :   8
1:5  TAETIGKEIT SS : NEIN
1:5  TAETIGKEIT ART: K.A.
==


-50:ID:AENDERE/ X: AUSGABE TYP X:1
```

▽  frühere Schwangerschaften

```
BETT 6     FRUEHERE SS      15.45/16/ 3/76
MUELLER,MARIA       26/ 1/-1
SS-NR.: 1
KINDER: 1
=ID====BESCHREIBUNG=======================








-50:ID: AENDERE
 (:/): SS X (KIND Y):
```

```
BETT 6     FRUEHERE SS      15.45/16/ 3/76
MUELLER,MARIA       26/ 1/-1
SS-NR.: 1
KINDER: 1
=ID====BESCHREIBUNG=======================

         SS  1
1:0:1 SS BEENDET IN MO,JAHR:   4,75
1:0:2 SS-KOMPLIK.:
FRUEHGEB.BESTRBG      ,
 1:0:4 BEHANDLUNG DER FRUEHGEB.BESTRBGN:
TOKOLYSE             ,
1:0:5 SS BEENDET MIT        : PARTUS
1:0:6 GEBURTSHILFE VON      : UFK HD
1:0:7 ANZAHL DER KINDER     :   1
==

-50:ID: AENDERE
 (:/): SS X (KIND Y):
```

▽  jetzige Schwangerschaft

```
BETT 6     JETZIGE SS      15.45/16/ 3/76
MUELLER,MARIA       26/ 1/-1
  1 KONZEPTION 2 SS-BETREUUNG
T
Y
P          3:8  FRUEHGEB

=ID====BESCHREIBUNG=========ZEIT=====KEN=








-50:ID:AENDERE / TYP: GEBE AUS:
```

```
BETT 6     JETZIGE SS      15.45/16/ 3/76
MUELLER,MARIA       26/ 1/-1
  1 KONZEPTION 2 SS-BETREUUNG
T
Y
P          3:8  FRUEHGEB

=ID====BESCHREIBUNG=========ZEIT=====KEN=

       KONZEPTION
1      KONZEPTION:  0 IUD/PILLE

       SS-BETREUUNG
2      SS-BETREUUNG:  JA
       # KONTROLLEN DURCH HEBAMME  =  0
       # KONTROLLEN DURCH HAUSARZT =  0
       # KONTROLLEN DURCH FACHARZT =  0
       # KONTROLLEN DURCH KLINIK   =  0
       # KONTROLLEN DURCH UFK HD   = 11
==

-50:ID:AENDERE / TYP: GEBE AUS:
```

Anhang I : Fragenkataloge (Dialogbaum)    <u>Wiedergabe / Trend</u>

vag. Untersuchungen    ▽

```
BETT 9   UNTERSUCHUNGSBEF.      16. 6/16/ 3/78
L    .INGRID                26/ 0/-1

1.BEF.EINGEG.:   9. 4/15/ 3/78
   9. 4+      X.X STDN
LS MM-.0-- 1.5-- 3.0-- 4.5-- 6.0-- 7.5--
-5                                 ↓   ↓
     9 ⌐        ⌐          ↓
-3                      ⌐↓   ↓
     7                  ⌐
-1
     5                      ⌐   ⌐
 1
     3                  ↓           ⌐
 3
     1 ↓        ↓
 5
P.LEN-.0-- 1.5-- 3.0-- 4.5-- 6.0-- 7.5--
(0-2)↓ :


⊦ENNZ.⌐FKTN⌐SUBF.(⌐BETT) GO⌐
```

Vitalparameter    ▽

```
BETT10    PROTOKOLL MUTTER     16. 6/16/ 3/78
    ,RENATE              26/ 0/-1
EINGABE # 1:   8.57/15/ 3/78
   8.57+     X.X STDN
TEMP.-.0-- 2.0-- 4.0-- 6.0-- 8.0--10.0----
 42
+0.
 39
37.
 36
PULS -.0-- 2.0-- 4.0-- 6.0-- 8.0--10.0----
 250
 200
 150
 100 .
  50
BLUTD-.0-- 2.0-- 4.0-- 6.0-- 8.0--10.0----
 250
 200
 150
 :00 .
  50
     -.0-- 2.0-- 4.0-- 6.0-- 8.0--10.0----
   .⌐FKTN⌐SUBF.(⌐BETT) GO⌐
```

CTG-Ereignisse    ▽

```
BETT 2         CTG FETUS      16.15/16/ 3/78
2.   .ANDREA         21/-1/-1
BETT2 CTG AN  BEG 07.35/16/03/78 END 16.32
TYP* # *   ZEIT   *BL *0-S*F-S*T/0* F

A *100*16.16: 9*151*    5*222* 37*   7
 D* 48*16.16:52*150*    2*578* 16*   6
 L*224*16.15:54* 61*    *     * 74*137
 L*225*16.17:39* 72*    *     * 15* 20
 D* 49*16.17:29*150*    6*108* 40*   8
 L*226*16.17:56* 73*    *     * 15* 22
 D* 50*16.18:10*150*   10*122* 40*   7
 L*227*16.18:13* 73*    *     * 90*150
 D* 51*16.18:53*147*   12* 83* 54*   8
```

Anhang II : Befunde (Rekordklassen und -typen)

| Klasse Nummer | Rekord von/bis | Bereich |
|---|---|---|
| 1 | 1- 4 | CTG-Kontrolle |
| 2 | 5o,51 | Untersuchungsbefunde (vag.) |
| 3 | 1oo-1o2 | Blutdruck, Puls Temperatur |
| 4 | 15o | Urinbefunde |
| 5 | 2oo-2o1 | SBH-Mutter, röntgen. Beckenmessung |
| 6 | 25o-251 | Blutbild, Gerinnungsstatus |
| 7 | 3oo-3o5 3o9-31o | Bewegung/Lage/Äußerung Mutter |
| 8 | 35o-363 39o | Infusionen (incl.: automat. Oxytocin) |
| 9 | 4oo-4o1 | Antihypertensiva |
| 1o | 45o-456 | Antibiotika |
| 11 | 5oo-51o | Analgetika / Sedativa |
| 12 | 55o-558 | sonstige Medikamente |
| 13 | 6oo-613 | Narkose (Intubationsnarkose) |
| 14 | 65o-653 | Lokal/Leitungs-Anaesthesie |
| 15 | 7oo-7o1 74o | Säure-Basen-Haushalt Fetus |
| 16 | 75o-758 76o-768 . . 79o-798 | Beschr. v. Entbindung und Neugeborenem<br>  " (2.Kind)<br><br>  " (5.Kind) |
| 17 | 8o6-833 | Sozial-/Familien-/Eigen-Anamnese |
| 18 | 86o-875<br>88o-884<br>899-959<br>96o-968<br>97o-978<br>979-984<br>985-988<br>989-992<br>993-997<br>998-1oo1<br>1oo2-1oo5<br>1oo6-1oo9<br>1o1o-1o13<br>1o14-1o16<br>1o17-1o19 | Patienten-Identifikation<br>Aufnahmebefund<br>Beschr. frühere Schwangerschaften/Entbdgn<br>Verlauf jetziger Schwangerschaft<br>Pathologie : EPH-Gestose<br>  "     Diabetes<br>  "     Rh/ABo-Inkompatibilität<br>  "     Placenta-Insuffizienz<br>  "     stationäre Hyperemesis<br>  "     Blutungen in der Schwangersch.<br>  "     Harnwegsinfekt<br>  "     Frühgeburtsbestrebungen<br>  "     Retardierungsverdacht<br>  "     gyn. Zusatzrisiko<br>  "     Terminunklarheit |

Anhang II : Befunde (Rekordklassen und -typen)

Das Datenfeld eines Rekords besteht aus :

| Wort | Bedeutung | |
|------|-----------|---|
| 1 | Rekordlänge | |
| 2 | Eingabezeit : Wort 1 (Jahr/Tag) | |
| 3 | Eingabezeit : Wort 2 (Stde/Min) | |
| 4 | Kennzahl des Eingebenden | Parameter : 1 |
| 5 | Datenwert 1 | Parameter : 2 |
| ⋮ | ⋮ | ⋮ |
| n+4 | Datenwert n | Parameter : n+1 |
| n+5 | Rekordlänge | |

Die Anzahl n der Datenwerte und deren Bedeutung hängt vom Rekord-
typ ab (s. folgende Tabelle  für Bedeutung von Parameter : 2,..).
Die Kodierung/Dekodierung der Datenwerte geschieht entsprechend
den Fragenkatalogen in Anhang I.

Bei Einzel-Nennungen ist der Datenwert ein Zahlwert, der entsprechend der in der Frage angebotenen Möglichkeit kodiert wird.

- Es werden nur ganzzahlige Werte verwendet (1 Wort/Datenwert).
- Kommazahlen werden vorher durch Multiplikation ganzzahlig
  gemacht (z.B. pH x loo).
- Es werden nur Werte $>$ = o verwendet (bis auf wenige Ausnahmen
  (z.B. 'Reifegrad').
- Der Zahlwert '-1' wird zur Markierung von 'keine Angabe' ver-
  wendet.
- Falls nur 'ja/nein' kodiert wird, werden entsprechend die
  Zahlwerte 'o/1' verwendet.

Bei Mehrfach-Nennungen ist der Datenwert eine Bit-Kombination,
die über den angebotenen Fragenkatalog erzeugt wird :

- Jede angebotene Möglichkeit wird nur als 'ja/nein'-Entschei-
  dung kodiert.
- Entsprechend der Nummer im Angebotskatalog wird das entsprechende Bit (= Nummer - 1) gesetzt oder nicht, je nachdem ob
  die Möglichkeit zutrifft oder nicht.
- Bei 'keine Angabe' wird Bit Nummer 15 gesetzt.
- Der Zahlwert der Bit-Kombination ist o, wenn keine der angebotenen Möglichkeiten zutrifft.
- Auf diese Weise können bis zu 15 gleichrangige Beschreibungs-
  merkmale in einem Datenwert kodiert werden und vor allem
  später auch gleichzeitig statistisch verarbeitet werden.

Anhang II : Befunde (Rekordklassen und -typen)


**KLASSE 1 CTG-KONTROLLE**

```
================================================================================

   TYP  PRAM.#          WERT  BEDEUTUNG
--------------------------------------------------------------------------------

    1  CTG START
        2    ZAHL      < 0 :  FHR-KANAL AUS
                         1  PHONO
                         2  U.S.
                         3  ABD. EKG
                         4  DIR. EKG
        3    ZAHL      < 0 :  WEHEN-KANAL AUS
                         1  EXTERN
                         2  INTERN
        4    ZAHL      N : ANZ. DER INSGESAMT RESERV. SPUREN
        5    ZAHL      SSW
--------------------------------------------------------------------------------

    2  CTG STOERUNG
        2    ZAHL      < 0 :  CTG-AUFNAHME SUSPENDIERT (FHR+WEHE)
                         1  FHR AUS
                         2  WEHE AUS
                         3  FHR AN
                         4  WEHE AN
--------------------------------------------------------------------------------

    3  CTG WIEDERAUFNAHME / AENDERUNG
        2,3,4,5 :  ALLE WERTE WIE BEI TYP 1
--------------------------------------------------------------------------------

    4  CTG ENDE
        2    ZAHL      -2  MANUELL BEENDET
                       -1  AUTOMATISCH BEENDET (SPEICHERPLATZ ERSCHOEPFT)
--------------------------------------------------------------------------------
```


**KLASSE 2 VAGINALE UNTERSUCHUNG**

```
================================================================================

   TYP  PRAM.#          WERT  BEDEUTUNG
--------------------------------------------------------------------------------

   50  BESCHREIBUNG DES FETEN
        2    ZAHL      ANZAHL DER FETEN
        3    ZAHL      GESCHAETZTES KINDSGEWICHT IN G
        4    ZAHL      ZUSTAND BLASE (0:INTAKT/1:VBS/2:SBS/3:KBS)
        5    ZAHL      (NUR BEI VBS) FIEBER (> 38 GRAD) : -1/0/1
        6    ZAHL      (NUR BEI VBS) WEHEN : -1/0/1
        7    BYTE      ZEIT DES BLASENSPRUNGS (JAHR,TAG)
        8    BYTE      ZEIT DES BLASENSPRUNGS (STDE,MIN)
--------------------------------------------------------------------------------

   51  UNTERSUCHUNGSBEFUND
        2    ZAHL      PORTIOLAENGE (CM X 2)
        3    ZAHL      KONSISTENZ (1:DERB/2:MITTEL/3:WEICH)
        4    ZAHL      STELLUNG (1:SACRAL/2:MITTEL/3:ZENTR.)
        5    ZAHL      MUTTERMUNDSWEITE (CM X 2)
        6    ZAHL      LEITSTELLE (CM)
        7    ZAHL      KINDSLAGE 1 (STELLUNG KL.FONTANELLE : 0-12)
       (8     "        "            2 )
        8    ZAHL      ZUSTAND FRUCHTBLASE (0:INTAKT/1:VBS/2:SBS/3:KBS)
        9    ZAHL      FR.W.FARBE (1:KLAR/2:MEKON./3:BLUT)
       10    ZAHL      FR.W.MENGE (1:NORM/2:VIEL/3:WENIG)
       11    ZAHL      NABELSCHNURVORFALL (0:NEIN/1:JA)
--------------------------------------------------------------------------------
```

Anhang II : Befunde (Rekordklassen und -typen)


### KLASSE 3     PROTOKOLL MUTTER (VITAL-PARAMETER)

| TYP | PRAM.# | WERT BEDEUTUNG |
|---|---|---|
| **100** | **BLUTDRUCK** | |
| | 2 ZAHL | VENOESER DRUCK IN MMHG, WENN WERT : -30 BIS + 30 SONST : SYSTOLISCHER DRUCK |
| | 3 ZAHL | DIASTOLISCHER DRUCK |
| **101** | **PULS** | |
| | 2 ZAHL | PULSWERT |
| **102** | **TEMPERATUR** | |
| | 2 ZAHL | TEMPERATURWERT X 10 |


### KLASSE 4     PROTOKOLL MUTTER (2)

| TYP | PRAM.# | WERT BEDEUTUNG |
|---|---|---|
| **150** | **URIN(-BEFUND)** | |
| | 2 ZAHL | MENGE IN ML (+: SPONT./ -: KATH.) |
| | 3 ZAHL | EIWEISS (+/++/+++: 1/2/3) |
| | 4 ZAHL | ZUCKER (+/++/+++: 1/2/3) |
| | 5 ZAHL | ACETON (0:NEIN / 1:JA) |
| | 6 ZAHL | BLUT (+/++/+++: 1/2/3) |


### KLASSE 5     PROTOKOLL MUTTER (3)

| TYP | PRAM.# | WERT BEDEUTUNG |
|---|---|---|
| **200** | **SAEURE-BASEN-HAUSHALT MUTTER** | |
| | 2 ZAHL | PH-WERT X 100 |
| | 3 ZAHL | PO2-WERT X 10 |
| | 4 ZAHL | PCO2-WERT X 10 |
| | 5 ZAHL | BASE-EXCESS-WERT X 10 |
| **201** | **ROENTGENOLOG.BECKENMESSUNG** | |
| | 2 ZAHL | SAGITT.EINGANGSDURCHMESSER (MM) |
| | 3 ZAHL | SAGITT.AUSGANGSDURCHMESSER (MM) |
| | 4 ZAHL | QUERDURCHMESSER BECKENEINGANG |
| | 5 ZAHL | INTERSPINALABSTAND |
| | 6 ZAHL | INTERTUBERALABSTAND |

Anhang II : Befunde (Rekordklassen und -typen)


**KLASSE 6     PROTOKOLL MUTTER (4)**

```
==================================================================

   TYP  PRAM.#         WERT  BEDEUTUNG
------------------------------------------------------------------

   250  BLUTBILD MUTTER
         2    ZAHL      HB (G-%)
         3    ZAHL      ERY. (MIO/MM3)
         4    ZAHL      LEUKO.(TSD/MM3)
------------------------------------------------------------------

   251  GERINNUNGSSTATUS
         2    ZAHL      TEG 1: R-ZEIT IN SEC
         3    ZAHL      TEG 1: MAX. AMPLITUDE (MM)
         4    ZAHL      FIBRINOGEN (MG-%)
         5    ZAHL      QUICK-WERT (%)
         6    ZAHL      T-ZEIT (SEC)
         7    ZAHL      THROMBOZ. (TSD/MM3)
         8    ZAHL      CLOTT-TEST (MIN)
         9    ZAHL      CLOTT-LYSE (MIN)
------------------------------------------------------------------
```

Anhang II : Befunde (Rekordklassen und -typen)

### KLASSE 7     VARIA MUTTER

```
========================================================================
  TYP   PRAM.#           WERT  BEDEUTUNG
------------------------------------------------------------------------
  300   AUFNAHME VON PAT. IN KREISS-SAAL
        2     ZAHL       BETT-NUMMER
------------------------------------------------------------------------
  301   FAHRT IN OP. (KEIN PARAMETER)
------------------------------------------------------------------------
  302   VERLEGUNG DER PAT. IN ANDEREN KREISS-SAAL
        2     ZAHL       NR. DES KS, IN DEN VERLEGT
------------------------------------------------------------------------
  303   MISSGLUECKTE EINLEITUNG
        2     ZAHL       NR. DES BETTES (VIRTUELL), IN DAS ENTLASSEN
------------------------------------------------------------------------
  304   ENTBINDUNG
        2     ZAHL       LFDE NR. DES KINDES BEI DIESER GEBURT
        3     ZAHL       LFDE NR. DER GEBURT (PRO JAHR)
        4     ZAHL       JAHR DER GEBURT (XX)(PRO JAHR)
        5     ZAHL       LFDE NR. DER GEBURT (PRO MONAT)
        6     ZAHL       MONAT DER GEBURT
------------------------------------------------------------------------
  305   ENTLASSUNG DER PAT. (NACH ENTBINDUNG)
        2     ZAHL       NR. DES BETTES (VIRTUELL), IN DAS ENTLASSEN
------------------------------------------------------------------------
  309   BESONDERE METHODEN
        2     BIT        1  PSYCHOLOG.GEBURTSERLEICHTERUNG
                         2  PESPIRATORY FEED BACK
                         3  MUETT. INTENSIVUEBERWACHUNG
                         4  KONT. PH-MESSUNG
                         5  KONT. PO2-MESSUNG
                         6  TELEMETRIE
------------------------------------------------------------------------
  310   BEWEGUNG/LAGE/AEUSSERUNG MUTTER
        2-14  ZAHL       4 ERBRICHT    5 SCHREIT    6 TOBT
                         7 EKLAMPSIE   8 TETANIE    9 VENA-CAVA
                         LAGE
                         10 BECKENHOCH 11 RUECKEN  12 STEINSCHNITT
                         13 SEITE RE.   14 SEITE LI.

                         15 PRESST AKTIV   16 PRESST ZU FRUEH
                         17 BLUTET STARK   18 SECTIO-VORBEREITUNG
                         19 KREUZBLUT-ENTN.20 SONSTIGES
                         21 BESONDERE METHODEN (SIEHE TYP 309)
------------------------------------------------------------------------
```

Anhang II : Befunde (Rekordklassen und -typen)

### KLASSE 8      MEDIKATION : INFUSIONEN

```
=============================================================================
  TYP   PRAM.#          WERT  BEDEUTUNG
-----------------------------------------------------------------------------
  350   OXYTOCIN-INFUSION
        2    ZAHL        INFUSIONSRATE : ME/MIN
        3    ZAHL        DAUER DER INFUSION IN MIN
        4    ZAHL        NICHT BENUTZT
-----------------------------------------------------------------------------
  351   PARTUSISTEN-INFUSION
        2    ZAHL        INFUSIONSRATE : MY-G/H
        3    ZAHL        DAUER IN MIN
-----------------------------------------------------------------------------
  352   HEPARIN-INFUSION
        2    ZAHL        INFUSIONSRATE : TSD-E/24 H
        3    ZAHL        DAUER IN MIN
-----------------------------------------------------------------------------
  353   COHN-FRACTION 1 - INFUSION
        2    ZAHL        INFUSIONSRATE : G-FIBRINOGEN X 10
        3    ZAHL        DAUER IN MIN
-----------------------------------------------------------------------------
  354   HUMAN-ALBUMIN (5 %/ 20 %) - INFUSION
        2    ZAHL        INFUSIONSRATE : M-L (+: 5 % / -: 20 %)
        3    ZAHL        DAUER IN MIN
-----------------------------------------------------------------------------
  355   HUMAN-AHFB (PPSB) - INFUSION
        2    ZAHL        INFUSIONSRATE : AMP.
        3    ZAHL        DAUER IN MIN
-----------------------------------------------------------------------------
  356   DISTRANEURIN-INFUSION
        2    ZAHL        INFUSIONSRATE : M-L
        3    ZAHL        DAUER IN MIN
-----------------------------------------------------------------------------
  357   GLUKOSE (5 %, 10 %) - INFUSION
        2    ZAHL        INFUSIONSRATE : M-L  (+: 5 %, -: 10 %)
        3    ZAHL        DAUER IN MIN
-----------------------------------------------------------------------------
  358   RHEOMAKRODEX (10 %) - INFUSION
        2    ZAHL        INFUSIONSRATE : M-L
        3    ZAHL        DAUER IN MIN
-----------------------------------------------------------------------------
  359   MAKRODEX (6 %) - INFUSION
        2    ZAHL        INFUSIONSRATE : M-L
        3    ZAHL        DAUER IN MIN
-----------------------------------------------------------------------------
  360   HAEMACCEL - INFUSION
        2    ZAHL        INFUSIONSRATE : M-L
        3    ZAHL        DAUER IN MIN
-----------------------------------------------------------------------------
  361   OSMOFUNDIN - INFUSION
        2    ZAHL        INFUSIONSRATE : M-L
        3    ZAHL        DAUER IN MIN
-----------------------------------------------------------------------------
  362   STEROFUNDIN (A / B) - INFUSION
        2    ZAHL        INFUSIONSRATE : M-L  (+: A, -: B)
        3    ZAHL        DAUER IN MIN
-----------------------------------------------------------------------------
  363   BLUTINFUSION
        2    ZAHL        INFUSIONSRATE : M-L  (+:VOLLBL, -: ERY.KONZ.)
        3    ZAHL        DAUER IN MIN
-----------------------------------------------------------------------------
```

Anhang II : Befunde (Rekordklassen und -typen)

| TYP | PRAM.# | | WERT | BEDEUTUNG |
|---|---|---|---|---|

```
  390  OXYTOCIN-INFUSION (AUTOMATISCH, KONTINUIERLICH: 1 REC./H)
        2    BYTE       OB.BYTE: 1. OXYTOCIN-WERT (MIN:0-1)
                        UN.BYTE: 2. OXYTOCIN-WERT (MIN:2-3)
             .          .
       15               OB.BYTE: 29.OXYTOCIN-WERT (MIN:56-57)
                        UN.BYTE: 30.OXYTOCIN-WERT (MIN:58-59)
```

**KLASSE  9      MEDIKATION : ANTIHYPERTENSIVA**

```
  TYP   PRAM.#        WERT   BEDEUTUNG

  400  SERPASIL
        2    ZAHL     +: IV, -: IM : M-G

  401  NEPROSOL
        2    ZAHL     +: IV, -: IM : M-G X 10
```

**KLASSE 10       MEDIKATION : ANTIBIOTIKA**

```
  TYP   PRAM.#        WERT   BEDEUTUNG

  450  PENICILLIN
        2    ZAHL     +: IV, -: ORAL : MIO-I.E.

  451  BINOTAL (AMPICILLIN)
        2    ZAHL     +: IV, -: ORAL : G

  452  TOTOCILLIN
        2    ZAHL     +: IV, -: ORAL : G

  453  CEPHALOTIN
        2    ZAHL     +: IV, -: ORAL : G

  454  FURADANTIN
        2    ZAHL     +: IV, -: ORAL : M-G

  455  GENTAMYCIN
        2    ZAHL     +: IV, -: ORAL : M-G

  456  SOBELIN (SOLUB.)
        2    ZAHL     +: IV, -: ORAL : M-G
```

Anhang II : Befunde (Rekordklassen und -typen)

## KLASSE 11     MEDIKATION : ANALGETIKA, SEDATIVA

| TYP | PRAM.# | WERT | BEDEUTUNG |
|---|---|---|---|
| 500 | DOLANTIN | | |
| | 2 ZAHL | +: IV, -: IM : M-G | |
| 501 | FORTRAL | | |
| | 2 ZAHL | +: IV, -: IM : M-G | |
| 502 | ATOSIL | | |
| | 2 ZAHL | +: IV, -: IM : M-G | |
| 503 | LUMINAL | | |
| | 2 ZAHL | +: IV, -: IM : M-G | |
| 504 | MAGNORBIN | | |
| | 2 ZAHL | +: IV, -: IM : M-G | |
| 505 | VALIUM | | |
| | 2 ZAHL | +: IV, -: IM : M-G | |
| 506 | PSYQUIL | | |
| | 2 ZAHL | +: IV, -: IM : M-G | |
| 507 | VOMEX A | | |
| | 2 ZAHL | +: IV, -: IM : M-L | |
| 508 | MONZAL | | |
| | 2 ZAHL | +: IV, -: IM : AMP. | |
| 509 | BUSCOPAN | | |
| | 2 ZAHL | +: IV, -: IM : M-L | |
| 510 | SPASMOCIBALGIN | | |
| | 2 ZAHL | +: SUPP. : SUPP. | |

Anhang II : Befunde (Rekordklassen und -typen)


**KLASSE 12      MEDIKATION : SONSTIGE MEDIKAMENTE**

```
===============================================================================
   TYP   PRAM.#          WERT  BEDEUTUNG
-------------------------------------------------------------------------------
   550   PARTUSISTEN
         2    ZAHL       +: IV, -: IM : MY-G
-------------------------------------------------------------------------------
   551   LASIX
         2    ZAHL       +: IV, -: IM : M-G
-------------------------------------------------------------------------------
   552   MULTIBIONTA
         2    ZAHL       +: IV, -: IM : AMP
-------------------------------------------------------------------------------
   553   CALCIUM
         2    ZAHL       +: IV, -: IM : AMP
-------------------------------------------------------------------------------
   554   LANITOP
         2    ZAHL       +: IV, -: IM : M-G X 10
-------------------------------------------------------------------------------
   555   LANICOR
         2    ZAHL       +: IV, -: IM : M-G X 10
-------------------------------------------------------------------------------
   556   INSULIN
         2    ZAHL       +: ALT,-: DEP: I.E.
-------------------------------------------------------------------------------
   557   TRASYLOL
         2    ZAHL       +: IV, -: IM : I.E.
-------------------------------------------------------------------------------
   558   HEPARIN
         2    ZAHL       +: IV, -: SC : I.E.
-------------------------------------------------------------------------------
```

Anhang II : Befunde (Rekordklassen und -typen)

## KLASSE 13    MEDIKATION : (INTUBATIONS-) NARKOSE

```
================================================================================
 TYP   PRAM.#          WERT   BEDEUTUNG
--------------------------------------------------------------------------------
 600   TRAPANAL
       2    ZAHL       M-G
--------------------------------------------------------------------------------
 601   BREVIMYTAL
       2    ZAHL       M-G
--------------------------------------------------------------------------------
 602   ETOMIDATE
       2    ZAHL       M-G
--------------------------------------------------------------------------------
 603   SUCCINYL
       2    ZAHL       M-G
--------------------------------------------------------------------------------
 604   N20 / O2
       2    ZAHL       MISCHUNGSVERHAELTNIS (>= 3)
       3    ZAHL       FLUSSRATE : L / MIN
--------------------------------------------------------------------------------
 605   O2
       2    ZAHL       L / MIN
--------------------------------------------------------------------------------
 606   HALOTHAN
       2    ZAHL       KONZ.: PRO-MILLE
--------------------------------------------------------------------------------
 607   ALLOFERIN
       2    ZAHL       M-G
--------------------------------------------------------------------------------
 608   FENTANYL
       2    ZAHL       M-G X 100
--------------------------------------------------------------------------------
 609   THALAMONAL
       2    ZAHL       M-L
--------------------------------------------------------------------------------
 610   DHB
       2    ZAHL       M-G X 10
--------------------------------------------------------------------------------
 611   ATROPIN
       2    ZAHL       M-G X 10
--------------------------------------------------------------------------------
 612   MESTINON
       2    ZAHL       M-G
--------------------------------------------------------------------------------
 613   LORFAN
       2    ZAHL       M-G
--------------------------------------------------------------------------------
```

Anhang II : Befunde (Rekordklassen und -typen)

## KLASSE 14 — MEDIKATION : LOKAL-, LEITUNGS-ANAESTHESIE

```
TYP   PRAM.#           WERT  BEDEUTUNG

650   LOKAL-ANAESTH.
        2   ZAHL       MEAVERIN     (1 %) : X

652   PARACERVICAL-ANAESTH.
        2   ZAHL       SCANDICAIN (1 %) : M-L/SEITE

653   PUDENDUS-ANAESTH.
        2   ZAHL       SCANDICAIN (1 %) : M-L/SEITE

654   EPIDURAL-ANAESTH.
        2   ZAHL       MEAVERIN          : KONZ. (.25,.375,.5 %)
        3   ZAHL       "  : (+: MIT, -: OHNE ADRENALIN) : M-L
```

## KLASSE 15 — SAEURE/BASEN-HAUSHALT FETUS

```
TYP   PRAM.#           WERT  BEDEUTUNG

700   MIKROBLUTUNTERSUCHUNG (MBU)
        2   ZAHL       PH-WERT X 100
        3   ZAHL       PO2 -WERT X 10
        4   ZAHL       PCO2 -WERT X 10
        5   ZAHL       BASE-EXCESS-WERT X 10
        6   ZAHL       STANDARD-BICARBONAT-WERT X 10

701   NABELSCHNUR-UNTERSUCHUNG
      ARTERIE
        2   ZAHL       PH-WERT X 100
        3   ZAHL       PO2-WERT X 10
        4   ZAHL       PCO2-WERT X 10
        5   ZAHL       BASE-EXCESS-WERT X 10
        6   ZAHL       STANDARD-BICARBONAT-WERT X 10
      VENE
        7   ZAHL       PH-WERT X 100
        8   ZAHL       PO2-WERT X 10
        9   ZAHL       PCO2-WERT X 10
       10   ZAHL       BASE-EXCESS-WERT X 10
       11   ZAHL       STANDARD-BICARBONAT-WERT X 10
```

Anhang II : Befunde (Rekordklassen und -typen)


**KLASSE 16    GEBURTSBEFUND**

```
=================================================================================
  TYP   PRAM.#          WERT   BEDEUTUNG
---------------------------------------------------------------------------------
```

**750   GEBURTS-BEGINN + INDIKATION (, WENN NICHT SPONTAN)**

| TYP | PRAM.# | | WERT | BEDEUTUNG |
|---|---|---|---|---|
| | 2 | BIT | 1 | SPONTANER WEHENBEGINN |
| | | | 2 | MEDIKAMENTOES I.V. |
| | | | 3 | NACH MM-DEHNUNG |
| | | | 4 | NACH BLASENSPRUNG |
| | | | 5 | AUSSERHALB EINGELEITET |
| | | | 6 | PRIMAERE SECTIO |
| | | | 7 | SONSTIGES |
| | 3 | BIT | 1 | ELEKTIV |
| | | | 2 | REIFE PORTIO |
| | | | 3 | PATH. A.P. CTG |
| | | | 4 | RETARDIERUNG |
| | | | 5 | VORZ. BLASENSPRUNG |
| | | | 6 | EPH-GESTOSE |
| | | | 7 | VAGINALE BLUTUNG |
| | | | 8 | TERMINUEBERSCHREITUNG |
| | | | 9 | MUETTERLICHE ERKRANKUNG |
| | | | 10 | FRUCHTTOD |
| | | | 11 | SONSTIGES |

**751   GEBURTSDAUER**

| TYP | PRAM.# | | BEDEUTUNG |
|---|---|---|---|
| | 2 | "BYTE" | 7 BIT: JAHR / 9 BIT: TAG |
| | | | ODER: |
| | | | 1 : KEINE |
| | | | 2 : UNKLAR |
| | 3 | " | 8 BIT: STDE / 8 BIT: MIN.  VON WEHENBEGINN |
| | 4 | ZAHL | DAUER EP IN MINUTEN |
| | 5 | ZAHL | DAUER AP IN MINUTEN |
| | 6 | ZAHL | DAUER PP IN MINUTEN |

**752   KINDSLAGE BEI GEBURT**

| TYP | PRAM.# | | WERT BEDEUTUNG |
|---|---|---|---|
| | 2 | ZAHL | VO.HHL            :  1 I.     2 II. |
| | | | HI.HHL            :  3 I.     4 II. |
| | | | VO.HL             :  5 I.     6 II. |
| | | | STIRN L           :  7 I.     8 II. |
| | | | TIEFER QUERSTAND:  9 I.    10 II. |
| | | | GESICHTS-LAGE   : 11 I.MA 12 II.MA 13 I.MP 14 II.M |
| | | | BEL             : 15 I.V. 16 II.V. 17 I.U. 18 II.U |
| | | | BEL-FUSS        : 19 I.V. 20 II.V. 21 I.U. 22 II.U |
| | | | FUSS            : 23 I.V. 24 II.V. 25 I.U. 26 II.U |
| | | | KNIEFUSS        : 27 I.V. 28 II.V. 29 I.U. 30 II.U |
| | | | QUERLAGE (DORSO): 31 ANTE 32 SUP.  33 INF. 34 POST |
| | | | HOHER GERADSTAND: 35 O.A. 36 O.P. |
| | 3 | ZAHL | LAGE VOR GEBURT ERKANNT:  0:NEIN  /  1:JA |
| | 4 | ZAHL | WENDUNG VERSUCHT: 0:NEIN / 1:MIT ERFOLG / 2:OHNE E |
| | 5 | ZAHL | LAGE ENTBINDUNGSKOMPLIKATION:  0:NEIN  /  1:JA |

Anhang II : Befunde (Rekordklassen und -typen)

| TYP | PRAM.# | WERT | BEDEUTUNG |
|---|---|---|---|

```
   753  GEBURTSMODUS + INDIKATION
          2  ZAHL       0   SPONTANGEBURT
                        ABD.
                         1   PRIM. SECTIO
                         2   SEC.SECTIO IN EP
                         3   SEC.SECTIO IN AP
                         4   SEC.SECTIO NACH FORCEPS
                        VAG.(SL)
                         5   FORCEPS VON BB
                         6   FORCEPS VON BA
                         7   FORCEPS VON BM
                         8   TRIAL FORCEPS
                         9   SPIEGELENTBINDUNG
                        10   VAKUUMEXTRAKTION VON BB
                        11   VAKUUMEXTRAKTION VON BA
                        12   VAKUUMEXTRAKTION VON BM
                        13   FORCEPS NACH VAKUUM
                        14   SONSTIGES
                        VAG.(BEL)
                        15   BRACHT
                        16   VEITH-SMELLIE
                        17   KLASS. ARMLOESUNG
                        18   ARMLOESUNG NACH MUELLER
                        19   GANZE EXTRAKTION
                        20   SONSTIGES
          3  BIT        0   GEBURTSSTILLSTAND
                         1   ABSOLUTES MISSVERHAELTNIS
                         2   RELATIVES MISSVERHAELTNIS
                         3   PLACENTATIONSANOMALIE
                         4   VORZEITIGE LOESUNG VON PLACENTA
                         5   LAGEANOMALIE VON KIND
                         6   FETAL DISTRESS
                         7   EINSTELLUNGS/HALTUNGS-ANOMALIE
                         8   PORTRAHIERTE GEBURT
                         9   FIEBER SUB PARTU
                        10   NABELSCHNURVORFALL
                        11   EPH/(PRAE-) EKLAMPSIE
                        12   UTERUSRUPTUR
                        13   HOHES MUETTERLICHES RISIKO
                        14   RE-SECTIO
                        15   SONSTIGES
          4  ZAHL       KENNZEICHEN GEBURTSHELFER
          5  ZAHL       KENNZEICHEN HEBAMME
```

Anhang II : Befunde (Rekordklassen und -typen)

| TYP | PRAM.# | | WERT | BEDEUTUNG |
|---|---|---|---|---|

**754 NACHGEBURT / NABELSCHNUR**

| | 2 | ZAHL | | DAUER NACHGEBURTSPERIODE IN MINUTEN |
|---|---|---|---|---|
| | 3 | | | LOESUNG DER PLACENTA DURCH : |
| | | BIT | 1 | MEDIKAMENTE |
| | | | 2 | CORD-TRACTION |
| | | | 3 | CREDE |
| | | | 4 | MANUELL |
| | | | 5 | NACHTASTUNG |
| | | | 6 | SONSTIGES |
| | 4 | ZAHL | | 1.DURCHMESSER DER PLACENTA (1-99 CM) |
| | 5 | ZAHL | | 2.DURCHMESSER DER PLACENTA (1-99 CM) |
| | 6 | ZAHL | | GEWICHT DER PLACENTA IN GRAMM (100-2000) |
| | 7 | BIT | 0 | KEINE    :    BESONDERHEITEN AN PLACENTA |
| | | | 1 | INFARKTE |
| | | | 2 | NABENPLACENTA |
| | | | 3 | RETROPLACENTARES HAEMATOM |
| | | | 4 | PARTIELLE BLASENMOLE |
| | | | 5 | PLACENTA CIRCUMVALLATA |
| | | | 6 | SONSTIGES |
| | 8 | ZAHL | | NABELSCHNUR-LAENGE IN CM (10-300) |
| | 9 | ZAHL | | NABELSCHNURANSATZ : |
| | | | | 1:ZENTRAL / 2:LATERAL / 3:MARGINAL |
| | 10 | BIT | 0 | KEINE    :    BESONDERHEITEN AN NABELSCHNUR |
| | | | 1 | NABELSCHNUR-KNOTEN |
| | | | 2 | NABELSCHNUR-UMSCHLINGUNG |
| | | | 3 | INSERTIO VELAMENTOSA |
| | | | 4 | VASA ABERRANTIA |
| | 11 | ZAHL | | ANZAHL DER NABELSCHNUR-ARTERIEN (1-3) |

**755 GEBURTSVERLETZUNGEN (MUTTER)**

| | 2 | BIT | 0 | BLUTUNG NORMAL |
|---|---|---|---|---|
| | | | 1 | BEI PLAC.PRAEVIA |
| | | | 2 | BEI VORZ.LOESUNG |
| | | | 3 | BEI LOESUNG (LOESUNGSBLUTUNG) |
| | | | 4 | BEI UTERUSRUPTUR |
| | | | 5 | BEI RISS VON CERVIX, SCHEIDE |
| | | | 6 | INFOLGE GERINNUNGSSTOERUNG |
| | | | 7 | SONSTIGE |
| | 3 | ZAHL | | HOEHE DES BLUTVERLUSTES IN CM3 (0-20000) |
| | 4 | BIT | 0 | KEINE    :    VERLETZUNGEN VON DAMM/BLASE/REKTUM |
| | | | 1 | MEDIANE EPISIOTOMIE |
| | | | 2 | MEDIOLATERALE EPI. |
| | | | 3 | DAMMRISS 1./2. GRADES |
| | | | 4 | DAMMRISS 3.GRADES |
| | | | 5 | DAMMRISS 3.GRADES NACH EPI. |
| | | | 6 | BLASENVERLETZUNG |
| | | | 7 | REKTUMVERLETZUNG |
| | | | 8 | SONSTIGES |
| | 5 | BIT | 0 | KEINE   : VERLETZUNGEN VON SCHEIDE/CERVIX/UTERU |
| | | | 1 | LABIENRISS |
| | | | 2 | SCHEIDENRISS |
| | | | 3 | EINSTELLUNG DER CERVIX |
| | | | 4 | CERVIXRISS |
| | | | 5 | ABRISS DER SCHEIDE |
| | | | 6 | UTERUSRUPTUR |
| | | | 7 | SONSTIGES |

Anhang II : Befunde (Rekordklassen und -typen)

| TYP | PRAM.# | | WERT | BEDEUTUNG |
|-----|--------|---|------|-----------|
| 756 | **BESCHREIBUNG DES KINDES** | | | |
| | 2 | ZAHL | | GESCHLECHT : 0:MAENNLICH / 1:WEIBLICH |
| | 3 | 2-BIT | | REIFEZEICHEN |
| | | | BIT | 0- 1 : VERNIX : 0/1/2 = KEINER/WENIG/VIEL |
| | | | BIT | 2- 3 : HODEN DESCENDIERT : 0:NEIN / 1:JA |
| | | | | BZW: LABIEN BEDECKEN |
| | | | BIT | 4- 5 : FINGERNAEGEL UEBERRAGEN : 0:NEIN / 1:J |
| | | | BIT | 6- 7 : UEBERREIFE :  0:NEIN / 1:JA |
| | | | BIT | 8- 9 : WOLLHAARE  : 0/1/2 = KEINE/WENIG/VIEL |
| | | | BIT | 10-11 : FETTPOLSTER: 0/1/2 = KEINE/WENIG/VIEL |
| | | | BIT | 12-15 : KEINE BEDEUTUNG |
| | 4 | ZAHL | | REIFEGRAD NACH CLIFFORD : |
| | | | -2 | UNREIF |
| | | | -1 | NAHEZU REIF |
| | | | 0 | REIF (CLIFF 0) |
| | | | 1 | UEBERREIF (CLIFF 1) |
| | | | 2 | (CLIFF 1-2) |
| | | | 3 | (CLIFF 2) |
| | | | 4 | (CLIFF 2-3) |
| | | | 5 | (CLIFF 3) |
| | | | 6 | PAEDATROPHIE |
| | 5 | ZAHL | 1 | MINUTEN APGAR-WERT |
| | 6 | ZAHL | 5 | MINUTEN APGAR-WERT |
| | 7 | ZAHL | 1C | MINUTEN APGAR-WERT |
| | 8 | ZAHL | | GROESSE IN CM  (10-150) |
| | 9 | ZAHL | | GEWICHT IN GRAMM  (50-10000) |
| | 10 | ZAHL | | KOPFUMFANG S.B. IN MM  (100-1500) |
| | 11 | ZAHL | | KOPFUMFANG F.O. IN MM  (100-1500) |
| | 12 | ZAHL | | KOPFUMFANG M.O. IN MM  (100-1500) |
| | 13 | ZAHL | | KOPFDURCHMESSER S.B. IN MM  (20-500) |
| | 14 | ZAHL | | KOPFDURCHMESSER B.F. IN MM  (20-500) |
| | 15 | ZAHL | | KOPFDURCHMESSER B.P. IN MM  (20-500) |
| | 16 | ZAHL | | KOPFDURCHMESSER F.O. IN MM  (20-500) |
| | 17 | ZAHL | | KOPFDURCHMESSER M.O. IN MM  (20-500) |

Anhang II : Befunde (Rekordklassen und -typen)

| TYP | PRAM.# | | WERT | BEDEUTUNG |
|---|---|---|---|---|

**757 MANIPULATIONEN AM KIND**

| | 2 | ZAHL | | ABSAUGEN DES RACHENS : 0:NEIN / X:ML |
|---|---|---|---|---|
| | 3 | ZAHL | | ABSAUGEN DES MAGENS : 0:NEIN / X:ML |
| | 4 | ZAHL | | ABSAUGEN DER TRACHEA : 0:NEIN / X:ML |
| | 5 | ZAHL | | REANIMATION DURCH INTUBATION : |
| | | | | 0:NEIN / 1:M.Z.M. / 2:MASCH. / 3:BEIDES |
| | 6 | ZAHL | | PUFFERUNG MIT BICARBONAT 9.6 % : 0:NEIN / X:ML |
| | 7 | ZAHL | | PUFFERUNG MIT GLUKOSE 5 % : 0:NEIN / X:ML |
| | 8 | ZAHL | | PUFFERUNG MIT RHEOMAKRODEX 10 %: 0:NEIN / X:ML |
| | 9 | ZAHL | | PUFFERUNG MIT ALUPENT : 0:NEIN / X:ML |
| | 10 | ZAHL | | PUFFERUNG MIT LORFAN : 0:NEIN / X:ML |
| | 11 | ZAHL | | KANOKION : 0 - 10 MG |
| | 12 | ZAHL | | NABELVENEN (-ARTERIEN)-KATHETER: 0:NEIN / 1:JA |
| | 13 | ZAHL | | BLUTAUSTAUSCH : 0:NEIN / 1:JA |

**758 ZUSTAND DES KINDES**

| | 2 | ZAHL | | FRUCHTTOD : 0:NEIN / 1:A / 2:B / 3:C / 4:D |
|---|---|---|---|---|
| | 3 | BIT | 0 | KEINE : KRANKHEITEN DES NEUGEBORENEN |
| | | | 1 | HYPOXIE |
| | | | 2 | ASPHYXIE |
| | | | 3 | INFEKTIONEN |
| | | | 4 | HERZ/KREISLAUF-VERSAGEN |
| | | | 5 | GEBURTSVERLETZUNGEN |
| | | | 6 | FEHL/MISSBILDUNGEN |
| | | | 7 | STOFFWECHSELKRANKHEITEN |
| | | | 8 | SONSTIGES |
| | 4 | BIT | 0 | KEINE : FEHL/MISSBILDUNGEN |
| | | | 1 | ORGAN |
| | | | 2 | SKELETT |
| | | | 3 | HERZ/KREISLAUF |
| | | | 4 | KOPF |
| | | | 5 | RUMPF |
| | | | 6 | EXTREMITAETEN |
| | 5 | ZAHL | | VERLEGT IN KINDERKLINIK : 0:NEIN / 1:JA |

Anhang II : Befunde (Rekordklassen und -typen)

| TYP | PRAM.# | WERT BEDEUTUNG |
| --- | --- | --- |

| | | |
| --- | --- | --- |
| 760 | GEBURTSBEGINN + INDIKATION : KIND 2<br>WERTE WIE BEI TYP 750 | |
| 761 | GEBURTSDAUER : KIND 2<br>2, 3, 4 : WEHENBEG., DAUER EP : WERTE WIE BEI TYP 751<br>5, 6    : DAUER AP, PP : NEUE WERTE | |
| 762 | KINDSLAGE BEI GEBURT : KIND 2<br>PARAMETER WIE BEI TYP 752 : NEUE WERTE | |
| 763 | GEBURTSMODUS + INDIKATION : KIND 2<br>PARAMETER WIE BEI TYP 753 : NEUE WERTE | |
| 764 | PLACENTA/NABELSCHNUR/EIHAEUTE : KIND 2<br>PARAMETER WIE BEI TYP 754 : NEUE WERTE<br>AUSSER 'KEINE EIGENE PLACENTA'<br>ZUSAETZLICH : ANZAHL CHORIEN, AMNIEN | |
| 765 | GEBURTSVERLETZUNGEN (MUTTER) : KIND 2<br>PARAMETER UND WERTE WIE BEI TYP 755 | |
| 766 | BESCHREIBUNG DES KINDES : KIND 2<br>PARAMETER WIE BEI TYP 756 : NEUE WERTE | |
| 767 | MANIPULATIONEN AM KIND : KIND 2<br>PARAMETER WIE BEI TYP 757 : NEUE WERTE | |
| 768 | ZUSTAND DES KINDES : KIND 2<br>PARAMETER WIE BEI TYP 758 : NEUE WERTE | |


| TYP | PRAM.# | WERT BEDEUTUNG |
| --- | --- | --- |
| 770-778 | ENTBINDUNG UND BESCHREIBUNG : KIND 3 | |
| 780-788 | ENTBINDUNG UND BESCHREIBUNG : KIND 4 | |
| 790-798 | ENTBINDUNG UND BESCHREIBUNG : KIND 5 | |

Anhang II : Befunde (Rekordklassen und -typen)


### KLASSE 17      SOZIAL-, FAMILIEN-, EIGEN-ANAMNESE

```
TYP   PRAM.#          WERT   BEDEUTUNG

806   NATIONALITAET
      2    ZAHL      0 KEINE  1 BRD
                     2 ITAL.  3 SPAN.  4 PORTUG.  5 GRIECH.  6 TUERK.
                     7 JUGO.  8 SONST.EUROPA    9 ASIEN   10 USA

807   WOHNBEREICH
      2    ZAHL      0 : LAND / 1 : STADT

808   VERSTAENDIGUNG
      2    ZAHL      0:SCHLECHT / 1:MAESSIG / 2:GUT

809   SCHULBILDUNG
      2    ZAHL      ANZAHL JAHRE SCHULBILDUNG

811   TAETIGKEIT WAEHREND SCHWANGERSCHAFT
      2    ZAHL      GRAD : 0/1/2 : KEINE/HALBTAGS/GANTAGS TAETIGKEIT
      3    ZAHL      ART  : 0/1/2/3/4 : KEINE/ARBEITERIN/ANGEST./
                                         BEAMTIN/SELBSTAENDIG
```

```
TYP   PRAM.#          WERT   BEDEUTUNG

812   MEHRLINGE IN FAMILIE
      2    BIT       0 : KEIN FAMILIENMITGLIED 1. GRADES
                     1 / 2 / 3 : VATER / MUTTER / GESCHWISTER

813   DIABETES IN FAMILIE
      2    BIT       WIE BEI TYP 812

814   HYPERTONIE IN FAMILIE
      2    BIT       WIE BEI TYP 812

815   TUBERKULOSE IN FAMILIE
      2    BIT       WIE BEI TYP 812

816   NERVEN-/GEMUETSLEIDEN IN FAMILIE
      2    BIT       WIE BEI TYP 812

817   TUMORERKRANKUNGEN IN FAMILIE
      2    BIT       WIE BEI TYP 812

818   MISSBILDUNGEN IN FAMILIE
      2    BIT       WIE BEI TYP 812

819   SONSTIGE ERBLICHE KRANKHEITEN IN FAMILIE
      2    BIT       WIE BEI TYP 812
```

Anhang II : Befunde (Rekordklassen und -typen)

| TYP | PRAM.# | | WERT | BEDEUTUNG |
|-----|--------|---|------|-----------|

**822  INFEKTE**

    2  BIT    0 KEINE    1 MASERN    2 ROETELN   3 SCHARLACH
                4 DIPHTERIE 5 KEUCHHUSTEN 6 WINDPOCKEN
                7 MUMPS    8 HEPATITIS

**823  HERZ-ERKRANKUNGEN**

    2  BIT    0 KEINE    1 VITIUM    2 INSUFFIZIENZ
                3 MYOCARDITIS  4 OPERATION    5 HYPERTONIE
                6 HYPOTONIE   7 KREISLAUFSTOERUNG

**824  LUNGEN-ERKRANKUNGEN**

    2  BIT    0 KEINE    1 TUBERKULOSE  2 ASTHMA
                3 PNEUMONIE   4 OPERATION

**825  UROLOG. ERKRANKUNGEN**

    2  BIT    0 KEINE    1 PYELONEPHRIT. 2 CYSTITIS
                3 NEPHREKTOMIE 4 STEINLEIDEN  5 MISSBILDGN
                6 SONSTIGE OP.

**826  ENDOKRINE ERKRANKUNGEN**

    2  BIT    0 KEINE    1 STRUMA    2 HYPERTHYREOSE
                3 HYPOTHYREOSE 4 NEBEN-NIERE  5 HYPOPHYSE

**827  ERKRANKUNGEN VON LEBER/GALLE/PANKREAS**

    2  BIT    KEINE    1 PANKREATITIS 2 HEPATITIS
                IKTERUS    4 CHOLELITHIAS. 5 CHOLECYSTEKTOMI

**828  MAGEN/DARM- ERKRANKUNGEN**

    2  BIT    0 KEINE    1 GASTRITIS   2 MAGENOPERATION
                3 APPENDEKTOMIE 4 SONST.DARMOP. 5 COLITIS

**829  NEUROLOG. ERKRANKUNGEN**

    2  BIT    0 KEINE    1 EPILEPSIE   2 SCHIZOID
                3 DEPRESSIV   4 POLIOMYELITIS 5 NEURITIS
                6 HIRN-TRAUMA

**830  ORTHOPAED. ERKRANKUNGEN**

    2  BIT    0 KEINE    1 RACHITIS    2 HUEFTLUXATION
                3 KLUMPFUSS   4 BECKENBRUCH  5 BECKENANOMALIE

**831  VENERISCHE ERKRANKUNGEN**

    2  BIT    0 KEINE    1 LUES    2 GO

**832  HAEMATOLOG. ERKRANKUNGEN**

    2  BIT    0 KEINE    1 ANAEMIE    2 ANTIKOAGUL.BEH.
                3 THALASSAEMIE MINOR   4 THALASSAEMIE MAIOR
                5 GERINNUNGSSTOERUNG

**833  GYN. ERKRANKUNG**

    2  BIT    0 KEINE    1 KOLPITIS    2 ADNEXITIS
                3 ENDOMETRITIS 4 UTERUS BICOLL.5 UT.BICORNIS
                6 STRASSMANN   7 UT.ANOMALIE  8 MESSER-KONISAT.
                9 E-KONISATION 10 E-KOAGULAT.  11 EKTOP.GRAV.
               12 ZYSTEN-OP.   13 SALPINGOSTOM.14 SCHEIDENSEPTUM
               15 MYOM-ENUKLEATION
    3  BIT    0 PLASTIK    1 CARCINOM    2 CERCLAGE

Anhang II : Befunde (Rekordklassen und -typen)

### KLASSE 18     PATIENTEN-ID., FRUEHERE SS, JETZIGE SS

```
TYP   PRAM.#           WERT   BEDEUTUNG
```

**860   PATIENTEN-NAME**
```
     2-40     BYTE      25 ASCII-ZEICHEN : NACHNAME , ',',
                        25 ASCII-ZEICHEN : VORNAME  , ',',
                        26 ASCII-ZEICHEN : MAEDCHEN-NAME
```

**861   ADRESSE VON PATIENTIN**
```
     2-16     BYTE      30 ASCII-ZEICHEN : STRASSEN-NAME
      17      ZAHL      STRASSEN-NUMMER
      18      ZAHL      PLZ DES WOHNORTS
    19-33     BYTE      30 ASCII-ZEICHEN : WOHNORT
    34+35     ZAHL(FP)  TELEFON-NUMMER (FLOATING-POINT)
      36      ZAHL      NICHT BENUTZT
```

**862   GEBURTSDATUM PATIENTIN**
```
      2       ZAHL      GEBURTS-TAG
      3       ZAHL      GEBURTS-MONAT
      4       ZAHL      GEBURTS-JAHR
      5       ZAHL      PLZ VON GEBURTS-ORT
     6-20     BYTE      GEBURTS-ORT
```

**863   HEIRAT/BERUF/KOSTENTRAEGER**
```
      2       ZAHL      HEIRATSJAHR (0: UNVERHEIRATET)
     3-17     BYTE      30 ASCII-ZEICHEN : BERUF (PATIENTIN)
    18-32     BYTE      30 ASCII-ZEICHEN : KOSTENTRAEGER
```

**864   NAECHSTER ANGEHOERIGER (EHEMANN)**
```
     2-16     BYTE      30 ASCII-ZEICHEN : NACHNAME EHEMANN
    17-31     BYTE      30 ASCII-ZEICHEN : VOR-NAME EHEMANN
      32      ZAHL      NICHT BENUTZT
```

**865   ADRESSE : NAECHSTER ANGEHOERIGER**
```
     2-36     WIE BEI TYP 861
```

**866   EINWEISENDER ARZT (NAME)**
```
     2-32     WIE BEI TYP 864
```

**867   EINWEISENDER ARZT (ADRESSE)**
```
     2-36     WIE BEI TYP 861
```

**868/869, 870/871, 872/873 FUER : NAME/ADRESSE VON**
```
             BEH.GYNAEKOLOGE, HAUSARZT, WEITERER ARZT :
             NICHT MEHR BENUTZT
```

**874   BLUTGRUPPE/RH-FAKTOR**
```
     2- 6     BYTE       9 ASCII-ZEICHEN : BLUTGRUPPE MUTTER, ',',
     7-11     BYTE       9 ASCII-ZEICHEN : RH-FAKTOR  MUTTER, ',',
    12-16     BYTE       9 ASCII-ZEICHEN : BLUTGRUPPE VATER , ',',
    17-21     BYTE       9 ASCII-ZEICHEN : RH-FAKTOR  VATER , ',',
```

**875   BEMERKUNGEN**
```
     2-40     BYTE      78 ASCII-ZEICHEN : BEMERKUNGEN
```

Anhang II : Befunde (Rekordklassen und -typen)

| TYP | PRAM.# | | WERT | BEDEUTUNG |
|---|---|---|---|---|

```
 880  PARA/GRAV.
          2    ZAHL    PARITAET
          3    ZAHL    GRAVIDITAET (OHNE JETZIGE SCHWANGERSCHAFT)

 881  TERMINE
          2    ZAHL    SCHWANGERSCHAFTS-WOCHE (BEI EINTRITT IN KS)
          3    ZAHL    (+) TAGE
      4,5,6    ZAHL    KALENDER-TAG,-MONAT-JAHR : LETZTE PERIODE
      7,8,9    ZAHL    KALENDER-TAG,-MONAT-JAHR : ERRECHNETER TERMIN

 883  AUFNAHMEBEFUND
          2    ZAHL    GROESSE PAT. IN CM
        3,4    ZAHL    GEWICHT VOR SCHWANGERSCHAFT, JETZT (KG X 10)
        5,6    ZAHL    LEIBESUMFANG VOR SCHWANGERSCHAFT, JETZT (CM)
          7    ZAHL    ALTER DES VATERS

 884  EINWEISUNGSGRUND
          2    BIT      0 SPONT.WEHENBEGINN      1 VORZ.BS MIT WEHEN
                        2 VORZ.BS OHNE WEHEN     3 PROGRAMMIERTE GEBURT
                        4 EINLEITG.FET.INDIK.    5 EINLEITG.MUETTERL.INDI
                        6 FRUEHGEBURT (<37)      7 BLUTUNG
                        8 VORZ. LOESUNG          9 LAGEANOMALIE
                       10 AMNIOINFEKTIONSSYNDROM
                       11 I.U. FRUCHTTOD        12 SONSTIGES
```

Anhang II : Befunde (Rekordklassen und -typen)

| TYP | PRAM.# | WERT | BEDEUTUNG |
|---|---|---|---|

```
899  FRUEHERE SCHWANGERSCHAFTEN
      2    ZAHL    ANZAHL FRUEHERER SCHWANGERSCHAFTEN

900  VERLAUF VON 1. SCHWANGERSCHAFT
      2    ZAHL    LFDE NUMMER DIESER SCHWANGERSCHAFT
      3    BYTE    (JAHR / MONAT) : ENDE DER SCHWANGERSCHAFT
      4    BIT     KOMPLIKATIONEN
                   0 KEINE      1 EPH-GESTOSE  2 DIABETES
                   3 RH-INKOMP.4 BLUTUNG       5 PLAC.PRAEVIA
                   6 FRUEHGEB.BESTREBGN.
      5    BIT     SCHWEREGRAD : RH-INKOMP.
                   0 KEINE ANGABE  1 IMMUN.SCHUTZ  2 AUSTAUSCHTRANSF
                   3 IKTERUS         4 HYDROPS        5 I.U.FRUCHTTOD
      6    BIT     BEHANDLUNG FRUEHGEB.BESTREBGN
                   0 KEINE   1 STAT.AUFNAHME  2 TOKOLYSE  3 CERCLAGE
      7    ZAHL    BEENDIGUNG DER SCHWANGERSCHAFT DURCH :
                   0 KEINE ANGABE  1 PARTUS         2 FRUEHGEBURT
                   3 INTERRUPTIO  4 ABORT          5 EU
      8    ZAHL    GEBURTSHILFE GELEISTET DURCH :
                   0 KEINE ANGABE  1 ALLEIN         2 HEBAMME
                   3 ARZT           4 KLINIK         5 UFK HD
      9    ZAHL    ANZAHL KINDER BEI DIESER ENTBINDUNG

901  BESCHREIBUNG : 1. KIND AUS 1. SCHWANGERSCHAFT
      2    ZAHL    LAGE DES FETEN :
                   0 SL   1 BEL   2 QL
      3    ZAHL    ENTBINDUNGSMODUS :
                   0 SPONTAN  1 FORCEPS  2 VAKUUM  3 SECTIO
      4    ZAHL    GESCHLECHT : 0/1 , MAENNL./WEIBL.
      5    ZAHL    GEWICHT IN G
      6    ZAHL    VERLEGT IN KINDERKLINIK : 0/1 , NEIN/JA
      7    BIT     SCHADEN KIND :
                   0 KEINE  1 MISSBILDGN  2 CEREBRALER SCHADEN
      8    ZAHL    ZUSTAND :
                   0 LEBT    ODER GESTORBEN
                   1 I.U.   2 BIS 7.TAG   3 IM 1. JAHR   4 DANACH

   902, 903, 904 : 2., 3., 4. KIND AUS 1. SCHWANGERSCHAFT
```

| TYP | PRAM.# | WERT | BEDEUTUNG |
|---|---|---|---|

```
905  VERLAUF VON 2. SCHWANGERSCHAFT

   906, 907, 908, 909 : 1., 2., 3., 4. KIND AUS 2. SCHWANGERSCHAFT

ETC.

955  VERLAUF VON 12. SCHWANGERSCHAFT

   956, 957, 958, 959 : 1., 2., 3., 4. KIND AUS 12. SCHWANGERSCHAFT
```

Anhang II : Befunde (Rekordklassen und typen)

| TYP | PRAM.# | | WERT BEDEUTUNG |
|---|---|---|---|

```
960  KONTRAZEPTION (JETZIGE SCHWANGERSCHAFT)
       2    ZAHL      0 : KEINE KONTRAZEPTIVA
                      1 SCHWANGER NACH IUD    2 SCHWANGER TROTZ IUD
                      3 SCHWANGER NACH PILLE  2 SCHWANGER TROTZ PILLE

966  SCHWANGERSCHAFTS-BETREUUNG
       2    ZAHL      0/1 : NEIN/JA
       3    ZAHL      NICHT (MEHR) BENUTZT
       4    ZAHL      NICHT (MEHR) BENUTZT
       5    ZAHL      ANZAHL KONTROLLEN DURCH FACHARZT
       6    ZAHL      ANZAHL KONTROLLEN DURCH KLINIK
       7    ZAHL      ANZAHL KONTROLLEN DURCH UFK HD

968  KOMPLIKATIONEN IN (JETZIGER) SCHWANGERSCHAFT
       2    BIT       0 KEINE KOMPL.           1 EPH-GESTOSE
                      2 DIABETES               3 RH/ABO-INKOMP.
                      4 STAT.HYPEREMESIS       5 PLAC.INSUFFIZIENZ
                      6 BLUTUNGEN              7 HARNWEGSINFEKT
                      8 FRUEHGEB.BESTREBGN     9 RETARD.VERDACHT
                     10 GYN.ZUSATZRISIKO      11 TERMIN-UNKLARHEIT
                     12 SONSTIGES
```

| TYP | PRAM.# | | WERT BEDEUTUNG |
|---|---|---|---|

```
970  EPH-GESTOSE : SYMPTOME
       2    ZAHL      OEDEME : 0/1/2 , KEINE/PRAETIBIAL/GENERALISIERT
      3,4   ZAHL      SEIT : MONAT, JAHR (XX)

971  EPH-GESTOSE : SYMPTOME
       2    ZAHL      PROTEINURIE : IN G-%
      3,4   ZAHL      SEIT : MONAT, JAHR

972  EPH-GESTOSE : SYMPTOME
       2    ZAHL      BLUTDRUCKWERT : SYST.
      3,4   ZAHL      SEIT : MONAT, JAHR

973  EPH-GESTOSE : SYMPTOME
       2    ZAHL      BLUTDRUCKWERT : DIASTOL.
      3,4   ZAHL      SEIT : MONAT, JAHR

974  EPH-GESTOSE : SYMPTOME
       2    ZAHL      ANZAHL EKLAMPTISCHE ANFAELLE / TAG

975  EPH-GESTOSE : SYMPTOME
       2    BIT       (PRAE-) EKLAMPSIE :    0 KEINE
                      1 UEBELKEIT           2 SCHWINDEL
                      3 ERBRECHEN           4 AUGENFLIMMERN
```

Anhang II : Befunde (Rekordklassen und -typen)

```
TYP  PRAM.#            WERT  BEDEUTUNG
-------------------------------------------------------------------------
 976  EPH-GESTOSE : SCREENING
      2,3    BIT        0,2,3,4,5,6,8,13 VON SCREENING-KATALOG :
        !--------------------------------------------------------------!
        ! SCREENING-KATALOG (FUER ALLE KOMPLIKATIONEN GLEICH) :        !
        !  0 KEIN                         1 VAG. UNTERSUCHUNG          !
        !  2 CTG (-OST)                   3 ULTRASCHALL (BIP.DURCHM.)  !
        !  4 REIFEBESTIMMUNG (L/S)        5 OESTRIOL (E3) -WERTE       !
        !  6 HARNSTATUS                   7 URICULT                    !
        !  8 KREATININ                    9 BLUTZUCKER-TAGESPROFIL     !
        ! 10 GLUKOSE-TOLERANZ-TEST       11 COOMBS-TEST                !
        ! 12 DELTA-E BESTIMMUNG          13 ELEKTROLYTE                !
        ! 14 LEBERFUNKTION               15 SPEKULUMEINSTELLUNG        !
        ! 16 RHEOBASE                    17 SERUM HORMONPROFIL         !
        ! 18 ULTRASCHALL (THORAX)        19 FUNDUSSTAND                !
        !--------------------------------------------------------------!
-------------------------------------------------------------------------
 977  EPH-GESTOSE : STATIONAERE AUFNAHME
      2,3    ZAHL     VON : MONAT, JAHR
      4,5    ZAHL     BIS : MONAT, JAHR
-------------------------------------------------------------------------
 978  EPH-GESTOSE : THERAPIE
      2,3    BIT        0,3,4,8,12 VON THERAPIE-KATALOG
        !--------------------------------------------------------------!
        ! THERAPIE-KATALOG (FUER ALLE KOMPLIKATIONEN GLEICH)           !
        !  0 KEINE                        1 TOKOLYSE                   !
        !  2 CERCLAGE                     3 SEDATIVA (/ANALGETIKA)     !
        !  4 ANTIHYPERTENSIVA             5 SPASMOLYTIKA               !
        !  6 ANTIBIOTIKA                  7 LUNGENREIFUNG              !
        !  8 DIURETIKA                    9 INSULIN                    !
        ! 10 LOKALE THERAPIE             11 OPERATION                  !
        ! 12 DIAET                       13 PSYCHOSOMAT. BEHANDLUNG    !
        ! 14 INFUSIONEN                  15 ANTIEMETIKA                !
        ! 16 VORZEITIGE ENTBINDUNG       17 FETALE TRANSFUSION         !
        ! 18 TRANSFUSION                 19 KONSERVATIVE BEHANDLUNG    !
        ! 20 EINLEITUNG                                                !
        !--------------------------------------------------------------!
-------------------------------------------------------------------------
```

Anhang II : Befunde (Rekordklassen und -typen)

| TYP | PRAM.# | WERT | BEDEUTUNG |
|---|---|---|---|

```
979  DIABETES : SYMPTOME
      2   ZAHL      GLUKOSURIE : 0/1 , NEIN/JA
```

```
980  DIABETES : SYMPTOME
      2   ZAHL      PROTEINURIE: 0/1 , NEIN/JA
```

```
981  DIABETES : SYMPTOME
      2   ZAHL      STADIUM NACH WHITE :
                    0 KEINE ANGABE          1 LATENTER DIAB.MELL.
                    2 AUFTRETEN NACH 20. LJ. ODER DAUER   <10 J.
                    3 AUFTRETEN 10. -19. LJ. ODER DAUER 10-19 J.
                    4 AUFTRETEN VOR  10. LJ. ODER DAUER   >20 J.
                      ODER DIAB. RETINAPATHIE
                    5 ARTERIOSKLEROSE DER BECKENARTERIEN
                    6 DIAB. NEPHROPATHIE
```

```
982  DIABETES : SCREENING
      2,3   BIT      0,2,3,4,5,9,10 VON SCREENING-KATALOG (S.976)
```

```
983  DIABETES : STATIONAERE AUFNAHME
     2,3,4,5  ZAHL    VON : MONAT, JAHR   BIS : MONAT, JAHR
```

```
984  DIABETES : THERAPIE
      2,3   BIT      0,9,12 VON THERAPIE-KATALOG (S.978)
```

| TYP | PRAM.# | WERT | BEDEUTUNG |
|---|---|---|---|

```
985  RH/ABO-INKOMP.: SYMPTOME
      2   BIT       SCHWEREGRAD :   0 KEINE ANGABE
                    1 HYDROPS FET.  2 I.U. FRUCHTTOD
```

```
986  RH/ABO-INKOMP.: SCREENING
      2,3   BIT      0,2,3,4,5,11,12 VON SCREENING-KATALOG (S.976)
```

```
987  RH/ABO-INKOMP.: STATIONAERE AUFNAHME
     2,3,4,5  ZAHL    VON : MONAT, JAHR   BIS : MONAT, JAHR
```

```
988  RH/ABO-INKOMP.: THERAPIE
      2,3   BIT      0,16,17 VON THERAPIE-KATALOG (S.978)
```

Anhang II : Befunde (Rekordklassen und -typen)


**TYP   PRAM.#          WERT   BEDEUTUNG**

```
989  PLACENTA INSUFFIZIENZ : SYMPTOME
      2    BIT       KLINISCHE SYMPTOME :   0 KEINE
                     1 PATHOLOG. CTG        2 VAG. BLUTUNG
                     3 VORZ. LOESUNG        4 KEINE KINDSBEWEGUNG
                     5 TRAEGE KINDSBEW.     6 MEKONIUM
```

```
990  PLACENTA INSUFFIZIENZ : SCREENING
      2,3  BIT       0,2,3,4,5 VON SCREENING-KATALOG (S.976)
```

```
991  PLACENTA INSUFFIZIENZ : STATIONAERE AUFNAHME
    2,3,4,5  ZAHL    VON : MONAT, JAHR   BIS : MONAT, JAHR
```

```
992  PLACENTA INSUFFIZIENZ : THERAPIE
      2,3  BIT       0,1,7,20 VON THERAPIE-KATALOG (S.978)
```


**TYP   PRAM.#          WERT   BEDEUTUNG**

```
993  STATIONAERE HYPEREMESIS : SYMPTOME
      2    ZAHL      ACETON IM HARN : 0/1 , NEIN/JA
      3,4  ZAHL      SEIT : MONAT, JAHR
```

```
994  STATIONAERE HYPEREMESIS : SYMPTOME
      2    ZAHL      AN AHL : ERBRECHEN / TAG
      3,4  ZAHL      SEIT : MONAT, JAHR
```

```
995  STATIONAERE HYPEREMESIS : SCREENING
      2,3  BIT       0,13,14 VON SCREENING-KATALOG (S.976)
```

```
996  STATIONAERE HYPEREMESIS : STATIONAERE AUFNAHME
    2,3,4,5  ZAHL    VON : MONAT, JAHR   BIS : MONAT, JAHR
```

```
997  STATIONAERE HYPEREMESIS : THERAPIE
      2,3  BIT       0,13,14,15 VON THERAPIE-KATALOG (S.978)
```


**TYP   PRAM.#          WERT   BEDEUTUNG**

```
998  BLUTUNGEN : SYMPTOME
      2    BIT       DIAGNOSE :           0 KEINE
                     1 DROHENDER ABORT    2 DROHENDE FRUEHGEBURT
                     3 PLAC.PRAEVIA TOT.  4 PLAC.PRAEVIA PARTIALIS
                     5 PLAC.PRAEV.MARG.   6 VORZ. PLACENTALOESUNG
                     7 GENITALVERLETZG.   8 EXTRAGENITALE VERLETZG
```

```
999  BLUTUNGEN : SCREENING
      2,3  BIT       0,2,3,4,5,15 VON SCREENING-KATALOG (S.976)
```

```
1000  BLUTUNGEN : STATIONAERE AUFNAHME
     2,3,4,5  ZAHL   VON : MONAT, JAHR   BIS : MONAT, JAHR
```

```
1001  BLUTUNGEN : THERAPIE
      2,3  BIT       0,1,10,18 VON THERAPIE-KATALOG (S.978)
```

Anhang II : Befunde (Rekordklassen und -typen)


| TYP | PRAM.# | | WERT | BEDEUTUNG |
|-----|--------|---|------|-----------|

| 1002 | HARNWEGSINFEKT : SYMPTOME |
|------|---------------------------|
| | 2 BIT | KLINISCHE SYMPTOME : 0 KEINE ANGABE |
| | | 1 MIKTIONSBESCHWERDEN 2 DRUCKEMPFINDL.NIERENL. |
| | | 3 PYURIE 4 POLLAKISURIE |
| 1003 | HARNWEGSINFEKT : SCREENING |
| | 2,3 BIT | 0,2,3,6,7 VON SCREENING-KATALOG (S.976) |
| 1004 | HARNWEGSINFEKT : STATIONAERE AUFNAHME |
| | 2,3,4,5 ZAHL | VON : MONAT, JAHR BIS : MONAT, JAHR |
| 1005 | HARNWEGSINFEKT : THERAPIE |
| | 2,3 BIT | 0,3,5,6 VON THERAPIE-KATALOG (S.978) |


| TYP | PRAM.# | | WERT | BEDEUTUNG |
|-----|--------|---|------|-----------|

| 1006 | FRUEHGEBURTS BESTREBUNGEN : SYMPTOME |
|------|--------------------------------------|
| | 2 BIT | KLINISCHE SYMPTOME : 0 KEINE ANGABEN |
| | | 1 VORZ. WEHEN 2 CERVIX-VERKUERZUNG |
| | | 3 MM-ERWEITERUNG 4 ZEICHNEN |
| | | 5 VORZ. BLASENSPRUNG |
| 1007 | FRUEHGEBURTS BESTREBUNGEN : SCREENING |
| | 2,3 BIT | 0,1,2,3,4 VON SCREENING-KATALOG (S.976) |
| 1008 | FRUEHGEBURTS BESTREBUNGEN : STATIONAERE AUFNAHME |
| | 2,3,4,5 ZAHL | VON : MONAT, JAHR BIS : MONAT, JAHR |
| 1009 | FRUEHGEBURTS BESTREBUNGEN : THERAPIE |
| | 2,3 BIT | 0,1,2,3,7 VON THERAPIE-KATALOG (S.978) |


| TYP | PRAM.# | | WERT | BEDEUTUNG |
|-----|--------|---|------|-----------|

| 1010 | RETARDIERUNGS VERDACHT : SYMPTOME |
|------|-----------------------------------|
| | 2 BIT | KLINISCHE SYMPTOME : 0 KEINE ANGABEN |
| | | 1 DISKREP.FUNDUSSTAND 2 DISKR.BAUCHUMFANG |
| | | 3 GEWICHTSSTILLSTAND 4 OLIGOHYDRAMNIE |
| | | 5 DISKR.:BIP.O/THORAX 6 KLEINER BIP.O |
| | | 7 MANGELGEBURT IN ANAMNESE |
| 1011 | RETARDIERUNGS VERDACHT : SCREENING |
| | 2,3 BIT | 0,2,3,4,5,16,17 VON SCREENING-KATALOG (S.976) |
| 1012 | RETARDIERUNGS VERDACHT : STATIONAERE AUFNAHME |
| | 2,3,4,5 ZAHL | VON : MONAT, JAHR BIS : MONAT, JAHR |
| 1013 | RETARDIERUNGS VERDACHT : THERAPIE |
| | 2,3 BIT | 0,1,7 VON THERAPIE-KATALOG (S.978) |

Anhang II : Befunde (Rekordklassen und -typen)


```
TYP  PRAM.#           WERT   BEDEUTUNG
```

```
1014  GYN. ZUSATZRISIKO : SYMPTOME
       2    BIT         DIAGNOSE :         0 KEINE
                        1 MYOM             2 ZYSTE
                        3 BLUTENDE EKTOPIE 4 UTERUS BICORNIS
                        5 MAMMA-CA         6 CERVIX-CA
                        7 SCHEIDENSEPTUM   8 SCHEIDENENTZUENDUNG
```

```
1015  GYN. ZUSATZRISIKO : STATIONAERE AUFNAHME
   2,3,4,5   ZAHL     VON : MONAT, JAHR   BIS : MONAT, JAHR
```

```
1016  GYN. ZUSATZRISIKO : THERAPIE
      2,3    BIT        0,1,19 VON THERAPIE-KATALOG (S.978)
```


```
TYP  PRAM.#           WERT   BEDEUTUNG
```

```
1017  TERMINUNKLARHEIT : SYMPTOME
       2    BIT         KLINISCHE SYMPTOME :    0 KEINE ANGABE
                        1 UNKLARE LETZTE PERIODE    ODER
                        DISKREPANZ VON SCHWANGERSCHAFTSWOCHE MIT :
                        2 ZEITPKT 1. KINDSBEW.  3 REIFE (L/S-RATIO)
                        4 BIP.O-VERLAUF
```

```
1018  TERMINUNKLARHEIT : SCREENING
      2,3    BIT        0,3,4,18,19 VON SCREENING-KATALOG (S.976)
```

```
1019  TERMINUNKLARHEIT : STATIONAERE AUFNAHME
   2,3,4,5   ZAHL     VON : MONAT, JAHR   BIS : MONAT, JAHR
```

Anhang III : Aufgabenteilung , aktuelle Gerätekonfiguration

| Gerät | logische Nummer | Gerät-Nummer, Untereinheit | Nr. von E/A-Kanal |
|---|---|---|---|
| Analog/Digital-Konverter | 7 | 2 | 13 |
| Magnetplatte : System / Dialog | 2 | 1, o | 11 |
| Magnetplatte : CTG | 3 | 1, 1 | 12 |
| Datenübertragung | 8 | 3 | 14 |
| Operatorkonsole | 1 | 4 | 15 |
| Zeilendrucker | 6 | 6 | 16 |
| TV, Zentrale 1 (Systemmeldg) | 21 | 11 | 17 |
| TV, Zentrale 2 (Bettenbelegg) | 22 | 12 | 2o |
| Tastenfelder, Zentrale 3,4,5 | 9/1o/11 | 7, o/ 1/ 2 | 21 |
| TV, Zentrale 3 (Dialog) | 23 | 13 | 22 |
| TV, Zentrale 4 | 24 | 14 | 23 |
| TV, Zentrale 5 | 25 | 15 | 24 |
| Tastenfelder, Z.6, KS 1,2 | 12/13/14 | 8, o/ 1/ 2 | 25 |
| TV, Zentrale 6 | 26 | 16 | 26 |
| TV, Kreißsaal 1 | 27 | 17 | 27 |
| TV, Kreißsaal 2 | 28 | 18 | 3o |
| Tastenfelder, KS 3,4,5 | 15/16/17 | 9, o/ 1/ 2 | 31 |
| TV, Kreißsaal 3 | 29 | 19 | 32 |
| TV, Kreißsaal 4 | 3o | 2o | 33 |
| TV, Kreißsaal 5 | 31 | 21 | 34 |
| Tastenfelder. KS 6,7,8 | 18/19/2o | 1o, o/ 1/ 2 | 35 |
| TV, Kreißsaal 6 | 32 | 22 | 36 |
| TV, Kreißsaal 7 | 33 | 23 | 37 |
| TV, Kreißsaal 8 | 34 | 24 | 4o |
| Papierbandleser | 5 | 5 | 41 |
| Bildschirmterminal (Aufnahme) | 35 | 25 | 42 |
| Zeichengerät (Plotter) | 36 | 26 | 43 |

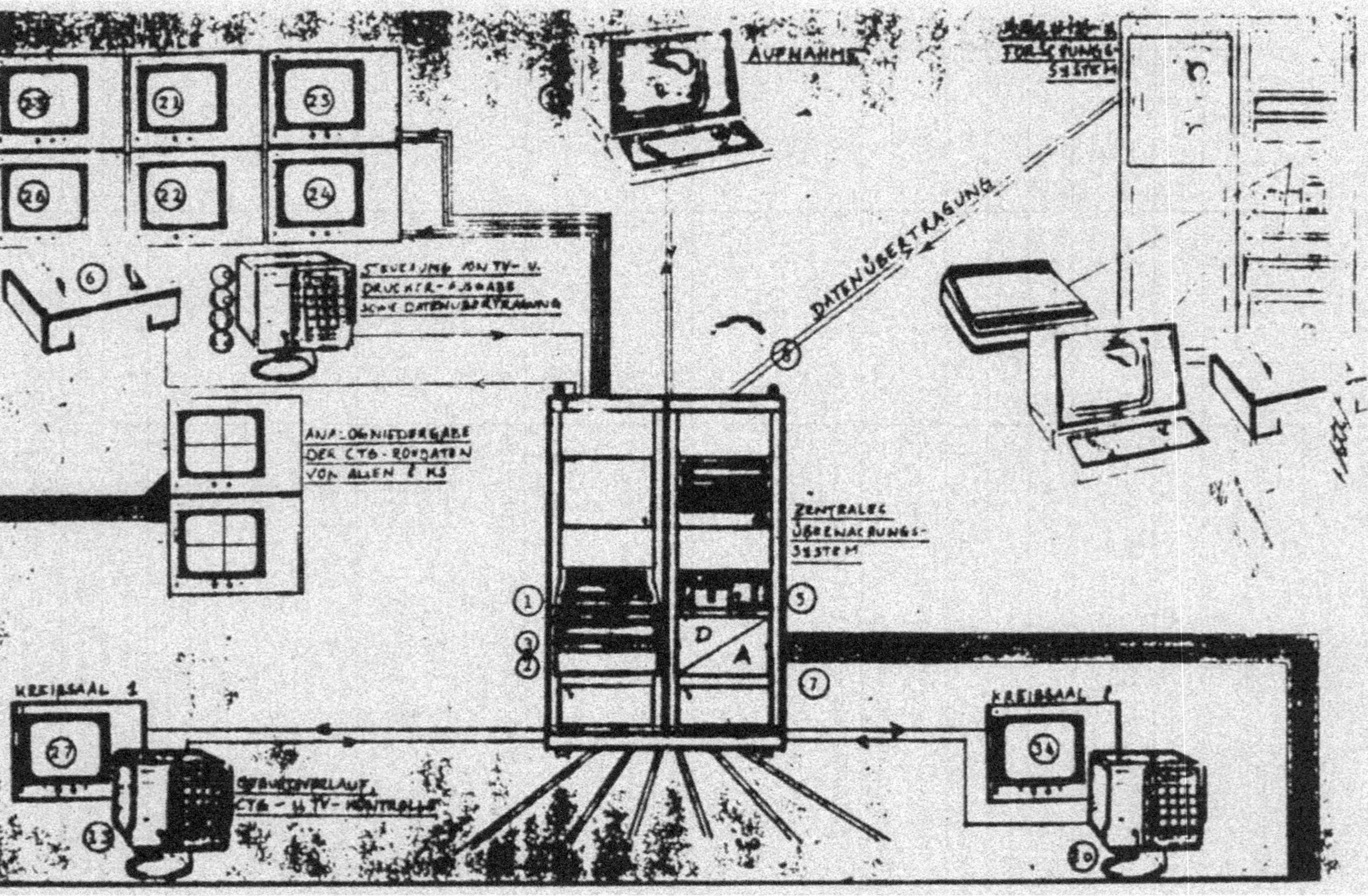


Geräte zur fetalen (CTG) und mütterlichen Überwachung in den Kreißsälen

Anhang III : Aufgabenteilung, Standort der Geräte und logische Nummern

Anhang III : Aufgabenteilung , aktuelle Aufteilung des <u>gemeinsam</u> genutzten cpu-Speichers.

| Name von Puffer/Zeiger | Inhalt (benutzt für ) | | Länge in Worten | benutzt von (Prog.) |
|---|---|---|---|---|
| NBRKB | Anz.Dialoggeräte(14) | | 1 | STATU |
| DIAG 1 | Dialogpuffer Nr. 1 (Systemmeldungen) | | 46 | STATU, ANWxx, OTPyy |
| DIAG 2 | Dialogpuffer Nr. 2 (Bettenbelegung) | | 46 | " |
| DIAG 3 | Dialogpuffer Nr. 3 (Zentrale) | | 46 | " |
| DIAG 4 | " | 4 | 46 | " |
| DIAG 5 | " | 5 | 46 | " |
| DIAG 6 | " | 6 | 46 | " |
| DIAG 7 | Dialogpuffer Nr. 7 (Kreißsaal 1) | | 46 | " |
| DIAG 8 | " (KS 2) | 8 | 46 | " |
| DIAG 9 | " (KS 3) | 9 | 46 | " |
| DIAG 1o | " (KS 4) | 1o | 46 | " |
| DIAG 11 | " (KS 5) | 11 | 46 | " |
| DIAG 12 | " (KS 6) | 12 | 46 | " |
| DIAG 13 | " (KS 7) | 13 | 46 | " |
| DIAG 14 | " (KS 8) | 14 | 46 | " |
| BFFLG | Zeiger für Datenpuffer (CTG-Aufnahme) | | 1 | DTP, DSS |
| BUFF 1 | Datenpuffer Nr. 1 (CTG-Aufnahme) | | 636 | DTP, DSS |
| BUFF 2 | Datenpuffer Nr. 2 (CTG-Aufnahme) | | 636 | DTP, DSS |
| MBUFF | Datenpuffer für langsame Biosignale | | 58 | DTP, OXYT |
| YEAR | momentanes Jahr (xx) | | 1 | GETTI (Unterprog) |
| TIME 1 | Zeitpuffer Nr. 1 (letzte Ausf.v.DTP) | | 5 | DSS, DTP |
| TIME 2 | Zeitpuffer Nr. 2 (Startzeit mom.Ausf) | | 5 | DSS, DTP |
| FHFLB | Anz. FHF-Werte / min Anz. Wehenwerte/min | | 1 | DTP, DSS |

Anhang III : Aufgabenteilung , aktuelle Aufteilung des <u>gemeinsam</u> genutzten cpu-Speichers

| Name von Puffer/Zeiger | Inhalt (benutzt für) | Länge in Worten | benutzt von (Prog.) |
|---|---|---|---|
| STBED | Datenaufnahmestatus eines Kreißsaalbettes | 8 | AUFNA, ANWxx, PATRA |
| MSBED | Meldungswort für ein Kreißsaalbett | 8 | STATU, AUFNA, ANWxx |
| CTGBD | Adresse von Biosignalverwaltung auf Platte | 16 | AUFNA, ANWxx, PATRA |
| CHRBD | Adresse von Dialogdatenverwaltg auf Platte | 16 | CHRON, PATRA, ANWxx |
| CLOSE | Adresse v. Verwaltg der Anamesefragen auf Platte | 1 | SETUP, ANWxx |
| REDUE | nicht benutzt | 1 | |
| LINCO | Zeiger f. automat. Ereignis-Report über CTG | 14 | STATU, ANW26, ANW99 |
| ILPBF | Ein/Ausgabe-Puffer für Patientenaufnahme | 72 | AUFNA |

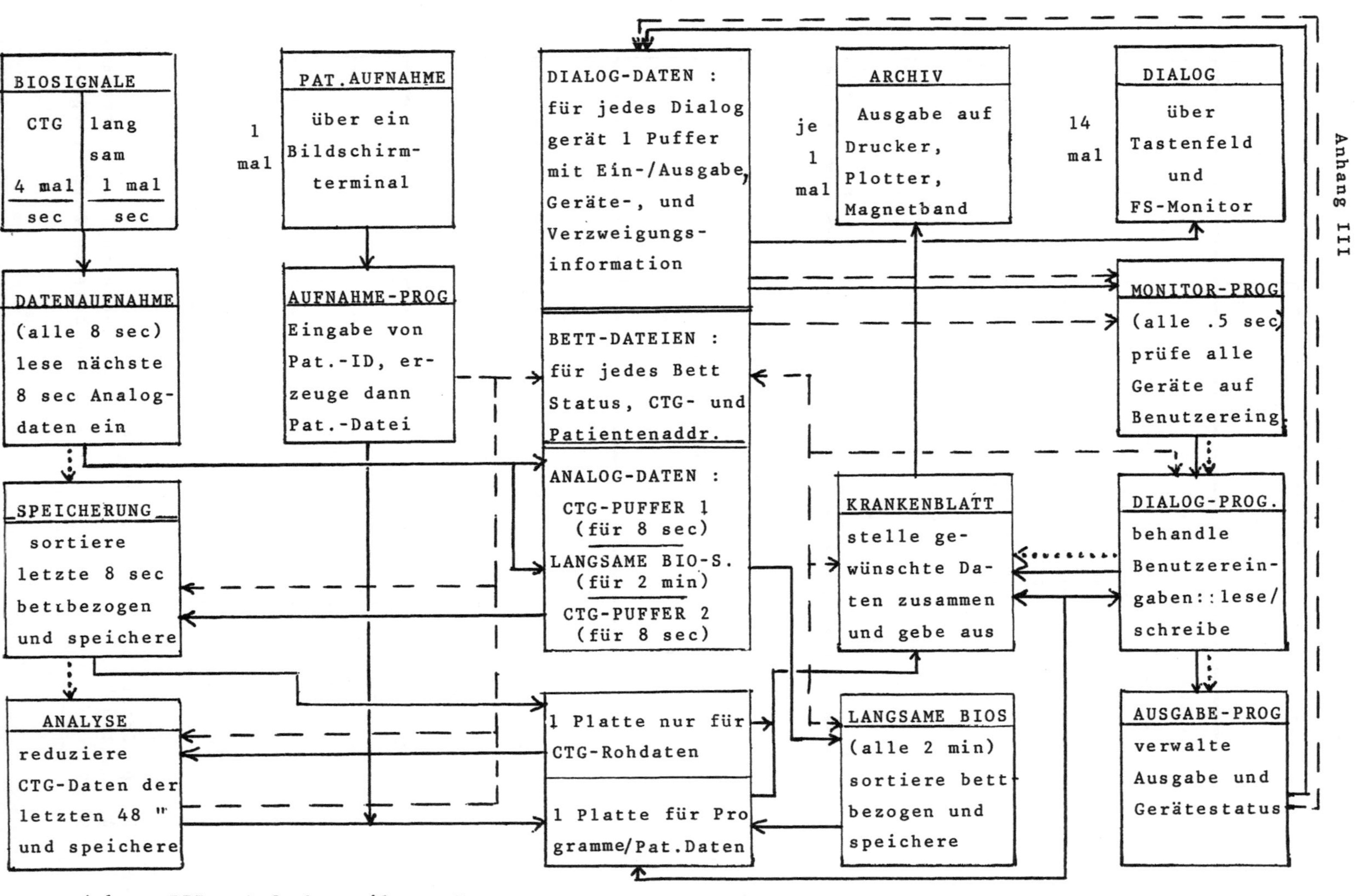


Anhang III : Aufgabenteilung, Programme

Anhang III : Aufgabenteilung , Programme

| | Name | Aufgabe | Typ, Priorität | gerufen von |
|---|---|---|---|---|
| **System** | AUTOR | Wiederstart nach Stromausfall | 2, 1 | automatisch nach Stromausfall |
| | SYSUP | liest Puffer und Zeiger (wieder) von Platte ein | 2,85 | Operator (bringe cpu- |
| | ONKB | setzt Dialog- u. Datenaufnahme-status zurück | 2,85 | Operator (nach Fehler) |
| | ADCON | setzt Datenauf-nahme zurück | 2,85 | Operator (nach Fehler) |
| | SETUP | lese Anamnese-Fragen ein | 2,85 | Operator (wenn Fragen geändert werden) |
| **Dialog** | STATU | Dialogmonitor | 1,85 | in Zeitliste |
| | OTPo1 | Ausgabeprogramm | 1,85 | Dialogprog. |
| | OTPo2 | " f. Gerät Nr. 2 | 1,85 | " |
| | ⋮ | ⋮ | ⋮ | |
| | OTP14 | "      14 | 1,85 | " |
| **Biosignale** | DTP | CTG-Aufnahme | 1,lo | in Zeitliste |
| | DSS | CTG-Speicherung | 1,lo | DTP |
| | CTGIN | CTG-Auswertung | 2,88 | DSS |
| | OXYT | Aufnahme langs. Biosignale | 2,85 | in Zeitliste |
| **Pat.Aufnahme Entlassung** | AUFNA | Pat.Aufnahme | 2,85 | permanent |
| | CHRON | (interne) Bele-gung v. Bettfile | 2,85 | AUFNA |
| | PATRA | Datenübertragung | 3,85 | Dialogprog. |
| | PALET | Freimachen von Bettfile | 2,85 | PATRA |

Typ : 1  cpu-Speicherresidentes Programm
     2  Platten "                                     , Laufbereich 1 (Vordergrund)
       3  "                                           , Laufbereich 2 (Hintergrund)

Anhang III : Aufgabenteilung : Dialogprogramme und Dok.Programme

Alle Dialogprogramme haben Typ, Priorität : 2,85  (s.o.)
Alle Dokument.prog. haben Typ, Priorität  : 3,99  (s.o.)

| Programm Name für Aufgabe | Dialog | | | Dokumentation | |
|---|---|---|---|---|---|
| | Trend | Lesen / Ändern | Eingabe | Geburts-blatt | Verlaufs-blatt |
| Ursprung v.Dialog | -- | -- | ANWo1 | -- | -- |
| Betten-belegung | -- | -- | ANW1o | -- | -- |
| Unters.-Befunde | ANW22 | ANWo2 | ANWo2 | BGWLP / BGWFG | PARTO / AXPLT |
| Vital-parameter | ANW23 | ANW13 | ANWo3 | BGWLP / BGWFG | -- |
| Varia Mutter | -- | ANWo4 | ANWo4 | BGWLP / BGWFG | BGWo4 (Übersicht) |
| Medikation Mutter | -- | ANW15 | ANWo5 | BGWLP / BGWFG | -- |
| CTG-Steu-erung | ANW26 ANW99 | -- | ANWo6 | BGW16 | BGWCT / BGWAX |
| SBH-Fetus | -- | ANWo7 | ANWo7 | BGW28 | -- |
| Geburts-befund | -- | ANW18 / ANW28 | ANWo8 / ANW38 / ANW48 | BGW18 / BGW28 / BGW38 | -- |
| Dokument. ausgabe | -- | -- | ANWo9 | BGWAZ / BGW2Z | -- |
| Aufnahme Befund | -- | ANWAU | ANWAU | BGWNA | -- |
| Anamnese/ frühere SS jetzige SS | -- | ANWAR / ANW2R | ANWAN | BGWA1 / BGWA2 / BGWA3 | -- |
| System-meldung | -- | -- | ANWoo | -- | -- |
| Eingabe 'Geburt' | -- | -- | ANW5o | -- | -- |

Anhang III : Aufgabenteilung, verwendete Unterprogramme

| Name | für Bereich | Kurzbeschreibung | verwendet in Prog.: |
|---|---|---|---|
| ABCIN | Eingabe | lese alphabet.Zeichen ein | AUFNA |
| AREAF | CTG-Ausw. | berechne Fluktuationsflächen | CTGIN |
| AXIS | Ausgabe | zeichne und skaliere Achse | AXPLT/BGWCT |
| BASE | Hilfsprog. | berechne BE, St.Bic.aus pH,... | ANWo7/BGW28 |
| CHECK | Hilfsprog. | kontrolliere Bettbelegung | AUFNA |
| CHRTI | Zeit | packe Zeitfeld in Rekordkopf | ANWxx |
| CONVT | Eingabe | int.Konversion: ASCII in binär | ANWxx,... |
| CREAD | Befunde | lese einen Rekord (von Platte) | ANWxx/BGWyy,.. |
| CT2AS | Ausgabe | verwandle binär in ASCII | ANWo6,... |
| CTGST | Ausgabe | hole CTG-Status u.formatiere | ANWo6 |
| CTGUT | Hilfsprog. | rotiere Wort | ... |
| CWRIT | Befunde | Schreibe / Lese einen Rekord | ANWxx/BGWyy,.. |
| DATAC | CTG-Ausw. | Daten-beschaffung für Auswertung | CTGIN |
| DATST | CTG-Aufn. | hole Datenaufnahmestatus (Biosign) | ANWo6 |
| DECUM | Hilfsprog. | zerlege Mehrfachnennung (max 16) | ... |
| DIFTI | Zeit | berechne Differenz zw. 2 Zeiten | ... |
| DOCID | Hilfsprog. | prüfe Kennzahl des Eingebenden | ANWxx |
| EREAD | Ausgabe | lese CTG-Ereignis Rekord | ANWxx/BGWyy,.. |
| EWRIT | CTG-Ausw. | schreibe CTG-Ereignis Rekord | CTGIN |
| FLUCL | CTG-Ausw. | klassifiziere Fluktuatïon | CTGIN |
| FOMT | Ausgabe | formatiere Zeichenkette | ANWxx/BGWyy,.. |
| GETAD | Hilfsprog. | bestimme akt.Adresse eines Puffers | ... |
| GETIN | Eingabe | konvertiere Eingabe, prüfe ob legal | ANWxx |
| GETKB | Eingabe | hole Nummer v.akt.Eingabegerät | ANWxx |
| GETOT | Ausgabe | hole Anamnesefragen von Platte | ANWAN |
| GETTI | Zeit | hole momentane Zeit | ... |

Anhang III : Aufgabenteilung, verwendete Unterprogramme

| Name | für Bereich | Kurzbeschreibung | verwendet in Prog.: |
|---|---|---|---|
| GTDIS | Ausgabe | hole Nummer v.akt.Ausgabegerät (TV) | ANWxx |
| GTPRA | Steuerung | setze gerettete Werte in Prog.ein | ANWxx |
| HDNAM | Ausgabe | formatiere 'Pat.Name' | ANWxx/BGWxx,.. |
| HDRTI | Zeit | hole Zeit aus Rekordkopf | ... |
| INITA | Eingabe | setze Zeiger f.interne Konversion | AUFNA |
| INITS | Eingabe | setze Zeiger für int. Konversion | ANWxx |
| JMPAD | Steuerung | springe an die Stelle, wo Prog.verl. | ANWxx |
| KBSUB | Hilfsprog. | nach Stromausfall: setze Dialog | AUTOR/SYSUP |
| LFMTR | Ein/Ausg. | interner Formater | ... |
| LINES | Ausgabe | ziehe Linien auf Plotter | AXPLT/BGWCT |
| MEAN | CTG-Ausw. | berechne akt.Mittelwerte | CTGIN |
| MINST | Zeit | rechne aus Min.: Stde, Min. | ... |
| MONTI | Zeit | verwandle Zeit in Datum (Monat) | ... |
| MOVI | CTG-Ausw. | rotiere Mittelwertpuffer | CTGIN |
| NEXTR | CTG-Ausw. | hole nächsten CTG-Rohdatenrekord | CTGIN |
| NORML | CTG-Ausw. | packe Zeit in Ereignis-Rekord | CTGIN |
| NORTI | Zeit | normiere Zeitfeld (gängige Werte) | ... |
| NUMB | Ausgabe | schreibe (Binär-) Zahl auf Plotter | AXPLT/BGWCT |
| OUT | Ausgabe | Ausgabe für Dokumentation | BGWyy |
| OUTBF | Ausgabe | Ausgabe für Patientenaufnahme | AUFNA |
| OUTPT | Ausgabe | Ausgabe u.Steuerung für Dialog | ANWxx |
| PATBG | Ausgabe | formatiere Pat.Blatt-Kopf (Dokum.) | BGWyy |
| PATHD | Ausgabe | formatiere Pat.Blatt-Kopf (Dialog) | ANWxx |
| PLOT | Ausgabe | schreibe auf Plotter | AXPLT/BGWCT |
| REMGR | CTG-Ausw. | verwalte CTG-Ereignisdaten | CTGIN |

Anhang III : Aufgabenteilung, verwendete <u>Unter</u>programme

| Name | für Bereich | Kurzbeschreibung | verwendet in Prog.: |
|---|---|---|---|
| RETAD | Hilfsprog. | hole die akt. Adresse v.Puffer | ... |
| RETLB | Hilfsprog. | hole akt.Adresse der Formatanweisgn | ... |
| SETBD | CTG-Aufn. | verändere Status der CTG-Aufnahme | ANWo6 |
| SETCH | CTG-Aufn. | setze Kanalnummern f. CTG-Aufn. | ANWo6 |
| SETDT | Ausgabe | setze 'cursor' auf FS-Monitor | ANWxx |
| SETTV | Ausgabe | steuere Ausgabe auf FS-Monitor | ANWxx |
| SYMB | Ausgabe | schreibe Zeichenkette auf Plotter | AXPLT/BGWCT |
| STLIN | Ausgabe | setze 'cursor' auf FS-Monitor | ANWxx |

Anhang IV : Literaturverzeichnis


1.     Auer L, Ruettgers H, Leucht W, Kubli F   (1981)
       Beschreibung eines Infusions-Dosis-Kontrollgeraetes,
       Biomed. Techn. 26 , 244-248

2.     Biesel H R    (1974)
       persoenliche Mitteilung
       Hewlett-Packard GmbH, Boeblingen

3.     Boehm K     (1978)
       Datensicherungs- und -schutzmassnahmen in interaktiven
       Systemen,
       Med.Welt 29 , 295-297

4.     Dalton K J, Dawes G S, Patrick J E    (1977)
       Diurnal, respiratory, and other rhythms of fetal heart rate
       in lambs,
       Am.J.Obstet.Gynecol. 127 , 414-424

5.     Dawes G S, Visser G H A, Goodman J D S, Levine D H    (1981)
       Numerical analysis of the human fetal heart rate :
       Modulation by breathing and movement,
       Am.J.Obstet.Gynecol. 140 , 535-544

6.     Dawes G S, Visser G H A, Goodman J D S, Redman C W G    (1981)
       Numerical analysis of the human fetal heart rate :
       The quality of ultrasound records,
       Am.J.Obstet.Gynecol. 141 , 43-52

7.     De Haan J    (1971)
       Quantitative evaluation of fetal heart rate patterns :
       I. Technical questions,
       Eur.J.Obstet.Gynecol. 3 , 57-66

8.     De Haan J, Martin C B, Evers J L H, Jongsma H W    (1979)
       Pathophysiologic Mechanisms Underlying Fetal
       Heart-Rate Patterns, 200-216
       in: Thalhammer O, Baumgarten K, Pollak A (Hrsg): Perinatal
       Medicine
       Georg Thieme, Stuttgart

9.     Elsner J, Heidel G, Helth P, Penzel G, Schmincke W,
       Schulz N, Straube R, Toelle D, Volke J    (1974)
       EDV in der Gesundheitseinrichtung,
       Theodor Steinkopff, Dresden

[1]10.    Fenna D, Abrahamsson S, Loeoew S O, Peterson H    (1978)
       The Stockholm County Medical Information System,
       Springer, Berlin, Heidelberg, New York

11.     Fischer W M     (1981)
        Grundlagen und klinische Wertigkeit der Kardiotokographie,
        91-320
        in: Fischer W M (Hrsg): Kardiotokographie
        3. Aufl., Georg Thieme, Stuttgart

12.     Friedman E A     (1954)
        The graphic analysis of labor,
        Am.J.Obstet.Gynecol. 68, 1568-1575

13.     Geier R     (1976)
        Entwurf und Realisierung eines Systems zur rechnergestuetzten
        perinatalen Intensivueberwachung,
        EDV in Medizin und Biologie 2 , 47-52

14.     Grothe W, Biesel H, Ruettgers H, Kubli F     (1976)
        Computerized on-line analysis and data-reduction of
        intrapartum CTG, 28-28
        in: Rooth G, Bratteby L E (Hrsg): Perinatal Medicine (Abstracts)
        Almquist & Wiksell International, Sockholm, Schweden

15.     Grothe W, Biesel H, Ruettgers H, Kubli F     (1977)
        Computer-aided intensive care of mother and foetus
        during delivery, 83-95
        in: ONLINE (Hrsg): Medcomp 77 Berlin
        Online Conferences Limited, Uxbridge, England

16.     Grothe W, Ruettgers H, Kubli F     (1978)
        On-line Kardiotokogramm-Auswertung und Datenreduktion mit
        Hilfe eines Rechnerprogramms, 130-139
        in: Bolck F (hrsg): Computerdiagnostik in der Geburtsmedizin:
        1. Symposium 1977
        Friedrich-Schiller-Universitaet, Jena, DDR

17.     Grothe W, Ruettgers H, Kubli F     (1979 a)
        Ein Informations- und Ueberwachungssystem
        fuer den Kreissaalbetrieb,
        Biomed.Techn. 24 , 89-96

18.     Grothe W, Boos R, Ruettgers H, Kubli F     (1979 b)
        Diskussion von Logik und Qualitaet einer on-line und
        real-time Verarbeitung der fetalen Herzfrequenz, 94-95
        in: Brennecke R, Buersch J H, Heintzen P H (Hrsg):
        Biomedizinische Technik (13. Jahrestagung der Deutschen
        Gesellschaft fuer Biomedizinische Technik)
        Fachverlag Schiele & Schoen, Berlin

19.     Grothe W, Ruettgers H, Kubli F     (1979 c)
        Computer-Analyse von 1500 Partogrammen,
        Archives of Gynecology 228 , 108-109

20.     Hammacher K     (1967)
        Die kontinuierliche elektronische Ueberwachung der fetalen
        Herztaetigkeit vor und waehrend der Geburt, 793-803
        in: Kaeser O, Friedberg V, Ober K G, Thomsen K, Zander J (Hrsg):
        Gynaekologie und Geburtshilfe, Band II
        Georg Thieme, Stuttgart

21.     Hara K, Grothe W, Ruettgers H, Leucht W, Kubli F     (1982)
        Vergleichende Untersuchung von verschiedenen mit einem
        Computer berechneten Irregularitaetsparametern, 181-182
        in: Dudenhausen J W, Saling E (Hrsg): Perinatale Medizin
        Georg Thieme, Stuttgart, New York

22.     Henry M J, McColl D D F, Crawford J W, Patel N     (1979 a)
        Computing techniques for intrapartum physiological data reduction
        I. Uterine activity,
        J.Perinat.Med. 7, 209-214

23.     Henry M J, McColl D D F, Crawford J W, Patel N     (1979 b)
        Computing techniques for intrapartum physiological data reduction
        II. Fetal heart rate,
        J.Perinat.Med. 7, 215-228

24.     Hewlett-Packard Company     (1971)
        Real-time Executive Software System.
        Programming and Operating Manual,
        Hewlett-Packard Company, Palo Alto (Cal), USA

25.     Hewlett-Packard Company     (1973)
        Real-time Executive File Manager
        Hewlett-Packard Company, Palo Alto (Cal.), USA

26.     Hobel C J     (1978)
        Risk assessment in perinatal medicine,
        Clinical Obstetrics and Gynecology 21, 287-295

27.     Hon E H, Yeh S Y     (1969)
        The electronic evaluation of fetal heart rate. X. The
        fetal arrhythmia index,
        Med.Res.Eng. 8, 14-19

28.     Huddleston J F, Perlis H W, Mac6 J, Myers R E, Flowers C E (1977)
        The prediction of fetal oxygenation by an on-line computer
        analysis of fetal monitor output,
        Am.J.Obstet.Gynecol. 128, 599-605

29.     Jongsma H W, van Geijn H P, de Haan J     (1978)
        The analysis of heart rate variability in the perinatal
        period, 249-260
        in: Bolck F (hrsg): Computerdiagnostik in der Geburtsmedizin:
        1. Symposium 1977
        Friedrich-Schiller-Universitaet, Jena, DDR

30.     Jung H, Plessmann K-W, Schonlau H, Lamberti G,
        Schmidt F K     (1977)
        Rechnergestuetzte Intensivueberwachung unter der Geburt,
        Z.Geburtsh.Perinat.  181, 158-167

31.     Junge H D     (1979)
        Behavioral states and state related heart rate and
        motor activity patterns in the newborn infant and the
        fetus ante partum. A comparative study. II. Computer analysis
        of state related baseline and macrofluctuation patterns,
        J.Perinat.Med. 7, 134-148

32.     Junge H D     (1981)
        Einige Grundlagen der On-line-Ueberwachung mit CTG-Monitor-
        Systemen, 509-524
        in: Fischer W M (Hrsg): Kardiotokographie
        3. Aufl., Georg Thieme, Stuttgart, New York

33.     Karinemi V, Katila T, Laine H, Aemmaelae P     (1980)
        On-line Quantification of fetal heart rate variability,
        J.Perinat.Med. 8, 213-216

34.     Karinemi V, Aemmaelae P     (1981 a)
        Interval index: A measure of fetal heart rate accelerations,
        J.Perinat.Med. 9, 248-250

35.     Karinemi V, Paatero H, Aemmaelae P     (1981 b)
        The effects of oxytocin on fetal heart rate variability
        during labor,
        J.Perinat.Med. 9, 251-254

36.     Kero P, Antila K, Ylitalo V, Vaelimaeki I A     (1978)
        Decreased heart rate variation in decerebration syndrome:
        Quantitative clinical criterion of brain death ?,
        Pediatrics 62, 307-311

37.     Krause W, Michels W, Kunath H, Volkmer H     (1981)
        Eine neue Form der Darstellung fetaler Kardiotokogramme,
        Z.Geburtsh.u.Perinat. 185, 20-26

38.     Krause W, Michels W, Kunath H, Volkmer H     (1982)
        Untersuchungen zur rechenautomatischen CTG-Analyse sub partu,
        Z.Geburtsh.u.Perinat. 186, 308-312

39.     Kubli F, Ruettgers H     (1969)
        Kontinuierliche Registrierung von fetaler Herzfrequenz
        bei gleichzeitiger Wehenschreibung. I. Nomenklatur,
        Interpretation und klinische Anwendung,
        Der Gynaekologe 2, 73-82

40.     Kubli F, Ruettgers H, Haller U, Bogdan C, Ramzin M     (1972)
        Die antepartale fetale Herzfrequenz. II Mitteilung: Verhalten
        von Grundfrequenz, Fluktuationen und Dezelerationen bei ante-
        partalem Fruchttod,
        Z.Geburtsh.u.Perinat. 176, 309-323

41.     Kubli F, Ruettgers H     (1974)
        Probleme und Bedeutung der kardiotokographischen Ueber-
        wachung des Fetus (Ein schriftliches Symposium),
        Geburtsh.u.Frauenheilk. 34, 1-20

42.     Lamberti G, Schonlau H, Kahlmeier B, Jung H     (1981)
        The estimation of the acid-base-state in umbilical-
        arterial-blood by computer-evaluation of the cardiotoco-
        gram of the last 60 minutes of labor, 108-113
        in: Bolck F (hrsg): Computerdiagnostik in der Geburtsmedizin:
        2. Symposium 1980
        Friedrich-Schiller-Universitaet, Jena, DDR

43.  Leucht W, Grothe W, Ruettgers H    (1983)
     Muttermundseroeffnung und Hoehenstand des fetalen Kopfes
     unter der Geburt: Computer-Analyse von 1754 Partogrammen, 31-35,
     in: Epple E, Frey R, Bleicher W, Apitz J, Schorer R, Faust U:
     Rechnergestuetzte Intensivpflege . 2.Tuebinger Symposium.
     Georg Thieme, Stuttgart, New York

44.  Lilford R J, Chard T    (1983)
     Computers in Obstetrics : A Review,
     Obstetrical and Gynecological Survey 38, 125-137

45.  Maeda K    (1981)
     Computerized automatic diagnosis of fetal distress with
     use of external monitoring technique, 28-49,
     in: Bolck F (hrsg): Computerdiagnostik in der Geburtsmedizin:
     2. Symposium 1980
     Friedrich-Schiller-Universitaet, Jena, DDR

46.  Mendez-Bauer C, Porges S W, Cheung M N, Chun A, Bohrer R,
     Menendez A, Garcia-Ramos C, Arroyo J, Zammarriego-Crespo J (1978)
     Spectral Analysis of Fetal Heart-Rate for Diagnosing
     Fetal Condition, 265-270
     in: Thalhammer O, Baumgarten K, Pollak A: Perinatal Medicine
     Georg Thieme, Stuttgart

47.  Morgenstern J, Schmidt H    (1976)
     Ueber den Einsatz der DV in der perinatalen Ueberwachung, 59-66
     in: Schneider B, Schoenenberger R (Hrsg): Datenverarbeitung
     im Gesundheitswesen
     Springer, Berlin, Heidelberg, New York

48.  Organ L W, Ha.rylyshyn P A, Goodwin J W, Milligan J E,
     Bernstein A    (1978)
     Quantitative indices of short- and long-term
     heartrate variability,
     Am.J.Obstet.Gynecol. 130, 20-27

49.  Person S    (1974)
     persoenliche Mitteilung
     Hewlett-Packard Company, Waltham, USA

50.  Plessmann K W, Kopecky P, Schonlau H    (1976)
     Zur Abschaetzung der Systemkosten bei der rechnergestuetzten
     Intensivueberwachung waehrend der Geburt, 50-58
     in: Schneider B, Schoenenberger R (Hrsg): Datenverarbeitung
     im Gesundheitswesen
     Springer, Berlin, Heidelberg, New York

51.  Reichertz P L    (1975)
     Das Medizinische System Hannover - Analyse einer dreijaehrigen
     Erfahrung, 38-55
     in: Reichertz P L, Holthoff G (Hrsg): Methoden der Informatik
     in der Medizin
     Springer, Berlin, Heidelberg, New York

52.     Richards J E     (1980)
        The Statistical Analysis of Heart Rate : A Review
        Emphasizing Infancy Data,
        Psychophysiology 17, 153-166

53.     Roemer V M, Holzhauser B, Heinzl S     (1979)
        The evaluation and significance of intrapartum FHR-oscillation
        patterns,
        J.Perinat.Med. 7, 46-52

54.     Ruettgers H, Kubli F     (1971)
        Noch eine Scalpelektrode fuer die direkte fetale Elektro-
        kardiographie sub partu,
        Geburtsh.u.Frauenheikunde 31, 654-660

55.     Ruettgers H, Kubli F, Haller U, Bachmann M, Grunder E     (1972)
        Die antepartale fetale Herzfrequenz. I. Verhalten von Grund-
        frequenz, Fluktuation und Dezelerationen in der ungestoerten
        Schwangerschaft,
        Z.Geburtsh.Perinat. 176, 294-308

56.     Ruettgers H     (1973)
        Die Bedeutung der fetalen Herzfrequenz in der Erkennung der
        Hypoxie waehrend der Schwangerschaft,
        Med. Habilitationsschrift, Universitaet Heidelberg

57.     Ruettgers H     (1974)
        Kritische Bilanz der ante- und intrapartalen Kardiotokographie
        Gynaekologe 7, 13-25

58.     Ruettgers H, Grothe W, Kubli F     (1976)
        Model of a Computerized Labour Ward, 245-248
        in: Rooth G, Bratteby L E (Hrsg): Perinatal Medicine
        Almquist & Wiksell International, Stockholm, Schweden

59.     Ruettgers H, Grothe W, Kubli F     (1978)
        On-line fetal monitoring (obstetric computer system), 34-41
        in: Bolck F (hrsg): Computerdiagnostik in der Geburtsmedizin:
        1. Symposium 1977
        Friedrich-Schiller-Universitaet, Jena, DDR

60.     Ruettgers H, Grothe W     (1979)
        Real-time input during labor, 891-895
        in: Sakamoto S, Tojo S, Nakayama T (Hrsg): Gynecology and
        Obstetrics. Proceedings of the IX World Congress of Gynecology
        and Obstetrics, Tokyo
        Excerpta Medica, Amsterdam, Oxford, Princeton

61.     Ruettgers H, Grothe W, Scheffzek H D, Lorenz U     (1981 a)
        Acceptance and quality control of the Heidelberg obstetrical
        computer system, 50-58
        in: Bolck F (hrsg): Computerdiagnostik in der Geburtsmedizin:
        2. Symposium 1980
        Friedrich-Schiller-Universitaet, Jena, DDR

239

62.     Ruettgers H     (1981 b)
        Technik, Registrierprinzipien und Registrierfehler von
        Kardiotokographen, 443-508
        in: Fischer W M (Hrsg): Kardiotokographie
        3. Aufl., Georg Thieme, Stuttgart, New York

63.     Ruettgers H, Grothe W, Auer L, Leucht W, Hara K     (1983 a)
        Moeglichkeiten der Artefaktunterdrueckung bei der computeri-
        sierten Auswertung von Cardiotocogrammen, 47-51
        in: Epple E, Frey R, Bleicher W, Apitz J, Schorer R, Faust U
        (Hrsg): Rechnergestuetzte Intensivpflege. 2.Tuebinger Symposium.
        Georg Thieme, Stuttgart, New York

64.     Ruettgers H, Grothe W     (1983 b)
        Wehenanomalien im Geburtsverlauf, 145-155
        in: Da Rugna D (Hrsg): Festschrift Prof.Dr. Otto Kaeser
        Schwabe & Co, Basel, Stuttgart

65.     Selbmann H K (Hrsg)     (1980)
        Muenchner Perinatal-Studie 1975-1977,
        Deutscher Aerzte-verlag, Koeln

66.     Staudach A     (1977)
        persoenliche Mitteilung
        Landesfrauenklinik, Salzburg

67.     Ueberla K     (1973)
        Planungsgesichtspunkte bei der Einfuehrung der EDV, 42-49
        in: Hollberg N, Pleuss B, Rittersbacher H (hrsg):
        Computer: Aufgaben im Gesundheitswesen
        Springer, Berlin, Heidelberg, New York

68.     van Geijn H P     (1980)
        Studies on fetal and neonatal baseline heart rate variability,
        Med. Dissertation, Katholische Universitaet Nijmegen, Niederlande

69.     van Geijn H P     (1982)
        Perinatal Monitoring. 2-nd Progress Report,
        Commission of the European Communities
        Medical and Public Health Research
        Concerted Action Project No 3, Ref.No. 83-9-15
        Spinhex B.V., Amsterdam

70.     van Hemel O J S     (1977)
        An Obstetric Data-Base,
        Med. Dissertation, Freie Universitaet Amsterdam

71.     Veth A F L     (1982)
        Criteria for Perinatal Monitoring. 1-st Progress Report,
        Commission of the European Communities
        Medical and Public Health Research
        Concerted Action Project No 3, Ref.No. CPM 82-11-15
        Amsterdam

72.     Volkmer H, Krause W, Michels W     (1976)
        On-line fetal monitoring (Bedeutung fuer die Datenerfassung),
        Z.Geburtsh.u.Perinat. 180, 420-426

73.     Wade M E, Coleman P J, White S C     (1976)
        A Computerized Fetal Monitoring System,
        Obstet.Gynecol. 48, 287-291

74.     Wagner G     (1973)
        Die Rolle des Computers in der Medizin, 192-203
        in: Hollberg N, Pleuss B, Rittersbacher H (Hrsg):
        Computer: Aufgaben im Gesundheitswesen
        Springer, Berlin, Heidelberg, New York

75.     Wersig G     (1974)
        Information - Kommunikation - Dokumentation,
        Wissenschaftliche Buchgesellschaft, Darmstadt

Band 34: C. E. M. Dietrich, P. Walleitner, Warte-schlangen-Theorie und Gesundheitswesen. VIII, 96 Seiten. 1982.

Band 35: H.-J. Seelos, Prinzipien des Projektmanage-ments im Gesundheitswesen. V, 143 Seiten. 1982.

Band 36: C. O. Köhler, Ziele, Aufgaben, Realisation eines Krankenhausinformationssystems. II, (1-8), 216 Seiten. 1982.

Band 37: Bernd Page, Methoden der Modellbildung in der Gesundheitssystemforschung. X, 378 Seiten. 1982.

Band 38: Arztgeheimnis–Datenbanken–Datenschutz. Arbeitstagung, Bad Homburg, 1982. Herausgegeben von P. L. Reichertz und W. Kilian. VIII, 224 Seiten. 1982.

Band 39: Ausbildung in der Medizinischen Informatik. Proceedings, 1982. Herausgegeben von P. L. Rei-chertz und P. Koeppe. VIII, 248 Seiten. 1982.

Band 40: Methoden der Statistik und Informatik in Epidemiologie und Diagnostik. Proceedings, 1982. Herausgegeben von J. Berger und K. H. Höhne. XI, 451 Seiten. 1983

Band 41: G. Heinrich, Bildverarbeitung von Computer-Tomogrammen zur Unterstützung der neuroradiologi-schen Diagnostik. VIII, 203 Seiten. 1983.

Band 42: K. Boehnke, Der Einfluß verschiedener Stich-probencharakteristika auf die Effizienz der parametri-schen und nichtparametrischen Varianzanalyse. II, 6, 173 Seiten. 1983.

Band 43: W. Rehpenning, Multivariate Datenbeurtei-lung. IX, 89 Seiten. 1983.

Band 44: B. Camphausen, Auswirkungen demographi-scher Prozesse auf die Berufe und die Kosten im Gesundheitswesen. XII, 292 Seiten. 1983.

Band 45: W. Lordieck, P. L. Reichertz, Die EDV in den Krankenhäusern der Bundesrepublik Deutschland. XV, 190 Seiten. 1983.

Band 46: K. Heidenberger, Strategische Analyse der sekundären Hypertonieprävention. VII, 274 Seiten. 1983.

Band 47: H.-J. Seelos, Computerunterstützte Screen-inganamnese. IX, 221 Seiten. 1983.

Band 48: H.-E. Wichmann, Regulationsmodelle und ihre Anwendung auf die Blutbildung. XVIII, 303 Seiten. 1984.

Band 49: D. Hölzel, G. Schubert-Fritschle, Ch. Thieme, Klinikübergreifende Tumorverlaufsdokumentation. XI, 269 Seiten. 1984.

Band 51: L. Gutjahr, G. Ferber, Neurographische Normalwerte. XI. 322 Seiten. 1984.

Band 52: Systemanalyse biologischer Prozesse, 1. Ebernburger Gespräch. Herausgegeben von D. P. F. Möller. IX, 226 Seiten. 1984.

Band 53: W. Köpcke, Zwischenauswertun vorzeitiger Abbruch von Therapiestudien. V, ten. 1984.

Band 54: W. Grothe, Ein Informationssyste Geburtshilfe. VIII, 240 Seiten. 1984.